高校・大学生のための
整数の理論と演習

河田直樹 著

現代数学社

はじめに

　この本は月刊誌「理系への数学」2005年4月号から2006年10月号まで連載した18回分の記事をまとめたものですが，もともとは都内のある小さな予備校で大学受験生に教えるために私が作成した「大学入試のための整数論」という「副読本」をベースにしています．

　現在，高校数学では「整数論」としてまとまった単元はありません．しかし，大学によっては相当突っ込んだ内容のものも出題され，整数論の初歩的な流れを理解していなければ，解法が自然に発想できない問題もかなりあります．わたしが「副読本」を受験生たちに配布したいと思った大きな理由もそこにありますが，同時に大学教養課程程度の「整数論」の体系的な話（具体的には「平方剰余の相互法則」レベルまでの話）を，生徒たちに与えることによって，順を追って物事を考えていく楽しさ，ひいては数学そのものの面白さを実感してもらえたら，と考えた次第です．ちなみに受講生の中には，理工系（数学科や物理学科）の大卒生もいて「副読本」を通して整数論の面白さをはじめて知ったという人も何人かいました．

　ガウスによれば「数論」は「数学の女王」であり，その理論的な美しさだけでも多くの人を魅了しますが，現在では「暗号の基礎理論」にも利用されていて，実用面でも大いに役立っているようです．

　本書は「理論編」と「演習編」の2部から構成されています．

　「理論編」は基本的に「定義→定理→証明（当然のことながら極端な厳密性は避けてあります）」という流れに沿って話が進めてあり，いわば「**機械仕掛けの言語体系の書**」ともいうべき特徴をもっています．こうしたスタイルには，もちろんある種の欠点がありますが，しかし一方では「言葉によって整序された人工的な数学的景観」を眺める楽しさもあります．理論編ではその物見遊山的な楽しみを優先させてあります．

　「演習編」では「大学入試問題」が主に取り上げてあります．問題は基本的なものからハイレベルのものまでさまざまで，数学オリンピックの問題や大学の初等整数論レベルの問題も入れてありますが，基本的には「**大学入試のための整数問題演習書**」という性格を持たせてあります．受験生には多いに役立つはずです．

　ともあれ，ここに取り上げた整数問題を考えるには，余計な知識はほとんど必要

ありません．したがって，面白そうな問題，興味を持った問題からランダムに考えてもらってもよいでしょう．一題一題とパズル感覚で付き合うことができるのでは，と思います．そして，中高生や受験生，あるいは大学生や社会人の人たちに「整数論」に対する興味と関心を持っていただければ，と願ってやみません．

　最後に，連載記事をこのような形で単行本にしていただいた現代数学社の富田栄，富田淳両氏に感謝の意を捧げたいと思います．

$$\text{2008 年　　著者記}$$

目次

■ 理論編 ……………………………………………………… *1*

第1章　自然数，整数の基本的性質 ……………………… *2*
第2章　1次不定方程式 …………………………………… *18*
第3章　連分数 ……………………………………………… *22*
第4章　合同式の基本的性質 ……………………………… *34*
第5章　整数論的関数 ……………………………………… *40*
第6章　合同式の解法 ……………………………………… *52*
第7章　指数・原始根・標数 ……………………………… *64*
第8章　平方剰余 …………………………………………… *82*
第9章　ささやかな展望 …………………………………… *110*

■ 演習編 ……………………………………………………… *115*

A　約数，倍数に関する問題 …………………………… *116*
B　整数解を求める問題 ………………………………… *153*
C　剰余に関する問題 …………………………………… *191*
D　関数，図形，数列との融合問題 …………………… *230*
E　補遺と発展問題 ……………………………………… *277*

大学名と問題番号の一覧表 ……………………………… *333*
索引 ………………………………………………………… *334*

v

理論編

自然数，整数の基本的性質
1次不定方程式
連分数
合同式の基本的性質
整数論的関数
合同式の解法
指数・原始根・標数
平方剰余
ささやかな展望

第 1 章

自然数，整数の基本的性質

まず，以下の記号を確認しておこう．すなわち，

$\mathbb{N}$；自然数(natural number)の集合(＝正の整数の集合)
$\mathbb{Z}$；整数(integer)の集合
$\mathbb{Q}$；有理数(rational number)の集合
$\mathbb{R}$；実数(real number)の集合
$\mathbb{C}$；複素数(complex number)の集合

である．自然数の集合は $1, 2, 3, \ldots\ldots$ という系列から成るが，バートランド・ラッセルの『数理哲学序説』などでは "0" も自然数として扱われている．このような立場もあるが，本書では "0" は自然数として取り扱わない．

なお整数の集合は，ドイツ語で「数」を意味する「Zahl」の頭文字，また有理数の集合は，英語で「商」を意味する「quotient」の頭文字からとったものである．上の記号を用いると，「a が有理数である」ということを，「$a \in \mathbb{Q}$」のように表すことができる．

最初に次の定理を考えよう．

定理 1.1 a を整数，b を正の整数とするとき
$$a = bq + r, \quad 0 \leq r < b \quad \cdots\cdots\cdots\cdots (\ast)$$
を満たす整数 q, r が唯一組定まる．

証明：b に整数を掛けたものを，小さい順に並べると

$$\ldots\ldots, -4b, -3b, -2b, -b, 0, b, 2b, 3b, 4b, \ldots\ldots$$

のようになり，その絶対値をいくらでも大きくすることができる．したがって，

どのような正の整数 b に対しても
$$qb \leq a < (q+1)b$$
を満たす整数 q が必ず唯 1 つ存在する．すなわち
$$0 \leq a - bq < b$$
よって，$r = a - bq$ とおくと（*）が成り立つ． ■

注 唯一性の証明は，次のようにするとさらにはっきりする．いま，(*)を満たす q, r のほかに
$$a = bq' + r', \quad 0 \leq r' < b \qquad \cdots\cdots\cdots(**)$$
のような整数 q', r' が存在したとする．$q \neq q'$ だから，$q > q'$ としてよい．すると，(*), (**) から
$$bq + r = bq' + r' \iff b(q - q') = r' - r$$
$q - q' \geq 1$ であるから，
$$r' - r = b(q - q') \geq b \cdot 1 \quad \therefore \quad r' - r \geq b \qquad \cdots\cdots\text{①}$$
ところが，$0 \leq r < b$, $0 \leq r' < b$ であるから，
$$-b < r' - r < b \quad \therefore \quad |r' - r| < b \qquad \cdots\cdots\text{②}$$
①, ② は明らかに矛盾する．

よって，$q = q'$, $r = r'$ となって，唯一性が示された．

なお，$r = 0$ のとき「a は b で割り切れる」といい，$r \neq 0$ のとき「a は b で割り切れない」という．

定理 1.2 a を整数，b を 0 でない整数とするとき
$$a = bq + r, \quad 0 \leq r < |b|$$
を満たす整数 q, r が唯 1 組存在する．

証明：$b > 0$ のときは，定理 1.1 から明らかである．

$b < 0$ のとき，b の倍数は小さい順に
$$\cdots\cdots, 4b, 3b, 2b, b, 0, -b, -2b, -3b, -4b, \cdots\cdots$$
のようになるので，a と比較して
$$qb \leq a < (q-1)b \iff 0 \leq a - bq < -b$$

3

第1章 自然数，整数の基本的性質

となるような整数 q が唯 1 つ存在する．したがって，$r = a - bq$ とおくと，
$$a = bq + r, \quad 0 \leq r < -b$$
よって，$-b = |b|$ より
$$a = bq + r, \quad 0 \leq r < |b|$$
となる整数 q, r が唯 1 組存在する． ∎

> **定義 1.1**
>
> 以下に，整数論で用いる基本的な記号や言葉を定義しておく．
> ① $b|a \iff a$ は b で割り切れる
>
> **注** a を b の**倍数**(multiple)といい，b を a の**約数**(divisor)という．
> ② $b \nmid a \iff a$ は b で割り切れない．
> ③ $a = bq$ のとき，b, q をそれぞれ a の**因数**(factor)という．
> ④ $a = bq + r, \; 0 < r < |b|$ のとき，r を a の**剰余** (remainder) という．

> **定理 1.3** $a_1, a_2 \in \mathbb{Z}, \quad b \in \mathbb{Z}, \quad c_1, c_2 \in \mathbb{Z}, \quad b|a_1, \quad b|a_2$
> $\implies b | c_1 a_1 + c_2 a_2$

数学の命題は，「$p \Rightarrow q$ (p ならば q)」という形で表現されるが，上の定理も同様の形をしている．早速，妙ちきりんな記号が登場したが，念のために確認しておくと，これは "a_1, a_2 が整数かつ b が整数かつ c_1, c_2 が整数かつ a_1, a_2 が b で割り切れる" ならば "$c_1 a_1 + c_2 a_2$ が b で割り切れる" という命題を表しており，この命題が正しい，というのが定理 1.3 の主張である．

以下，このような形で定理を述べることが多いので，慣れていただきたい．

証明：仮定より
$$a_1 = bq_1, \quad a_2 = bq_2 \quad (q_1, q_2 \in \mathbb{Z})$$
とおけて
$$c_1 a_1 + c_2 a_2 = c_1 \cdot bq_1 + c_2 \cdot bq_2 = b(c_1 q_1 + c_2 q_2)$$
ここで，$c_1 q_1 + c_2 q_2 \in \mathbb{Z}$ であるから
$$b \,|\, c_1 a_1 + c_2 a_2$$
∎

上の証明で注意すべきは "$c_1q_1 + c_2q_2 \in \mathbb{Z}$" の部分である．これは c_1, c_2 が整数，q_1, q_2 が整数だから，
　　　(整数)＋(整数)は整数
　　　(整数)×(整数)は整数
という性質によって，$c_1q_1 + c_2q_2$ もやっぱり整数だ，ということを確認している．

一般にある集合 M に対してある演算 $*$ が定義されていて，
$$a \in M, \ b \in M \Longrightarrow a*b \in M$$
が成り立つとき「**集合 M は演算 $*$ について閉じている**」というが，整数の集合は，加法(＋)についても乗法(×)についても閉じている．

なお，上の定理の主張の眼目は，「整数 a_1, a_2 が b で割り切れるならば，その1次結合である $c_1a_1 + c_2a_2$ も b で割り切れる」ということで，これは当然
$$b|a_i \ (i=1, 2, \cdots, n)$$
$$\Longrightarrow b \ \Big| \sum_{i=1}^{n} c_i a_i \ (c_i \in \mathbb{Z}, \ i=1, 2, \cdots, n)$$
のように一般化できる．

定理1.4　$a, b, c \in \mathbb{Z}, \ c|b, \ b|a \Longrightarrow c|a$

証明：仮定より，$b = cq, \ a = bq'$ なる整数 q, q' が存在するので，
$$a = bq' = cqq'$$
ここで $qq' \in \mathbb{Z}$ であるから，$c|a$．　∎

さらに基本的な言葉や記号を確認しておこう．

定義 1.2
① m が a と b の**公約数**(common divisor または common measure)
　$\iff m|a$ かつ $m|b$
② a と b の**最大公約数**(greatest common divisor)を (a, b) と表す．
③ a と b が**互いに素**　$\iff (a, b) = 1$
④ M が a と b の**公倍数**(common multiple) $\iff a|M$ かつ $b|M$
⑤ a と b の**最小公倍数**(least common multiple)を $\{a, b\}$ と表す．
　ただし，$\{a, b\} > 0$．

第1章 自然数，整数の基本的性質

> **定理 1.5** m は a と b の任意の公倍数，
> $l = \{a, b\} > 0$ （l は a と b の最小公倍数）
> $\Rightarrow l \mid m$

上の定理は，「2 整数の公倍数は，その 2 整数の最小公倍数で割り切れる」というもの．証明は以下の通りである．l の最小性に着目するのがポイントである．

証明：$l > 0$ であるから，
$$m = lq + r \quad (0 \leqq r < l)$$
のような整数 q, r が唯 1 組定まる．
$$\therefore \quad r = m - lq$$
ここで m も l も a, b の公倍数である．すなわち，
$$a \mid m \text{ かつ } b \mid m, \quad a \mid l \text{ かつ } b \mid l$$
したがって，定理 1.3 から，
$$a \mid r \text{ かつ } b \mid r$$
となり，r は a と b の公倍数である．ここで，$0 < r (< l)$ とすると，これは l の最小性に反する．
よって，$r = 0$．すなわち，$l \mid m$ ∎

> **定理 1.6** d は a と b の任意の公約数，
> $g = (a, b)$ （g は a と b の最大公約数）
> $\Rightarrow d \mid g$

この定理は，「2 整数の最大公約数は，その 2 整数の公約数で割り切れる」ことを主張するものである．

証明：$d \mid g$ を主張するには，$\{d, g\} = g$（d と g の最小公倍数が g）を主張すればよい．なぜなら，$d \mid g$ ならば，$g = kd (k \in \mathbb{Z})$ とおけて，
$$\{d, g\} = \{d, kd\} = kd = g$$

逆に，$\{d, g\} = g$ とすると，g が d の倍数であるから，$d\,|\,g$. したがって，
$$d\,|\,g \iff \{d, g\} = g$$
さて，いま $\{d, g\} = l$ とおくと，$d\,|\,a$, $g\,|\,a$ であるから，a は d と g の公倍数で，したがって定理 1.5（公倍数は最小公倍数で割り切れる）から，
$$l\,|\,a$$
まったく同様にして，$l\,|\,b$
したがって，l は a と b の公約数である．
$$\therefore\ l \leq g \qquad \cdots\cdots\cdots ①$$
一方，l は d と g の最小公倍数であったから，
$$g\,|\,l \quad \therefore\ g \leq l \qquad \cdots\cdots\cdots ②$$
①，②から，$l = g$. すなわち，$\{d, g\} = g$. ∎

注 きわめて当たり前のことであるが，2 数 x, y について，「$x \leq y$ かつ $x \geq y$ ならば $x = y$」が成り立つ．

定理 1.7 a, b は 0 と異なる 2 つの正の整数，
$g = (a, b)$, $l = \{a, b\}$
$\Rightarrow ab = gl$

この定理は「2 整数の積はその 2 整数の最大公約数と最小公倍数の積に等しい」というよく知られた事実である．

証明：g は，a, b の最大公約数であるから，
$$a = ga', \quad b = gb' \quad (a', b' \in \mathbb{Z},\ (a', b') = 1)$$
とおける．そこで，$m = ga'b'$ とおくと，
$$m = (ga')b' = ab' \qquad \cdots\cdots\cdots ①$$
$$m = a'(gb') = a'b \qquad \cdots\cdots\cdots ②$$
であるから，m は a と b の公倍数で，定理 1.5 から，
$$l\,|\,m$$

そこで，$m = ln\ (n \in \mathbb{Z})$ とおくと，①，②から
$$ln = ab' \cdots\cdots\cdots ③ \qquad ln = a'b \cdots\cdots\cdots ④$$
一方，l は a と b の最小公倍数であるから，$l = aa''$，$l = bb''$ (a'', $b'' \in \mathbb{Z}$) とおいて，これらをそれぞれ③，④に代入すると
$$(aa'')n = ab' \quad \therefore\ a''n = b'$$
$$(bb'')n = a'b \quad \therefore\ b''n = a'$$
したがって，n は a' と b' の公約数となる．ところが，a' と b' とは互いに素であるから $n = 1$ となり，$m = ln$ より $m = l$ が成り立ち，$m = ga'b'$ とから
$$ga'b' = l \Longleftrightarrow (ga')(gb') = gl \quad \therefore\ ab = gl \qquad ■$$

注 この結果は中学以来馴染みのあるもので，素因数分解を考えると，$ga'b' = l$ は自明のことであろう．しかし，我々はまだ「素因数分解」そのものを定義していないのであるから，上のように考えて証明したのである．

> **定理 1.8** $(a, b) = 1,\ a | bc$
> $\Rightarrow a | c$

この結果も自明のように思えるかもしれないが，以下にちゃんと証明してみる．

証明：定理 1.7 から，$(a, b) \times \{a, b\} = ab$
$(a, b) = 1$ であるから，
$$\{a, b\} = ab \qquad\qquad\qquad\qquad\qquad\cdots\cdots\cdots ①$$
仮定から $a | bc$ であり，また明らかに $b | bc$ であるから，bc は a と b の公倍数である．したがって，定理 1.5 から，$\{a, b\} | bc$ となり①とから，
$$ab | bc \quad \therefore\ a | c \qquad ■$$

さて，いよいよ「ユークリッドの互除法の原理」を証明する．

> **定理 1.9** (ユークリッドの互除法の原理)
> $a > b > 0\ (a, b \in \mathbb{Z}),\quad a = bq + r\ (0 < r < b)$
> $\Longrightarrow (a, b) = (b, r)$

証明：$g_1 = (a, b)$, $g_2 = (b, r)$ とおく．$r = a - bq$ で，a, b は g_1 で割り切れるから定理1.3より $g_1 | r$ となる．g_1 は b の約数でもあったので g_1 は b と r の公約数で，g_2 は b と r の最大公約数であったから

$$\therefore \ g_1 \leqq g_2 \quad \cdots\cdots\cdots\cdots① $$

また，$g_2 | b$, $g_2 | r$ で $a = bq + r$ だから定理1.3から $g_2 | a$ となる．したがって，g_2 は a と b の公約数である．

$$\therefore \ g_2 \leqq g_1 \quad \cdots\cdots\cdots\cdots② $$

①, ②から $g_1 = g_2$，すなわち $(a, b) = (b, r)$ ∎

注 一般に，$b|a$ かつ $a|b$ であるような2数を**同伴数**（associate number）といい
　　　　$\mathbb{N}$ の範囲では，$b|a$ かつ $a|b \Rightarrow a = b$
　　　　$\mathbb{Z}$ の範囲では，$b|a$ かつ $a|b \Rightarrow a = b$ または $a = -b$
が成り立つ．

定理1.10（ユークリッドの互除法 [Euclid's Algorism]）
a_1, a_2：正の整数 $(a_1 > a_2 > 0)$
$$\begin{cases} a_1 = a_2 q_1 + a_3 \ (0 < a_3 < a_2) \\ a_2 = a_3 q_2 + a_4 \ (0 < a_4 < a_3) \\ \cdots\cdots\cdots\cdots\cdots\cdots\cdots\cdots \\ a_{n-1} = a_n q_{n-1} + a_{n+1} \ (0 < a_{n+1} < a_n) \\ a_n = a_{n+1} q_n \end{cases}$$
$$\Longrightarrow a_{n+1} = (a_1, a_2)$$

証明：定理1.9から
$$(a_1, a_2) = (a_2, a_3) = (a_3, a_4) = \cdots\cdots = (a_n, a_{n+1}) = a_{n+1} \ ∎$$

定理1.11 a, b は同時には 0 にならない整数，$g = (a, b)$,
$M = \{ax + by | x \in \mathbb{Z}, y \in \mathbb{Z}\}$,
$N = \{gk | k \in \mathbb{Z}\}$
$\Rightarrow M = N$

9

この定理は，「a と b の 1 次結合によって作られる整数全体の集合」は，「a と b の最大公約数の倍数全体の集合」に他ならない，ことを主張している．この定理を証明する前に，その準備として次の 2 つの補題を示そう．

補題 1 M の正の要素のうち，最小のものを $d = ax_0 + by_0$ とすると，M の要素はすべて d で割り切れる．

証明：M の任意の要素 $ax + by$ を d で割ったときの商を q，余りを r とすると
$$ax + by = dq + r \quad (0 \leq r < d) \quad \therefore \quad r = ax + by - dq$$
上式に $d = ax_0 + by_0$ を代入すると
$$r = ax + by - (ax_0 + by_0)q = a(x - x_0 q) + b(y - y_0 q)$$
$$\therefore \quad r \in M$$
$r > 0$ とすると，d の最小性に反する．よって，$r = 0$ でなければならない．すなわち，M の要素はすべて d で割り切れる． ■

補題 2 M の正の要素のうち，最小のものを $d = ax_0 + by_0$ とすると，$d = g$ が成り立つ．すなわち，d は a と b の最大公約数である．

証明：$g | a, \ g | b$ であるから，$g | d$．
$$\therefore \quad g \leq d \quad \cdots\cdots\cdots ①$$
一方，$a = a \cdot 1 + b \cdot 0 \in M,\ b = a \cdot 0 + b \cdot 1 \in M$ であるから，補題 1 から $d | a$ かつ $d | b$ となり，d は a と b の公約数である．
$$\therefore \quad g \geq d \quad \cdots\cdots\cdots ②$$
①，②から，$d = g$． ■

定理 1.11 の 証明

M の任意の要素を $ax + by$ とすると補題 1 から，
$$d | ax + by$$
したがって補題 2 より，$g | ax + by$
$$\therefore \quad ax + by \in N$$
$$\therefore \quad M \subseteq N \quad \cdots\cdots\cdots ③$$
一方，N の任意の要素を gk とすると，

$g = d = ax_0 + by_0$ だから
$$gk = dk = (ax_0 + by_0)k = a(kx_0) + b(ky_0) \in M$$
$\therefore\ N \subseteq M$ ・・・・・・・・・・・④

よって，③，④から，$M = N$ ■

注 2つの集合 M と N とが一致することを示すには，
$\qquad M$ の任意の要素が，N に属する $(M \subseteq N)$
$\qquad N$ の任意の要素が，M に属する $(N \subseteq M)$
の2つを示しておけばよい．

《参考Ⅰ》 '86年にお茶ノ水女子大で次のような問題が出されている．

例題 1.1 自然数を要素とする空集合でない集合 G が次の条件 (a)，(b) を満たしているとする．
 (a) m, n が G の要素ならば，$m + n$ は G の要素である．
 (b) m, n が G の要素で $m > n$ ならば，$m - n$ は G の要素である．
 このとき G の最小の要素を d とすると
$$G = \{kd \mid k \text{ は自然数}\}$$
であることを証明せよ．

$H = \{kd \mid k \text{ は自然数}\}$ とおくと，$H \subseteq G$ は (a) よりほとんど自明である．問題は $G \subseteq H$ を主張することである．これは，G の任意の要素を m とし，m を d で割ったときの余りを r $(0 \leq r < d)$ として，もし $r > 0$ とすると矛盾，ということを上の補題1と同様の議論によって示しておけばよい．

《参考Ⅱ》 $a_1, a_2, \cdots\cdots, a_n$ を同時には0にならない整数とし，集合 M を
$$M = \{a_1 x_1 + a_2 x_2 + \cdots + a_n x_n \mid x_1, x_2, \cdots, x_n \in \mathbb{Z}\}$$
と定めると，M の要素はすべて，M の正の要素の最小の整数 d の倍数であり，
$$d = (a_1, a_2, \cdots, a_n) \ (a_1, a_2, \cdots, a_n \text{ の最大公約数})$$
となる．これは，上の定理 1.11 と全く同様にして示すことができる．

第1章 自然数，整数の基本的性質

定義 1.3
① 素数(prime number)
　⟺ 1以外の自然数で，1と自分自身以外に正の約数を持たないもの
② 合成数(composite number)
　⟺ 1でも素数でもない自然数

定理 1.12　N：合成数
⇒ N は $\sqrt{N}$ 以下の約数を必ずもつ.

証明：N は合成数であるから
$$N = a \times b \quad (1 < a \leqq b,\ a, b \in \mathbb{Z})$$
とかけて，$1 < a \leqq b$ であるから，
$$N = a \times b \geqq a \times a = a^2 \quad \therefore \sqrt{N} \geqq a$$
よって，N は $\sqrt{N}$ 以下の約数を必ずもつ. ∎

定理 1.13　N は1より大きい任意の整数.
⇒ N は必ず少なくとも1つの素数因数をもつ.

証明：N 自身が素数であれば，N をとればよい．また N が合成数であるとすれば，合成数の定義から
$$N = a \times b \quad (1 < a < N)$$
とかけ，a が素数ならば，定理は示されたことになる．また，a が合成数とすると，
$$a = a_1 \times b_1 \quad (1 < a_1 < a < N)$$
とかけ，a_1 が素数ならば定理は示された．a_1 が合成数とすると，
$$a_1 = a_2 \times b_2 \quad (1 < a_2 < a_1 < N)$$
とかける．以下同様にして，この操作を繰り返せば，各 $a_k\ (k = 1, 2, \cdots\cdots)$ は単調に減少し，しかも1ではないので，有限回の操作で必ず素数に至る．

以上で定理は示された. ■

> **定理 1.14** 素数は無限個存在する.

証明：素数が有限個しかなかったと仮定し，いまそれらを小さい順に
$$1 < p_1 < p_2 < p_3 < \cdots\cdots < p_n$$
とする．N を
$$N = p_1 p_2 p_3 \cdots\cdots p_n + 1$$
で定める．このとき，N 自身が素数であるとすると，$p_n < N$ であるから，p_n が最大の素数であることに反する．

また，合成数であるとすると，定理 1.13 から N は $p_1, p_2, p_3, \cdots\cdots, p_n$ のいずれかで割り切れなければならないが，N をこれらで割ってみると，いずれの場合も余りは 1 であるから，これは不合理である．

よって，素数は無限個存在する． ■

《参考 I》 上の鮮やかな証明は『原論』の著者ユークリッド（『原論』がユークリッドその人の手になるかどうかは怪しいと言われているが）によるもので，『原論』の第 9 巻の命題 20 に出ている．「素数は無限個あるのか？」という問いは既に 2000 年以上も前！に発せられたギリシア人にとっての深刻な問い（なればこそ，ユークリッドは上のようにしつこく，論証してみせたのであろう）であったのだ．実に驚くべきことと言わなければならない．

なお，一般に x を超えない素数の個数を $\pi(x)$ で表すと，
$$\pi(x) \sim \frac{x}{\log_e x} \quad (x \to \infty)$$
のようになることが知られている．これは「素数定理」と呼ばれ，関数 $\pi(x)$ については「解析的整数論」で詳細に論じられている．

《参考 II》 エラトステネスによって発見された素数の見い出し方を「エラトステネスの篩（Eratosthenes' sieve）」という．これは，以下のように順次合成数をふるい落としていく方法である．以下は 50 までの例である．

第1章 自然数，整数の基本的性質

~~1~~	②	③	~~4~~	⑤	~~6~~	⑦	~~8~~	~~9~~	~~10~~
⑪	~~12~~	⑬	~~14~~	~~15~~	~~16~~	⑰	~~18~~	⑲	~~20~~
~~21~~	~~22~~	㉓	~~24~~	~~25~~	~~26~~	~~27~~	~~28~~	㉙	~~30~~
㉛	~~32~~	~~33~~	~~34~~	~~35~~	~~36~~	㊲	~~38~~	~~39~~	~~40~~
㊶	~~42~~	㊸	~~44~~	~~45~~	~~46~~	㊼	~~48~~	~~49~~	~~50~~

（ⅰ）1は素数でないから，1をふるい落とし，(/ をつける) 最初の素数2に○をつけ，2の次から2つ目ごとに並ぶ2の倍数をふるい落とす．

（ⅱ）次に印のついていない最初の数3に○をつけ，3の次から3つ目ごとに並ぶ3の倍数をふるい落とす．

（ⅲ）3の後に印のついていない最初の数5に○をつけ，5の次から5つ目ごとに並ぶ5の倍数をふるい落とす．

（ⅳ）以下，上のような操作を続けて，素数 p に○をつけたら，p^2 より小さい自然数でふるい落とされていないものはすべて素数である．実際，p^2 より小さい合成数は，p より小さい素数の倍数であるから，すべてふるい落とされている．

> **定理 1.15** $a, b \in \mathbb{Z}$, p：素数, $p|ab$
> $\Rightarrow p|a$ または $p|b$

証明：$p \nmid b$ とすると，p が素数だから，$(p, b) = 1$．また，仮定から $p|ab$．したがって，定理1.8により $p|a$．また，$p \nmid a$ のときもまったく同様にして，$p|b$．以上により題意は示された． ∎

> **定理 1.16** 1より大なる自然数は素数の積に分解され，しかも素因数の順序を無視すると，その分解の仕方はただ1通りである．

証明：（Ⅰ）素数の積に分解されることの証明

自然数 N 自身が素数ならば，明らかに定理は成り立つ．そこで，N を合成数とする．このとき，定理 1.13 により，N は少なくとも 1 つの素数 p_1 で割り切れるから，
$$N = p_1 \times N_1 \quad (N > N_1 > 0)$$
とおける．N_1 が素数ならば定理は成り立つ．また，N_1 が合成数であれば，N_1 はさらに少なくとも 1 つの素数 p_2 で割り切れる．ここで，$p_1 = p_2$ であってもかまわない．ともかく，$N_1 = p_2 \times N_2$ となる自然数 N_2 がある．したがって，
$$N = p_1 \times p_2 \times N_2 \quad (N > N_1 > N_2 > 0)$$
となる．以下，同様にこの操作を続けていけば
$$N > N_1 > N_2 > \cdots\cdots$$
であるから，
$$N = p_1 \times p_2 \times \cdots\cdots \times p_{n-1} \times N_{n-1} \quad (ただし，N_{n-1} は素数)$$
となる N_{n-1} に到達する．よって，$p_n = N_{n-1}$ とおくと，N は
$$N = p_1 \times p_2 \times \cdots\cdots \times p_{n-1} \times p_n$$
のように素数に分解される．

（Ⅱ）順序を無視すれば，分解の仕方が唯 1 通りであることの証明

N が次のように，2 通りの素因数の積に分解されたとする．すなわち
$$N = p_1 \times p_2 \times \cdots\cdots \times p_{n-1} \times p_n$$
$$= q_1 \times q_2 \times \cdots\cdots \times q_{m-1} \times q_m$$
とする．このとき，
$$q_1 | p_1 \times p_2 \times \cdots\cdots \times p_{n-1} \times p_n$$
であるから，定理 1.15 により，$p_1, p_2, \cdots\cdots, p_n$ のどれかは q_1 で割り切れなければならないが，q_1 も素数であるから，q_1 は $p_1, p_2, \cdots\cdots, p_n$ のいずれかと等しくなければならない．いまそれを p_1 とすると，
$$p_2 \times \cdots\cdots \times p_{n-1} \times p_n = q_2 \times \cdots\cdots \times q_{m-1} \times q_m$$
となる．以下，同様にして，$p_2 = q_2$ がいえて，逐次 $p_3 = q_3, \cdots\cdots$ となり，したがって $m = n$ が必要で，$p_n = q_m$ まで言える．よって，唯一性が示された．

以上，（Ⅰ），（Ⅱ）から定理の証明は終了した． ∎

第1章 自然数，整数の基本的性質

注 上の定理で，$p_1, p_2, \ldots, p_n$ の中に同じものがある場合にまとめて，累乗（冪）の形で表して

$$N = p_1^{\alpha_1} p_2^{\alpha_2} \cdots p_k^{\alpha_k} \quad (1 < p_1 < p_2 < \cdots < p_k, \, \alpha_1 \geq 1, \, \alpha_2 \geq 1, \ldots, \alpha_k \geq 1)$$

とかくことができる．これを自然数 N の**基準分解**(canonical decomposition)という．
次の例題は重要である．

例題1.2 1より大なる自然数 a の基準分解を，$a = p_1^{\alpha_1} p_2^{\alpha_2} \cdots p_n^{\alpha_n}$ とすれば，a のすべての（正の）約数（1 および a を含める）の個数 $T(a)$，および（正の）約数の和 $S(a)$ はそれぞれ

$$T(a) = (1+\alpha_1)(1+\alpha_2)\cdots(1+\alpha_n) = \prod_{k=1}^{n}(1+\alpha_k)$$

$$S(a) = \frac{p_1^{\alpha_1+1}-1}{p_1-1} \cdot \frac{p_2^{\alpha_2+1}-1}{p_2-1} \cdot \cdots \cdot \frac{p_n^{\alpha_n+1}-1}{p_n-1}$$

で与えられることを示せ．

【解】 a の約数はすべて

$$p_1^{x_1} p_2^{x_2} \cdots p_n^{x_n} \quad (0 \leq x_1 \leq \alpha_1, \, 0 \leq x_2 \leq \alpha_2, \ldots, 0 \leq x_n \leq \alpha_n)$$

の形をしているので，場合の数の積の法則より，第1の等式 $T(a) = \prod_{k=1}^{n}(1+\alpha_k)$ が得られる．また，

$$(1+p_1+p_1^2+\cdots+p_1^{\alpha_1}) \times (1+p_2+p_2^2+\cdots+p_2^{\alpha_2}) \times \cdots$$
$$\cdots \times (1+p_n+p_n^2+\cdots+p_n^{\alpha_n})$$

を展開すれば，その各項には a の約数が1回ずつすべて現れるので，等比数列の和の公式を用いて第2の等式が得られる． ∎

《参考》 $S(a)$ に関して，自然数を次のように3種類に分類することがある．このような分類はギリシア以来大変な興味をもって研究された．

（ⅰ）a：**完全数**(perfect number)

$\iff S(a) = 2a$ （a の a 以外の約数の和が a に等しい）

例： $6 = 1+2+3 \quad 28 = 1+2+4+7+14$

（ⅱ） a：過剰数または豊数(abundant number)
$\iff S(a) > 2a$
（ⅲ） a：不足数または輸数(deficient number)
$\iff S(a) < 2a$

　また，2つの自然数 a, b があって，$S(a) = a + b$, $S(b) = a + b$ が成り立つとき，a, b を互いに**親和数**(amicable number)という．

第2章

1次不定方程式

この章では，大学入試においてもしばしば出題される「1次不定方程式」を考えてみよう．

> **定義 2.1**
> $a_1, a_2, \cdots, a_n, k$ を整数とし，$x_1, x_2, \cdots, x_n$ を未知数としたとき，
> $$a_1 x_1 + a_2 x_2 + \cdots + a_n x_n = k \qquad \cdots\cdots (*)$$
> を，n 元 1 次不定方程式 (linear indeterminate equation with n-unknowns) という．なお，この方程式を Diophantos の不定方程式ともいい，$(*)$ の解を求めることを，「不定方程式を解く」という．

> **定理 2.1** $c = (a, b)$ のとき，2 元 1 次不定方程式
> $$ax + by = c \qquad \cdots\cdots (*)$$
> を満足する整数 x, y は必ず存在する．

証明： $M = \{ax + by \mid x, y \in \mathbb{Z}\}$，$N = \{ck \mid k \in \mathbb{Z}\}$ とおくと，定理 1.11 から $M = N$ である．したがって，
$$c = c \cdot 1 \in N = M$$
だから，$c \in M$．よって，方程式を満たす整数 x, y は存在する． ∎

《参考》 上の定理 2.1 はユークリッドの互除法を用いて示すこともできる．a, b は自然数で，$a > b$ としておいてもよい．このとき，$a = a_1$，$b = a_2$ とし，互除

法を用いて
$$a_1 = a_2 q_1 + a_3 \quad (0 < a_3 < a_2) \qquad \cdots\cdots\cdots\text{①}$$
$$a_2 = a_3 q_2 + a_4 \quad (0 < a_4 < a_3) \qquad \cdots\cdots\cdots\text{②}$$
$$a_3 = a_4 q_3 + a_5 \quad (0 < a_5 < a_4) \qquad \cdots\cdots\cdots\text{③}$$
$$\cdots\cdots\cdots\cdots\cdots\cdots\cdots\cdots$$
$$a_{n-1} = a_n q_{n-1} + a_{n+1} \quad (0 < a_{n+1} < a_n)$$
$$a_n = a_{n+1} q_n$$

が得られたとする.このとき,
$$c = (a, b) = (a_1, a_2) = (a_2, a_3) = \cdots = (a_n, a_{n+1}) = a_{n+1}$$
$$\therefore \ a_{n+1} = c$$

ところで,①から
$$a_3 = a_1 - a_2 q_1 \qquad \cdots\cdots\cdots\text{(a)}$$
であり,これを②に代入すると,
$$a_2 = (a_1 - a_2 q_1) q_2 + a_4$$
$$\therefore \ a_4 = -a_1 q_2 + a_2 (1 + q_1 q_2) \qquad \cdots\cdots\cdots\text{(b)}$$
(a), (b)を③に代入すると,
$$a_1 - a_2 q_1 = \{-a_1 q_2 + a_2 (1 + q_1 q_2)\} q_3 + a_5$$
$$\therefore \ a_5 = a_1 (1 + q_2 q_3) - a_2 (q_1 + q_3 + q_1 q_2 q_3)$$
以下同様に,順次代入してゆくと
$$a_{n+1} = a_1 x + a_2 y \quad (x \in \mathbb{Z}, \ y \in \mathbb{Z})$$
の形になる.$a_{n+1} = c$, $a_1 = a$, $a_2 = b$ であったから,
$$c = ax + by$$
すなわち,(*)を満たす整数 x, y が存在することが示されたことになる.

なお,この定理に関しては演習編 B9, B10 を参照されたい.

定理2.2 $c = (a, b)$, $a = ca'$, $b = cb'$ すると
$$ax + by = c \qquad \cdots\cdots\cdots (*)$$
の解は,(*)の1組の解 (x_0, y_0) を用いて
$$x = x_0 + b'k, \quad y = y_0 - a'k \quad (k \in \mathbb{Z})$$
で与えられる.

19

第2章　1次不定方程式

証明：x_0, y_0 は（＊）の1組の解であるから，
$$ax_0 + by_0 = c \qquad \cdots\cdots ①$$
（＊）－①から
$$a(x-x_0) + b(y-y_0) = 0 \iff a(x-x_0) = -b(y-y_0)$$
$a = ca'$, $b = cb'$ を代入すると，
$$ca'(x-x_0) = -cb'(y-y_0) \iff a'(x-x_0) = -b'(y-y_0)$$
$(a', b') = 1$ であるから，$b' \mid x-x_0$
$$\therefore \ x - x_0 = b'k, \quad y - y_0 = -a'k \quad (k \in \mathbb{Z})$$
よって，$x = x_0 + b'k, \ y = y_0 - a'k \ (k \in \mathbb{Z})$ ∎

定理2.3　1次不定方程式
$$ax + by = c \quad (a \in \mathbb{Z}, b \in \mathbb{Z}, c \in \mathbb{Z}) \qquad \cdots\cdots (＊)$$
が解をもつための必要十分条件は，$(a, b) \mid c$ なること（c が a と b の最大公約数で割り切れること）である．

証明：（⇒）必要なること．

（＊）が整数解 x, y をもつとすると，$(a, b) \mid a$, $(a, b) \mid b$ であるから
$$(a, b) \mid ax + by \quad \therefore \ (a, b) \mid c$$
（⇐）十分なること．

$(a, b) \mid c$ であるとする．いま $(a, b) = g$ とおくと，定理2.1 から
$$ax' + by' = g \qquad \cdots\cdots ①$$
を満たす整数 x', y' が存在する．$(a, b) \mid c$ だから，$c = gc' \ (c' \in \mathbb{Z})$ なる c' が存在し，したがって，①の両辺に c' を掛けると
$$ax' \cdot c' + by' \cdot c' = gc' \iff a(c'x') + b(c'y') = c$$
が成り立つ．すなわち，$x = c'x', \ y = c'y'$ が解となって，（＊）は確かに解をもつ．∎

> **定理 2.4** $ax + by = 1$ $(a \in \mathbb{Z},\ b \in \mathbb{Z})$ が整数解をもつための必要十分条件は，$(a, b) = 1$ である．

証明：定理 2.3 において，$c = 1$ としてみればよい． ■

注 この定理は重要で，「2 整数 a, b が互いに素であるための必要十分条件は，$ax + by = 1$ を満たす整数 x, y が存在すること」と読むこともできる．要するに，
$$(a, b) = 1 \iff \exists x, y \in \mathbb{Z} : ax + by = 1$$
ということにほかならない．

なお，上式の下線部分は「$ax + by = 1$ となるような整数 x, y が存在 ($\exists$) する」と読む．「$\exists$」は存在記号あるいは特称記号と呼ばれるものである．

定理 2.4 に関連して次の例題を考えてみる．

> **例題 2.1** a, b, c を正の整数とする．$(a, c) = 1, (b, c) = 1$ であれば，$(ab, c) = 1$ であることを証明せよ．

【解】 定理 2.4 から，
$$ax + cy = 1 \quad \cdots\cdots ① \qquad bu + cv = 1 \quad \cdots\cdots ②$$
となる整数 x, y および u, v が存在する．①，②を辺々掛けて，
$$(ax + cy)(bu + cv) = 1$$
$$\therefore\ ab(xu) + c(axv + byu + cyv) = 1$$
ここで，左辺の括弧内は全て整数であるから，題意は示された． ■

21

第3章

連分数

連分数 (continued fraction) は，ユークリッドの互除法と密接に関連しており，その考え方は古代ギリシア時代からあった．不定方程式の解法や実数の分数近似などに利用されるが，以下でその理論的背景を学んでほしい．．

定義 3.1　（有限連分数とは何か？）

a, b を $a > b$ を満たす正の整数とし，$a = a_1, b = a_2$ とおいて，ユークリッドの互除法を行い，

$$a_1 = a_2 q_1 + a_3 \quad (0 < a_3 < a_2) \quad \cdots\cdots\cdots(1)$$
$$a_2 = a_3 q_2 + a_4 \quad (0 < a_4 < a_3) \quad \cdots\cdots\cdots(2)$$
$$a_3 = a_4 q_3 + a_5 \quad (0 < a_5 < a_4) \quad \cdots\cdots\cdots(3)$$
$$\cdots\cdots\cdots\cdots\cdots\cdots\cdots\cdots$$
$$\cdots\cdots\cdots\cdots\cdots\cdots\cdots\cdots$$
$$a_{n-1} = a_n q_{n-1} + a_{n+1} \quad (0 < a_{n+1} < a_n) \quad \cdots\cdots(n\text{-}1)$$
$$a_n = a_{n+1} q_n \quad \cdots\cdots\cdots(n)$$

のようになったとする．このとき，

(1) から，$\dfrac{a}{b} = \dfrac{a_1}{a_2} = q_1 + \dfrac{a_3}{a_2} = q_1 + \dfrac{1}{\dfrac{a_2}{a_3}}$

(2) から，$\dfrac{a_2}{a_3} = q_2 + \dfrac{a_4}{a_3} = q_2 + \dfrac{1}{\dfrac{a_3}{a_4}}$

(3) から，$\dfrac{a_3}{a_4} = q_3 + \dfrac{a_5}{a_4} = q_3 + \dfrac{1}{\dfrac{a_4}{a_5}}$

$$\cdots\cdots\cdots\cdots\cdots\cdots\cdots\cdots$$
$$\cdots\cdots\cdots\cdots\cdots\cdots\cdots\cdots$$

(n−1)から，$\dfrac{a_{n-1}}{a_n} = q_{n-1} + \dfrac{a_{n+1}}{a_n} = q_{n-1} + \dfrac{1}{\dfrac{a_n}{a_{n+1}}}$

(n)から，$\dfrac{a_{n+1}}{a_n} = q_n$

となるから，逐次代入していくと，

$$\dfrac{a}{b} = q_1 + \dfrac{1}{\dfrac{a_2}{a_3}} = q_1 + \dfrac{1}{q_2 + \dfrac{a_3}{a_4}}$$

$$= q_1 + \dfrac{1}{q_2 + \dfrac{1}{q_3 + \dfrac{a_4}{a_5}}} = \cdots\cdots$$

$$\cdots\cdots = q_1 + \dfrac{1}{q_2 + \dfrac{1}{q_3 + \dfrac{1}{q_4 + \ddots + \dfrac{1}{q_n}}}}$$

のようになる．（∗）のような，一種の繁分数を連分数といい，普通紙面の節約のため，

$$q_1 + \dfrac{1}{q_2} + \dfrac{1}{q_3} + \dfrac{1}{q_4} + \cdots + \dfrac{1}{q_n}$$

あるいは $[q_1, q_2, q_3, q_4, \cdots, q_n]$

のようにかいたりする．また，とくに上のように有限個しか続かない連分数を**有限連分数**という．

例を 2 つ示す．

〈**例 1**〉 有理数を連分数に展開する．

$$\dfrac{157}{68} = 2 + \dfrac{21}{68} = 2 + \dfrac{1}{\dfrac{68}{21}} = 2 + \dfrac{1}{3 + \dfrac{5}{21}}$$

$$= 2 + \dfrac{1}{3 + \dfrac{1}{\dfrac{21}{5}}} = 2 + \dfrac{1}{3 + \dfrac{1}{4 + \dfrac{1}{5}}}$$

∴ $\dfrac{157}{68} = 2 + \dfrac{1}{3} + \dfrac{1}{4} + \dfrac{1}{5}$

第3章 連分数

〈例2〉 連分数を有理数の形にする.

$$1+\cfrac{1}{1}+\cfrac{1}{2}+\cfrac{1}{3}+\cfrac{1}{4}$$

$$=1+\cfrac{1}{1+\cfrac{1}{2+\cfrac{1}{3+\frac{1}{4}}}}=1+\cfrac{1}{1+\cfrac{1}{2+\frac{7}{4}}}$$

$$=1+\cfrac{1}{1+\cfrac{1}{2+\frac{4}{7}}}=1+\cfrac{1}{1+\cfrac{1}{\frac{18}{7}}}$$

$$=1+\cfrac{1}{1+\frac{7}{18}}=1+\cfrac{1}{\frac{25}{18}}=1+\frac{18}{25}=\frac{43}{25}$$

> **定理3.1**
>
> （Ⅰ）有理数 $\frac{a}{b}$ を連分数に展開すると，有限連分数になる．
>
> （Ⅱ）有限連分数は，有理数である．

証明：定義の議論から明らかである． ∎

> **定義3.2 （無限連分数とは何か？）**
>
> 　実数 $x = x_1$ に対して，$q_1 = [x_1]$（[ ]はガウス記号，すなわち，x_1 を超えない最大の整数）とすると，
> $$x_1 = q_1 + \alpha_1 \quad (0 \leqq \alpha_1 < 1)$$
> とおける．
>
> 　$\alpha_1 \neq 0$ のとき，$x_2 = \frac{1}{\alpha_1}$ とおくと，$x_2 > 1$．そこで，$q_2 = [x_2]$ とすると，
> $$x_2 = q_2 + \alpha_2 \quad (0 \leqq \alpha_2 < 1)$$
> とおける．
>
> 　$\alpha_2 \neq 0$ のとき，$x_3 = \frac{1}{\alpha_2}$ とおくと，$x_3 > 1$．そこで，$q_3 = [x_3]$

24

とおく．以下同様に考えると，

$$x_1 = q_1 + \cfrac{1}{\cfrac{1}{\alpha_1}} = q_1 + \frac{1}{x_2} \quad (x_2 > 1)$$

$$x_2 = q_2 + \cfrac{1}{\cfrac{1}{\alpha_2}} = q_2 + \frac{1}{x_3} \quad (x_3 > 1)$$

$$x_3 = q_2 + \cfrac{1}{\cfrac{1}{\alpha_3}} = q_3 + \frac{1}{x_4} \quad (x_3 > 1)$$

....

が得られる．x_1 が無理数のときは，これらは無限に続く．したがって，無理数 $x = x_1$ に対しては，

$$q_1 + \frac{1}{q_2} + \frac{1}{q_3} + \cdots + \frac{1}{q_n} + \cdots$$

という無限に続く連分数が対応する．これを，**無限連分数**という．

以下に例を 2 つ示す．

⟨例1⟩ $\sqrt{2} = 1 + (\sqrt{2} - 1) = 1 + \cfrac{1}{\cfrac{1}{\sqrt{2}-1}} = 1 + \cfrac{1}{\sqrt{2}+1}$

$= 1 + \cfrac{1}{2+(\sqrt{2}-1)} = 1 + \cfrac{1}{2+\cfrac{1}{\sqrt{2}+1}}$

$= 1 + \cfrac{1}{2+\cfrac{1}{2+(\sqrt{2}-1)}} = 1 + \cfrac{1}{2+\cfrac{1}{2+\cfrac{1}{\sqrt{2}+1}}}$

$= 1 + \cfrac{1}{2+\cfrac{1}{2+\cfrac{1}{2+(\sqrt{2}+1)}}}$

$= 1 + \cfrac{1}{2+\cfrac{1}{2+\cfrac{1}{2+\cfrac{1}{\sqrt{2}+1}}}} = \cdots\cdots$

$\therefore \quad \sqrt{2} = 1 + \frac{1}{2} + \frac{1}{2} + \frac{1}{2} + \cdots\cdots$

第3章　連分数

⟨例2⟩ $\sqrt{3} = 1+(\sqrt{3}-1) = 1+\dfrac{1}{\dfrac{1}{\sqrt{3}-1}} = 1+\dfrac{1}{\dfrac{\sqrt{3}+1}{2}}$

$= 1+\dfrac{1}{1+\dfrac{\sqrt{3}-1}{2}} = 1+\dfrac{1}{1+\dfrac{1}{\sqrt{3}+1}}$

$= 1+\dfrac{1}{1+\dfrac{1}{2+(\sqrt{3}-1)}} = 1+\dfrac{1}{1+\dfrac{1}{2+\dfrac{1}{\dfrac{1}{\sqrt{3}-1}}}}$

$= 1+\dfrac{1}{1+\dfrac{1}{2+\dfrac{1}{\dfrac{\sqrt{3}+1}{2}}}}$

$= 1+\dfrac{1}{1+\dfrac{1}{2+\dfrac{1}{1+\dfrac{\sqrt{3}-1}{2}}}}$

$= 1+\dfrac{1}{1+\dfrac{1}{2+\dfrac{1}{1+\dfrac{1}{\sqrt{3}+1}}}} = \cdots\cdots$

∴ $\sqrt{3} = 1+\dfrac{1}{1}+\dfrac{1}{2}+\dfrac{1}{1}+\dfrac{1}{2}+\cdots\cdots$

注 $\sqrt{2}$, $\sqrt{3}$ のように整数係数の2次方程式の解になっている数を **2次無理数** という．一般に2次無理数に対する連分数は，循環無限連分数となることが知られている．

定義3.3　（正則連分数とは何か？）

一般に，

$q_1 + \dfrac{p_2}{q_2} + \dfrac{p_3}{q_3} + \dfrac{p_4}{q_4} + \cdots\cdots$ （有限または無限）

のようなものを，連分数というが，とくに $p_2 = p_3 = p_4 = \cdots = 1$ の形の連分数を **正則連分数** という．

以下，連分数というときは，すべて正則連分数を指すものとする．

> **定理3.2** 有限連分数 $q_1 + \cfrac{1}{q_2} + \cfrac{1}{q_3} + \cfrac{1}{q_4} + \cdots + \cfrac{1}{q_n}$ または無限連分数 $q_1 + \cfrac{1}{q_2} + \cfrac{1}{q_3} + \cdots + \cfrac{1}{q_n} + \cdots$ に対して，第 n 項までとって，
> $$x_n = q_1 + \cfrac{1}{q_2} + \cfrac{1}{q_3} + \cfrac{1}{q_4} + \cdots + \cfrac{1}{q_n}$$
> とおき，これを既約分数に直したものを $\dfrac{P_n}{Q_n}(=x_n)$ とおくと，
> $$\begin{cases} P_n = q_n P_{n-1} + P_{n-2} \\ Q_n = q_n Q_{n-1} + Q_{n-2} \quad (n \geq 2) \end{cases} \quad \cdots\cdots\cdots(*)$$
> （ただし，$P_0 = 1$，$Q_0 = 0$ とする）
> が成り立つ．

証明：帰納法を用いて証明するが，その前にいくつか具体的に調べてみる．

$$\frac{P_1}{Q_1} = \frac{q_1}{1}$$

$$\frac{P_2}{Q_2} = q_1 + \frac{1}{q_2} = \frac{q_1 q_2 + 1}{q_2}$$

$$\frac{P_3}{Q_3} = q_1 + \cfrac{1}{q_2 + \cfrac{1}{q_3}} = q_1 + \frac{q_3}{q_2 q_3 + 1}$$

$$= \frac{q_1 q_2 q_3 + q_1 + q_3}{q_2 q_3 + 1}$$

ユークリッドの互除法の原理から

$(q_1, 1) = 1$

$(q_1 q_2 + 1, q_2) = (q_2, 1) = 1$

$(q_1 q_2 q_3 + q_1 + q_3, q_2 q_3 + 1) = (q_2 q_3 + 1, q_3) = (q_3, 1) = 1$

であり，$\dfrac{P_n}{Q_n}$ は既約分数であったので，$(P_1, Q_1) = 1$，$(P_2, Q_2) = 1$，$(P_3, Q_3) = 1$ である．

したがって，$P_0 = 1, Q_0 = 0$ と定めてあるから，

$P_1 = q_1$

$Q_1 = 1$

$P_2 = q_1 q_2 + 1 = q_2 P_1 + P_0$

$Q_2 = q_2 = q_2 Q_1 + Q_0$

$P_3 = q_1 q_2 q_3 + q_1 + q_3 = q_3 P_2 + P_1$

$Q_3 = q_2 q_3 + 1 = q_3 Q_2 + Q_1$

となり，$(*)$ は $n = 2, 3$ に対しては成り立つことが確認できた．

そこで，3以上のある m に対して，$n \leq m$ なるすべての正の整数 n で $(*)$ が成り立つと仮定（全段仮定）しておく．$\dfrac{P_n}{Q_n}$ の定め方と帰納法の仮定から

$$\frac{P_{m+1}}{Q_{m+1}} = q_1 + \frac{1}{q_2} + \frac{1}{q_3} + \cdots + \frac{1}{q_m} + \frac{1}{q_{m+1}}$$

$$= q_1 + \frac{1}{q_2} + \frac{1}{q_3} + \cdots + \frac{1}{q_m + \dfrac{1}{q_{m+1}}} \quad \cdots\cdots\cdots ①$$

$$\frac{P_m}{Q_m} = q_1 + \frac{1}{q_2} + \frac{1}{q_3} + \cdots + \frac{1}{q_m} = \frac{q_m P_{m-1} + P_{m-2}}{q_m Q_{m-1} + Q_{m-2}} \quad \cdots\cdots\cdots ②$$

である．

②で q_m を $q_m + \dfrac{1}{q_{m+1}}$ で置き換えると，①から分かるように $\dfrac{P_{m+1}}{Q_{m+1}}$ が得られて，帰納法の仮定を用いると，

$$\frac{P_{m+1}}{Q_{m+1}} = \frac{\left(q_m + \dfrac{1}{q_{m+1}}\right) P_{m-1} + P_{m-2}}{\left(q_m + \dfrac{1}{q_{m+1}}\right) Q_{m-1} + Q_{m-2}}$$

$$= \frac{q_{m+1}(q_m P_{m-1} + P_{m-2}) + P_{m-1}}{q_{m+1}(q_m Q_{m-1} + Q_{m-2}) + Q_{m-1}}$$

$$= \frac{q_{m+1} P_m + P_{m-1}}{q_{m+1} Q_m + Q_{m-1}} \quad \cdots\cdots\cdots ③$$

となる．

このとき，$q_{m+1} P_m + P_{m-1}$ と $q_{m+1} Q_m + Q_{m-1}$ とが互いに素であることが示されれば，③から

$$P_{m+1} = q_{m+1} P_m + P_{m-1}$$

$$Q_{m+1} = q_{m+1}Q_m + Q_{m-1}$$

となって題意は証明されたことになる．

以下，互いに素になることを示す．帰納法の仮定から

$$P_m Q_{m-1} - P_{m-1} Q_m$$
$$= (q_m P_{m-1} + P_{m-2}) Q_{m-1} - P_{m-1}(q_m Q_{m-1} + Q_{m-2})$$
$$= P_{m-2} Q_{m-1} - P_{m-1} Q_{m-2} = -(P_{m-1} Q_{m-2} - P_{m-2} Q_{m-1})$$

であるから，これを繰り返し用いると，$P_0 = 1$, $P_1 = q_1$, $Q_0 = 0$, $Q_1 = 1$ とから

$$P_m Q_{m-1} - P_{m-1} Q_m$$
$$= (-1)^{m-1}(P_1 Q_0 - P_0 Q_1) = (-1)^m \qquad \cdots\cdots\cdots ④$$

一方，$q_{m+1}P_m + P_{m-1}$ と $q_{m+1}Q_m + Q_{m-1}$ の最大公約数を g とし，

$$q_{m+1}P_m + P_{m-1} = gS$$
$$q_{m+1}Q_m + Q_{m-1} = gT \quad (S, T \in \mathbb{Z})$$

とおくと，

$$P_{m-1} = gS - q_{m+1}P_m, \quad Q_{m-1} = gT - q_{m+1}Q_m$$

であるから，

$$P_m Q_{m-1} - P_{m-1} Q_m$$
$$= P_m(gT - q_{m+1}Q_m) - (gS - q_{m+1}P_m) Q_m$$
$$= g(P_m T - S Q_m) \qquad \cdots\cdots\cdots ⑤$$

④，⑤から $g = 1$ となり，互いに素であることが示され，(∗)は証明された． ∎

注 ④は，行列式を用いてかくと，

$$\begin{vmatrix} P_m & P_{m-1} \\ Q_m & Q_{m-1} \end{vmatrix} = (-1)^m$$

のようになる．

またガウスは $q_1, q_2, \cdots, q_n$ の多項式 $G(q_1, q_2, \cdots, q_n)$ を

第3章 連分数

$$\begin{cases} G(q_1) = q_1 \\ G(q_1, q_2) = q_1 q_2 + 1 \\ G(q_1, q_2, q_3) = q_1 q_2 q_3 + q_1 + q_3 \\ \qquad\qquad = q_3 G(q_1, q_2) + G(q_1) \\ \cdots\cdots\cdots\cdots\cdots\cdots\cdots\cdots\cdots \\ G(q_1, q_2, \cdots, q_n) \\ \qquad = q_n G(q_1, q_2, \cdots, q_{n-1}) + G(q_1, q_2, \cdots, q_{n-2}) \end{cases}$$

によって定義しているが，これを用いれば

$$P_n = G(q_1, q_2, \cdots, q_n) \quad (n \geq 1)$$
$$Q_n = G(q_2, q_3, \cdots, q_n) \quad (n \geq 2)$$

とかけることは上の定理の証明から了解できるだろう．

x が無理数のときは，一般に無限連分数になるが，このとき $x_n = \dfrac{P_n}{Q_n}$ は x の $\boldsymbol{n}$ 次近似分数(n th−convergent)と言われ，$\displaystyle\lim_{n\to\infty}\dfrac{P_n}{Q_n} = x$ となることが知られている．

例題 3.1 $\sqrt{2}$ の 4 次近似分数を求めよ．

【解】 $\sqrt{2} = 1 + \dfrac{1}{2} + \dfrac{1}{2} + \dfrac{1}{2} + \cdots$ であるから，

$$\dfrac{P_4}{Q_4} = 1 + \cfrac{1}{2 + \cfrac{1}{2 + \cfrac{1}{2}}} = 1 + \cfrac{1}{2 + \cfrac{2}{5}}$$

$$= 1 + \dfrac{5}{12} = \dfrac{17}{12} \qquad\blacksquare$$

注 $\dfrac{17}{12} = 1.41666\cdots$ であるから，これは $\sqrt{2}$ に相当近い近似分数になっている．

30

例題 3.2 α, β を互いに素な整数とする．
(1) $\alpha x - \beta y = 0$ の整数解をすべて求めよ．
(2) $\dfrac{\alpha}{\beta} = a_1 + \dfrac{1}{a_2 + \dfrac{1}{a_3 + \dfrac{1}{a_4}}}$ (a_1, a_2, a_3, a_4 は正の整数) と書けるとする．

$a_1 + \dfrac{1}{a_2 + \dfrac{1}{a_3}}$ を通分して得られる分子 $a_1 a_2 a_3 + a_1 + a_3$ を p, 分母 $a_2 a_3 + 1$

を q とするとき $\alpha q - \beta p$ の値を求めよ．

(3) $157x - 68y = 3$ の整数解を求めよ．

'93 年早大・理工の問題．ほとんどの受験生にとってはかなりの難問というべきだろう．

【解】 (1) 明らかに, $(x, y) = (k\beta, k\alpha)$ $(k \in \mathbb{Z})$ ∎

(2) $\dfrac{\alpha}{\beta}$ を通分して得られる分数は

$$\dfrac{a_1(a_2 a_3 a_4 + a_2 + a_4) + a_3 a_4 + 1}{a_2 a_3 a_4 + a_2 + a_4}$$

で, 分子を a, 分母を b とすると, $a = ba_1 + (a_3 a_4 + 1)$ だからユークリッドの互除法の原理により,

$$(a, b) = (a_2(a_3 a_4 + 1) + a_4, \ a_3 a_4 + 1)$$
$$= (a_3 a_4 + 1, \ a_4) = (a_4, \ 1) = 1$$

したがって,

$$\alpha = a = a_4(a_1 a_2 a_3 + a_1 + a_3) + a_1 a_2 + 1$$
$$= a_4 p + a_1 a_2 + 1$$
$$\beta = b = a_4(a_2 a_3 + 1) + a_2 = a_4 q + a_2$$

となるので, $p = a_1 q + a_3$, $q = a_2 a_3 + 1$ とから

$$\alpha q - \beta p = (a_4 p + a_1 a_2 + 1)q - (a_4 q + a_2)p$$
$$= (a_1 a_2 + 1)q - a_2 p = (a_1 a_2 + 1)q - a_2(a_1 q + a_3)$$
$$= q - a_2 a_3 = 1 \qquad ∎$$

第3章 連分数

(3) $\dfrac{157}{68} = 2 + \dfrac{1}{3+\dfrac{1}{4+\dfrac{1}{5}}}$ だから，$\alpha = 157$，$\beta = 68$ とすると $(\alpha, \beta) = 1$

である．そこで，
$$p = 2 \cdot 3 \cdot 4 + 2 + 4 = 30, \quad q = 3 \cdot 4 + 1 = 13$$
とおくと，(2)の結果から
$$157 \cdot 13 - 68 \cdot 30 = 1 \quad \therefore \quad 157 \cdot 39 - 68 \cdot 90 = 3$$
したがって，
$$157x - 69y = 3 \iff 157(x - 39) - 68(y - 90) = 0$$
と変形でき，(1)の結果から
$$(x, y) = (39 + 68k, \ 90 + 157k) \quad (k \in \mathbb{Z})$$
∎

注 定理3.2で定めた P_n，Q_n を用いると
$$P_3 = p, \quad P_4 = \alpha, \quad Q_3 = q, \quad Q_4 = \beta$$
であるから，④より
$$\alpha q - \beta p = P_4 Q_3 - P_3 Q_4 = (-1)^4 = 1$$
と直ちに答が得られる．

《**参考**》 実数の連分数展開を
$$x = q_1 + \dfrac{1}{q_2} + \cdots\cdots + \dfrac{1}{q_n} + \cdots\cdots$$
とし，$x_n = \dfrac{P_n}{Q_n}$ (P_n, Q_n は定理3.2で定めたものとする) とすれば，$n \to \infty$ のとき，x に収束することは前に述べた通りであるが，これは，どんなに小さな正数 ε に対しても，n を十分大きくとれば，
$$|x - x_n| = \left| x - \dfrac{P_n}{Q_n} \right| < \varepsilon \qquad \cdots\cdots\cdots ①$$
のように出来ることを意味している．また，$Q_n < Q_{n+1}$ であることに注意すると，
$$\left| \dfrac{P_n}{Q_n} - \dfrac{P_{n+1}}{Q_{n+1}} \right| \leqq \left| \dfrac{P_{n+1} Q_n - P_n Q_{n+1}}{Q_n Q_{n+1}} \right| = \left| \dfrac{(-1)^{n+1}}{Q_n Q_{n+1}} \right| < \dfrac{1}{Q_n^2} \qquad \cdots\cdots\cdots ②$$
のようにできる．したがって，三角不等式を利用すると①，②から，

$$\left|x-\frac{P_{n+1}}{Q_{n+1}}\right| \leq \left|x-\frac{P_n}{Q_n}\right| + \left|\frac{P_n}{Q_n}-\frac{P_{n+1}}{Q_{n+1}}\right| < \varepsilon + \frac{1}{Q_n^2}$$

となるが，n を十分大きくすれば，ε はいくらでも小さくなるので，

$$\left|x-\frac{P_{n+1}}{Q_{n+1}}\right| \leq \frac{1}{Q_n^2}$$

が成り立つことがわかる．

このような不等式は近似の精度を上げるうえでも重要であるが，1955 年 K.F.Roth(1925～) というイギリスの数学者は，「$\mu > 2$ とすれば，$\left|x-\dfrac{p}{q}\right| < \dfrac{1}{q^\mu}$ を満足する分数 $\dfrac{p}{q}$ は，x が代数的数の場合には，もはや有限個しか存在しない」という驚くべき定理（だって，普通に考えると「無限個」あるような気がしませんか？）を証明した．ここで，「**代数的数**」とは，有理数 $a_0, a_1, \cdots, a_n$ を係数とする方程式

$$a_0 x^n + a_1 x^{n-1} + \cdots + a_{n-1} x + a_n = 0$$

の解となりうる実数をいう．ロスはこの仕事で，フィールズ賞を，1958 年エディンバラで開かれた第 13 回国際数学者会議で授賞した．なお 1954 年アムステルダムで開催された第 12 回国際数学者会議では，我が国の小平邦彦（1915～1997）が日本人として初めてフィールズ賞を授賞している．

第4章

合同式の基本的性質

定義 4.1 （合同式とは何か）

① $a \equiv b \pmod{m}$
$\iff (a$ を m で割った余り$) = (b$ を m で割った余り$)$
$\iff m \mid a-b$

ただし，m は自然数とする．このとき，a と b とは法 m (modulus) について合同(congruence)という．なお，上のような式を**合同式**といい，この記号はガウスが初めて使った．

② $a \not\equiv b \pmod{m} \iff m \nmid a-b$

このとき，a と b とは法 m について不合同(incongruence)という．

〈例〉 $37 \equiv 2 \pmod 7$, $12 \equiv -4 \pmod 8$, $6 \not\equiv -1 \pmod 5$

注 $a \equiv b \pmod m$ のとき，これは a を m で割った余り（剰余）b がであると読むこともできる．このような立場で考えると，ある整数 a を m で割った剰余は無数にあるが，そのうち，重要な意味をもつ，代表的な剰余が2種類ある．その一つは

$$a = bq + r \quad (0 \leq r < b)$$

によって定められる普通の剰余である．今一つは

$$a = bq + r \quad \left(|r| \leq \frac{b}{2}\right)$$

で定められる剰余で，これを**絶対最小剰余**という．たとえば，

$50 = 13 \times 3 + 11$ だから，普通の剰余：

$$50 \equiv 11 \pmod{13}$$

$50 = 13 \times 4 - 2$ だから，絶対最小剰余：

$$50 \equiv -2 \pmod{13}$$

のようになる．

> **定理 4.1** 合同式は，次の同値律を満たす．
> （Ⅰ）反射律： $a \equiv a \pmod{m}$
> （Ⅱ）対称律： $a \equiv b \pmod{m} \Longrightarrow b \equiv a \pmod{m}$
> （Ⅲ）推移律： $a \equiv b \pmod{m}$, $b \equiv c \pmod{m}$
> $\Longrightarrow a \equiv c \pmod{m}$

証明：合同式の定義より明らかである．各自で証明を試みてみよ． ■

> **定義 4.2 （剰余類，剰余系とは何か）**
> 　上に定義した合同の概念によって，すべての整数を m 個の類（class）に分けることができる．すなわち，整数を m で割るとその剰余は，
> $$0, 1, 2, \cdots, m-1$$
> のいずれかであるから，同じ剰余である数をまとめて 1 つの類を作れば，全部で m 個の類が出来る．その中で，剰余が r である類を C_r と表すことにすると，それらは，
> $$C_0, C_1, C_2, \cdots, C_{m-1} \qquad \cdots\cdots\cdots(*)$$
> となる．そして，C_r に属するすべての数は，$r + mt$ $(t \in \mathbb{Z})$ で表され，さらに，
> $$r \neq s \Rightarrow C_r \cap C_s = \emptyset \quad (\text{空集合})$$
> となる．
> 　$(*)$ を m を法とする**剰余類**（residue class）といい，C_r はその中に含まれているどれか 1 つの数で完全に決定されるので，その数をその類の**代表**という．また，相異なる m 個の剰余類から勝手に 1 つずつとってきた数の組を**完全剰余系**という．

〈例〉 $m = 3$ のときの剰余系．
　完全剰余系（ふつう単に「剰余系」ということが多い）の 1 組を $\{0, 1, 2\}$ にとれば，すべての整数は，$3n$, $3n+1$, $3n+2$ $(n \in \mathbb{Z})$ の形にかける．

第4章 合同式の基本的性質

また $\{-1, 0, 1\}$ を剰余系にとれば，$3n-1, 3n, 3n+1\ (n\in\mathbb{Z})$ の形にかける．

> **定理4.2**（合同式に関する基本定理）
> $a\equiv b\ (\mathrm{mod}\,m),\quad c\equiv d\ (\mathrm{mod}\,m)$ ならば，
> ① $a+c\equiv b+d\ (\mathrm{mod}\,m)$
> ② $a-c\equiv b-d\ (\mathrm{mod}\,m)$
> ③ $ac\equiv bd\ (\mathrm{mod}\,m)$
> が成立する．すなわち，合同式を普通の等式のように辺々加えたり，引いたり，掛けたりすることができる．

証明：仮定から，$m\mid a-b,\ m\mid c-d$ であることがいえて，これらと，
$$(a+c)-(b+d)=(a-b)+(c-d)$$
$$(a-c)-(b-d)=(a-b)-(c-d)$$
より，①，②は明らかに成り立つ．また，
$$ac-bd=(a-b)c+b(c-d)$$
だから，$m\mid ac-bd$ がいえて，③も成り立つ． ∎

> **系** $\quad a\equiv b\ (\mathrm{mod}\,m)\implies a^k\equiv b^k\ (\mathrm{mod}\,m)\ (k=2, 3, \cdots)$

証明：定理4.2の③より明らか． ∎

> **定理4.3** $ca\equiv cb\ (\mathrm{mod}\,m)$ ならば
> (1) $(c, m)=1$ のとき，$a\equiv b\ (\mathrm{mod}\,m)$
> (2) $(c, m)=d\ (>1)$ のとき，$a\equiv b\ \left(\mathrm{mod}\,\dfrac{m}{d}\right)$

証明：仮定により，$\qquad m\mid c(a-b) \qquad\qquad\cdots\cdots(*)$
(1)の場合，すなわち $(c, m)=1$ ならば定理1.8から

36

$$m \mid a-b \qquad \therefore\ a \equiv b \pmod{m}$$

(2) の場合，$(c, m) = d\ (>1)$ であるから，$c = dc'$, $m = dm'$ とおけば，$(c', m') = 1$ で，$(*)$ から，

$$dm' \mid dc'(a-b) \qquad \therefore\ m' \mid c'(a-b)$$

$(c', m') = 1$ だから，

$$m' \mid a-b \qquad \therefore\ a \equiv b \pmod{m'}$$

すなわち，$a \equiv b \left(\mathrm{mod}\ \dfrac{m}{d}\right)$ ■

〈例〉 $5 \times 7 \equiv 5 \times 1 \pmod{15}$, $(5, 15) = 5$ だから，
$$7 \equiv 1 \left(\mathrm{mod}\ \dfrac{15}{5}\right) \qquad \therefore\ 7 \equiv 1 \pmod{3}$$

定理 4.4 p を素数，m, n を任意の整数とするとき，
$$(m+n)^p \equiv m^p + n^p \pmod{p}$$

証明： 2項定理により，

$$(m+n)^p = m^p + n^p + \sum_{k=1}^{p-1} {}_p\mathrm{C}_k m^{p-k} n^k \quad \cdots\cdots(*)$$

ここで，

$${}_p\mathrm{C}_k = \dfrac{p!}{k!(p-k)!} = \dfrac{p(p-1)(p-2)\cdots(p-k+1)}{k!}$$

$$\therefore\ k!\,{}_p\mathrm{C}_k = p \times (p-1)(p-2)\cdots(p-k+1)$$

$$\therefore\ p \mid k!\,{}_p\mathrm{C}_k$$

k は，$1, 2, \cdots, p-1$ のいずれかの値で，p は素数であるから，$(p, k!) = 1$ である．

$$\therefore\ p \mid {}_p\mathrm{C}_k \quad (k = 1, 2, \cdots, p-1)$$

したがって，$(*)$ より $p \mid (m+n)^p - (m^p + n^p)$

すなわち，$(m+n)^p \equiv m^p + n^p \pmod{p}$ ■

第4章 合同式の基本的性質

> **系** p を素数，$m_1, m_2, \cdots, m_n$ を n 個の整数とすると，
> $$(m_1 + m_2 + \cdots + m_n)^p \equiv m_1{}^p + m_2{}^p + \cdots + m_n{}^p \pmod{p}$$

証明：定理 4.4 を繰り返して用いればよい．たとえば，$n=3$ のときは，
$$\begin{aligned}(m_1+m_2+m_3)^p &\equiv \{m_1+(m_2+m_3)\}^p \\ &\equiv m_1{}^p+(m_2+m_3)^p \\ &\equiv m_1{}^p+m_2{}^p+m_3{}^p \pmod{p}\end{aligned}$$
のようにすればよい． ∎

> **定理4.5**（フェルマーの小定理）
> p を素数，a を自然数とし，$(a, p) = 1$ とすると
> $$a^{p-1} \equiv 1 \pmod{p}$$

証明：定理 4.4 の系において，$m_1 = m_2 = \cdots = m_n = 1$ とおけば，
$$\underbrace{(1+1+\cdots+1)}_{n}{}^p \equiv \underbrace{1^p+1^p+\cdots+1^p}_{n} \pmod{p}$$
$$\therefore\ n^p \equiv n \pmod{p}$$
ここで，$n=a$ とおくと $a^p \equiv a \pmod{p}$ で，$(a, p)=1$ であるから定理 4.3(1) より
$$a^{p-1} \equiv 1 \pmod{p}$$
∎

この定理の別証は演習編の C27 を参照せよ．

〈例〉 $p=5$ とすると，$p-1=4$ で，
$$1^4 \equiv 1, \quad 2^4 = 16 \equiv 1, \quad 3^4 = 81 \equiv 1, \quad 4^4 = 256 \equiv 1 \pmod{5}$$
$p=7$ とすると，$p-1=6$ で，
$$1^6 \equiv 1, \quad 2^6 = 64 \equiv 1,$$
$$3^6 = 729 \equiv 1, \quad 4^6 = 4096 = 7 \times 585 + 1 \equiv 1,$$
$$5^6 = 15625 = 7 \times 2232 + 1 \equiv 1,$$
$$6^6 = 46656 = 7 \times 6665 + 1 \equiv 1 \pmod{7}$$

《参考》 フェルマーの小定理はさらにオイラーによって拡張されるが，これについては後で述べる．また，フェルマーの小定理に対して，フェルマーの"大定理（あるいは最終定理）"と言われているものがあり，これはご承知のように「n が 3 以上のとき，$x^n + y^n = z^n$ を満たす自然数は存在しない」という命題である．この問題は，今からおよそ 370 年前（1630 年代と言われている）に，ピエール・ド・フェルマーが，古代の数学者ディオファントスの書物『数論』の余白に書いた「私は，この，真に驚嘆すべき命題を証明したが，余白が狭すぎて書けない」という意味の走り書きが発端で生まれたと言われているが，証明を書き残さなかったフェルマーに代わってその後多くの数学者たちが挑戦し続けたにも拘わらず，なかなか証明されず，やがて上の命題は「フェルマーの最終定理」，「フェルマー予想」などと呼ばれるようになった．

ところが 1994 年，41 才のイギリスの数学者アンドリュー・ワイルス氏（1953～）によって遂にこの命題に証明が与えられた．その証明には，昭和 30 年（1955 年）に谷山豊や志村五郎によって提出された「谷山–志村予想」が大きく貢献したと言われているが，そのほかに岩澤健吉の理論やアイデアなどもその証明にあたって，本質的な役割を演じていると言われている．

第5章

整数論的関数

定義 5.1（オイラーの関数とは何か）

自然数全体の m を法とした剰余系の 1 つを

$$\{0,\ 1,\ 2,\ \cdots,\ m-1\}$$

とし，この集合の要素で m と互いに素なものを，m を法とする**既約剰余系**（irreducible residue system）という．また，その個数を $\varphi(m)$ で表し，これを**オイラーの関数**（Euler's function）という．したがって，$\varphi(m)$ は，$m-1$ 個の分数；

$$\frac{1}{m},\ \frac{2}{m},\ \frac{3}{m},\ \cdots,\ \frac{m-1}{m}$$

の中の既約分数の個数と考えることもできる．

また，オイラーの関数 $\varphi(n)$ のように，すべての正の整数 n に対してのみ定義される n の関数を**整数論的関数**（number theoretic function）といい，第 1 章の例題 1.2 で登場した $T(n)$，$S(n)$ も整数論的関数である．

《参考》 法 m に関する既約剰余類の全体は "乗法" について "群" を作り，この乗法群を法 m に関する $\mathbb{Z}$ の**既約剰余類群**といい，その位数（群を構成する要素の個数）は $\varphi(m)$ である．

特に，素数 p を法とする既約剰余類群は，位数 $\varphi(p)=p-1$ の群で，これは体 $\mathbb{Z}_p$ の零元以外の元全体が作る巡回群であることはよく知られている．

> **定理 5.1** p を素数とすると,
> $$\varphi(p^k) = p^k - p^{k-1} = p^k\left(1 - \frac{1}{p}\right) \quad (k = 1, 2, 3, \cdots)$$
> とくに,$\varphi(p) = p-1$ である.

証明:p は素数であるから,p で割り切れない数はすべて p^k と互いに素である.ここで,p^k と互いに素でない数は p の倍数,すなわち

$$1p,\ 2p,\ 3p,\ \cdots,\ p^{k-1} \cdot p$$

であり,その個数は $\dfrac{p^k}{p} = p^{k-1}$ 個である.よって,

$$\varphi(p^k) = p^k - p^{k-1} = p^k\left(1 - \frac{1}{p}\right)$$

■

> **定理 5.2** $(a, b) = 1$ ならば,$\varphi(ab) = \varphi(a)\varphi(b)$

証明:まず,1 から $ab(=ba)$ までの自然数を以下のように並べてみる.

1	2	3	$\cdots$	t	$\cdots$	$a-1$	a
$1+a$	$2+a$	$3+a$	$\cdots$	$t+a$	$\cdots$	$(a-1)+a$	$2a$
$1+2a$	$2+2a$	$3+2a$	$\cdots$	$t+2a$	$\cdots$	$(a-1)+2a$	$3a$
$\vdots$	$\vdots$	$\vdots$	$\cdots$	$\vdots$	$\cdots$	$\vdots$	$\vdots$
$1+(b-2)a$	$2+(b-2)a$	$3+(b-2)a$	$\cdots$	$t+(b-2)a$	$\cdots$	$(a-1)+(b-2)a$	$(b-1)a$
$1+(b-1)a$	$2+(b-1)a$	$3+(b-1)a$	$\cdots$	$t+(b-1)a$	$\cdots$	$(a-1)+(b-1)a$	ba

a より小で,a と互いに素である数は $\varphi(a)$ 個あるから,いまそれらを小さい順に

$$a_1\,(=1),\ a_2,\ \cdots,\ a_{\varphi(a)} \quad\quad\quad\cdots\cdots\cdots\cdots①$$

とし,この中の 1 つを t とする.次に,

$$t,\ t+a,\ t+2a,\ \cdots,\ t+(b-2)a,\ t+(b-1)a \quad\quad\quad\cdots\cdots\cdots\cdots②$$

の b 個の数を考えると,これらのいずれの 2 つも b に関して合同ではない.実際,

$$t + ha \equiv t + ka \pmod{b} \quad (0 \leqq h < k \leqq b-1)$$

とすれば,

$$(k-h)a \equiv 0 \pmod{b}$$

第5章 整数論的関数

となるが，$0 < k-h < b$, $(a, b) = 1$ であるから，これは不合理である．したがって，②は，b についての完全剰余系を作るので，b と互いに素なものは $\varphi(b)$ 個ある．このことは，t が①の $\varphi(a)$ 個の各々の値をとるときについて言えるので，ab より小で，ab と互い素なる正の数は $\varphi(a)\varphi(b)$ 個ある．よって，
$$\varphi(ab) = \varphi(a)\varphi(b)$$
∎

定理 5.1 と定理 5.2 から次の定理 5.3 が導かれる．

> **定理 5.3** a の素因数分解を $a = p_1^{\alpha_1} p_2^{\alpha_2} \cdots p_k^{\alpha_k}$ とすると，
> $$\varphi(a) = a\left(1 - \frac{1}{p_1}\right)\left(1 - \frac{1}{p_2}\right)\cdots\left(1 - \frac{1}{p_k}\right)$$

証明：
$$\begin{aligned}
\varphi(a) &= \varphi(p_1^{\alpha_1} p_2^{\alpha_2} \cdots p_k^{\alpha_k}) \\
&= \varphi(p_1^{\alpha_1})\varphi(p_2^{\alpha_2})\cdots\varphi(p_k^{\alpha_k}) \quad (\because 定理 5.2) \\
&= p_1^{\alpha_1}\left(1 - \frac{1}{p_1}\right) \cdot p_2^{\alpha_2}\left(1 - \frac{1}{p_2}\right) \cdot \cdots \cdot p_k^{\alpha_k}\left(1 - \frac{1}{p_k}\right) \quad (\because 定理 5.1) \\
&= p_1^{\alpha_1} p_2^{\alpha_2} \cdots p_k^{\alpha_k}\left(1 - \frac{1}{p_1}\right)\left(1 - \frac{1}{p_2}\right)\cdots\left(1 - \frac{1}{p_k}\right) \\
&= a\left(1 - \frac{1}{p_1}\right)\left(1 - \frac{1}{p_2}\right)\cdots\left(1 - \frac{1}{p_k}\right)
\end{aligned}$$
∎

〈**例**〉 $\varphi(12) = \varphi(2^2 \cdot 3) = 12\left(1 - \frac{1}{2}\right)\left(1 - \frac{1}{3}\right) = 4$ となるが，実際，12 と互いに素なものは，$1, 5, 7, 11$ の 4 個である．

> **定理 5.4** $\sum_{d|a} \varphi(d) = a$ が成り立つ．（ただし，$\sum_{d|a}$ は a のすべての約数 d についての総和を表す）

式の意味を理解してもらうためにまず，$a = 12$ として，上の等式が成立することを確認してみる．12 の約数 d は，$d = 1, 2, 3, 4, 6, 12$ であり，したがって，

$$\sum_{d|12} \varphi(d) = \varphi(1) + \varphi(2) + \varphi(3) + \varphi(4) + \varphi(6) + \varphi(12)$$
$$= 1 + 1 + 2 + 2 + 2 + 4 = 12$$

のようになって，確かに等式は成り立っている．上の等式の意味は要するに 1 から 12 までの 12 個の整数を，12 との最大公約数に着目してカウントする，ということで，実際，

12 との最大公約数が 1 のものは，
$\quad\quad 1, 5, 7, 11$ の $4 = \varphi(12)$ 個

12 との最大公約数が 2 のものは，
$\quad\quad 2, 10\quad$ の $2 = \varphi(6)$ 個

12 との最大公約数が 3 のものは，
$\quad\quad 3, 9\quad$ の $2 = \varphi(4)$ 個

12 との最大公約数が 4 のものは，
$\quad\quad 4, 8\quad$ の $2 = \varphi(3)$ 個

12 との最大公約数が 6 のものは，
$\quad\quad 6\quad\quad$ の $1 = \varphi(2)$ 個

12 との最大公約数が 12 のものは，
$\quad\quad 12\quad\quad$ の $1 = \varphi(1)$ 個

となって，等式の意味が了解できるであろう．証明にはこのアイデアを用いる．

証明：1 から a までの数を，その数と a との最大公約数によって分類する．a の 1 つの約数を d とし，$(a, x) = d$ となる x が 1 から a までのうちにいくつあるかをカウントし，その個数を，すべての d について加えたものを考えればそれが，a と等しくなる．

そこで，$(a, x) = d\ (1 \leqq x \leqq a)$ なる整数 x を $x = kd$ とおくと，
$\quad (a, kd) = d$
$\quad \therefore \left(\dfrac{a}{d}, k\right) = 1\quad (1 \leqq kd \leqq a)$

であるから，このような k は $\varphi\left(\dfrac{a}{d}\right)$ 個あり，それゆえ上のような x も $\varphi\left(\dfrac{a}{d}\right)$ 個ある．したがって，
$$\sum_{d|a} \varphi\left(\dfrac{a}{d}\right) = a$$

となるが，d が a の約数のとき，$\dfrac{a}{d}$ も a の約数であることに注意すると，
$$\sum_{d|a} \varphi(d) = a$$
■

《**参考**》 定理 5.4 を素因数分解を利用して証明してみよう．a を素因数分解して
$$a = p_1{}^{\alpha_1} p_2{}^{\alpha_2} \cdots p_r{}^{\alpha_r} = \prod_{i=1}^{r} p_i{}^{\alpha_i}$$
になったとする．このとき a の約数 d は
$$d = p_1{}^{x_1} p_2{}^{x_2} \cdots p_r{}^{x_r} \quad \begin{pmatrix} 0 \leq x_i \leq \alpha_i \\ i = 1, 2, \cdots, r \end{pmatrix}$$
の形でかかれる．したがって，定理 5.2 から
$$\varphi(d) = \varphi(p_1{}^{x_1} p_2{}^{x_2} \cdots p_r{}^{x_r}) = \prod_{i=1}^{r} \varphi(p_i{}^{x_i})$$
$$\therefore \sum_{d|a} \varphi(d) = \sum_{x_i=0}^{\alpha_i} \left(\prod_{i=1}^{r} \varphi(p_i{}^{x_i}) \right)$$
$$= \prod_{i=1}^{r} \left(\sum_{x_i=0}^{\alpha_i} \varphi(p_i{}^{x_i}) \right)$$
$$= \prod_{i=1}^{r} (1 + \varphi(p_i) + \varphi(p_i{}^2) + \cdots + \varphi(p_i{}^{\alpha_i}))$$

ここで，p を素数とすると，定理 5.1 から
$$1 + \varphi(p) + \varphi(p^2) + \cdots + \varphi(p^\alpha)$$
$$= 1 + (p-1) + (p^2 - p) + \cdots + (p^\alpha - p^{\alpha-1})$$
$$= 1 + (p-1) + p(p-1) + \cdots + p^{\alpha-1}(p-1)$$
$$= 1 + (p-1)(1 + p + \cdots + p^{\alpha-1})$$
$$= 1 + (p-1) \cdot \frac{p^\alpha - 1}{p-1} = 1 + (p^\alpha - 1) = p^\alpha$$

よって，
$$\sum_{d|a} \varphi(d) = \prod_{i=1}^{r} (1 + \varphi(p_i) + \varphi(p_i{}^2) + \cdots + \varphi(p_i{}^{\alpha_i}))$$
$$= \prod_{i=1}^{r} p_i{}^{\alpha_i} = a$$

以上により，題意の等式は示されたことになる．

定義 5.2 （メービウスの関数とはなにか）

整数論でよく用いられるもう1つの整数論的関数に，以下のように定義される**メービウスの関数** $\mu(a)$ がある．

> （Ⅰ） $a = 1 \implies \mu(a) = 1$
> （Ⅱ） a が $r(\geqq 1)$ 個の異なった素数の積 $\implies \mu(a) = (-1)^r$
> （Ⅲ） a が平方因子をもつ $\implies \mu(a) = 0$

因みに，メービウス $(1790 \sim 1868)$ は，プロシア生まれのドイツの数学者である．細長い長方形の帯を1回捻じって対辺を貼り付けて得られる裏も表もない図形，すなわち「メービウスの帯」は有名であろう．

〈例〉　　　$\mu(1) = 1,\ \mu(2) = (-1)^1 = -1,$
　　　　　$\mu(3) = (-1)^1 = -1,\ \mu(4) = \mu(2^2) = 0,$
　　　　　$\mu(5) = (-1)^1 = -1,\ \mu(6) = \mu(2 \cdot 3) = (-1)^2 = 1$

p が素数のとき，
　　　　　$\mu(p) = -1,\ \mu(p^k) = 0\ (k = 2, 3, \cdots)$

定理 5.5　$(a, b) = 1$ ならば，$\mu(ab) = \mu(a)\mu(b)$

証明：$a = 1$ または $b = 1$ のときは，$\mu(1) = 1$ だから，明らかに成立する．そこで，a, b がいずれも1でないとき，すなわち $a > 1$ かつ $b > 1$ のときを考える．このときは，a, b をそれぞれ素因数に分解すると，$(a, b) = 1$ だから，共通の素因数はない．したがって，a, b が，

　　　a :（Ⅱ）のタイプ　かつ　b :（Ⅱ）のタイプ
　　　a :（Ⅱ）のタイプ　かつ　b :（Ⅲ）のタイプ
　　　a :（Ⅲ）のタイプ　かつ　b :（Ⅱ）のタイプ
　　　a :（Ⅲ）のタイプ　かつ　b :（Ⅲ）のタイプ

のそれぞれの場合について調べておけばよいが，いずれの場合についても，μ の定義から容易に $\mu(ab) = \mu(a)\mu(b)$ が成り立つことが確認される．　■

第5章 整数論的関数

定義5.3（整数論的関数が乗法的とはなにか）
オイラーの関数も定理5.2から分かるように，定理5.5で証明した性質と同様な性質が成り立ったが，一般に
$$(a, b) = 1 \implies F(ab) = F(a)F(b)$$
の成り立つ整数論的関数を**乗法的**(multiplcative)という．オイラーの関数，メービウスの関数は，いずれも乗法的な整数論的関数である．

定理5.6 $\sum_{d|a} \mu(d) = 0$ （ただし，$a > 1$ とする）

証明の前に上の定理を，$a = 12$ として具体的に確認すると
$$\sum_{d|12} \mu(d) = \mu(1) + \mu(2) + \mu(3) + \mu(4) + \mu(6) + \mu(12)$$
$$= 1 + (-1) + (-1) + 0 + (-1)^2 + 0$$
$$= 0$$
のようになって，確かに等式は成立している．

証明： $a = p_1^{a_1} p_2^{a_2} \cdots p_r^{a_r}$（素因数分解）とすると，$a$ の約数 d は
$$d = p_1^{x_1} p_2^{x_2} \cdots p_r^{x_r} \begin{pmatrix} 1 \leq x_i \leq a_i \\ i = 1, 2, \cdots, r \end{pmatrix}$$
とかけて，ある i に対して $x_i \geq 2$ であれば，$\mu(d) = 0$ であるから，そのような d は最初から除いて考えると，
$$\sum_{d|a} \mu(d) = \mu(1) + \{\mu(p_1) + \mu(p_2) + \cdots + \mu(p_r)\}$$
$$+ \{\mu(p_1 p_2) + \mu(p_1 p_3) + \cdots + \mu(p_{r-1} p_r)\}$$
$$+ \{\mu(p_1 p_2 p_3) + \mu(p_1 p_2 p_4) + \cdots + \mu(p_{r-2} p_{r-1} p_r)\}$$
$$+ \cdots\cdots\cdots\cdots\cdots\cdots$$
$$+ \mu(p_1 p_2 \cdots p_r)$$
$$= 1 + {}_rC_1(-1)^1 + {}_rC_2(-1)^2 + {}_rC_3(-1)^3 + \cdots + {}_rC_r(-1)^r$$
$$= \{1 + (-1)\}^r = 0 \qquad ■$$

《参考》上の定理は μ の定義と乗法性を利用して次のように示すこともできる．

$$\sum_{d|a} \mu(d) = \sum_{\substack{0 \leq x_i \leq a_i \\ i=1,2,\cdots,r}} \mu(p_1^{x_1} p_2^{x_2} \cdots p_r^{x_r}) = \sum_{\substack{x_i = 0,1 \\ i=1,2,\cdots,r}} \mu(p_1^{x_1} p_2^{x_2} \cdots p_r^{x_r})$$

$$= \sum_{\substack{x_i = 0,1 \\ i=1,2,\cdots,r}} \left(\prod_{i=1}^{r} \mu(p_i^{x_i}) \right) = \prod_{i=1}^{r} \left(\sum_{x_i=0}^{1} \mu(p_i^{x_i}) \right)$$

$$= \prod_{i=1}^{r} (1 + \mu(p_i)) = 0 \ (\because \ \mu(1) = 1, \ \mu(p_i) = -1)$$

定理5.7 ディリクレの反転公式
（Dirichlet's reciprocal formula）

$F(a)$ を整数論的関数とし，$G(a) = \sum_{d|a} F(d)$（$G(a)$ も整数論的関数になる）とおく．このとき，

$$F(a) = \sum_{d|a} \mu\left(\frac{a}{d}\right) G(d) \qquad \cdots\cdots\cdots (*)$$

が成り立つ．

この公式は，要するに所与の関数 $F(a)$ によって定められた関数 $G(a)$ があったとき，$F(a)$ がその $G(a)$ でどのようにかけるかを示したものである．

証明：d が約数全体を動くとき，$\dfrac{a}{d}$ も約数全体を動くことができる．したがって $(*)$ の右辺は次のように書き換えることができる．

$$\sum_{d|a} \mu\left(\frac{a}{d}\right) G(d) = \sum_{d|a} \mu(d) G\left(\frac{a}{d}\right) \qquad \cdots\cdots\cdots ①$$

ここで，$G(a)$ の定義式から，

$$G\left(\frac{a}{d}\right) = \sum_{e|\frac{a}{d}} F(e) \qquad \cdots\cdots\cdots ②$$

②を①に代入すると

$$\sum_{d|a} \mu(d) G\left(\frac{a}{d}\right) = \sum_{d|a} \mu(d) \sum_{e|\frac{a}{d}} F(e)$$

$$= \sum_{de|a} \mu(d) F(e) = \sum_{e|a} F(e) \sum_{d|\frac{a}{e}} \mu(d)$$

第5章 整数論的関数

定理 5.6 とメービウスの関数の定義から，

$$\frac{a}{e} > 1 \Rightarrow \sum_{d|\frac{a}{e}} \mu(d) = 0, \quad \frac{a}{e} = 1 \Rightarrow \sum_{d|\frac{a}{e}} \mu(d) = 1$$

であるから，上の最後の式において，$e = a$ の場合だけが残る．よって，

$$\sum_{e|a} F(e) \sum_{d|\frac{a}{e}} \mu(d) = F(a) \sum_{d|1} \mu(d) = F(a) \cdot 1 = F(a)$$

すなわち，$\sum_{d|a} \mu\left(\frac{a}{d}\right) G(d) = F(a)$ ∎

〈例 1〉 $a = 12$ のとき，$d|a$ なる d は $1, 2, 3, 4, 6, 12$ である．また，$G(a) = \sum_{d|a} F(a)$ で定義される関数 $G(a)$ は

$$G(1) = F(1)$$
$$G(2) = F(1) + F(2)$$
$$G(3) = F(1) \qquad\qquad + F(3)$$
$$G(4) = F(1) + F(2) \qquad\qquad + F(4)$$
$$G(6) = F(1) + F(2) + F(3) \qquad\qquad + F(6)$$
$$G(12) = F(1) + F(2) + F(3) + F(4) + F(6) + F(12)$$

となる．したがって，

$$G(12) - G(6) = F(12) + F(4), \quad G(4) - G(2) = F(4)$$

に注意すると，

$$\begin{aligned}
F(12) &= G(12) - G(6) - F(4) \\
&= G(12) - G(6) - \{G(4) - G(2)\} \\
&= G(12) - G(6) - G(4) + G(2) \\
&= 1 \cdot G(12) + (-1) \cdot G(6) + (-1) \cdot G(4) \\
&\qquad + 1 \cdot G(2) + 0 \cdot G(3) + 0 \cdot G(1) \\
&= \mu(1) G(12) + \mu(2) G(6) + \mu(3) G(4) \\
&\qquad + \mu(6) G(2) + \mu(4) G(3) + \mu(12) G(1) \\
&= \sum_{d|12} \mu\left(\frac{12}{d}\right) G(d)
\end{aligned}$$

となって，定理 5.7 の (*) が成り立っているのがわかる．

48

〈**例2**〉 ディリクレの反転公式において $F(a) = \varphi(a)$ とおくと，定理5.4 から
$$G(a) = \sum_{d|a} \varphi(d) = a$$
であるので，
$$\varphi(a) = \sum_{d|a} \mu\left(\frac{a}{d}\right) G(d) = \sum_{d|a} \mu\left(\frac{a}{d}\right) \cdot d$$
$$= \sum_{e|a} \mu(e) \cdot \frac{a}{e} = a \sum_{d|a} \frac{\mu(d)}{d}$$
が成り立つ．これは，オイラーの関数とメービウスの関数の間に成り立つ関係式に他ならない．

いま，$a = 12$ として上式が成り立つことを確認してみると，$\varphi(12) = 4$ であり
$$\sum_{d|12} \mu\left(\frac{12}{d}\right) \cdot d = \mu(12) \cdot 1 + \mu(6) \cdot 2 + \mu(4) \cdot 3$$
$$+ \mu(3) \cdot 4 + \mu(2) \cdot 6 + \mu(1) \cdot 12$$
$$= 0 \cdot 1 + 1 \cdot 2 + 0 \cdot 3 + (-1) \cdot 4 + (-1) \cdot 6 + 1 \cdot 12$$
$$= 4 = \varphi(12)$$
また，$12 \sum_{d|12} \frac{\mu(d)}{d} = 12 \left\{ \frac{\mu(1)}{1} + \frac{\mu(2)}{2} + \frac{\mu(3)}{3} + \frac{\mu(4)}{4} + \frac{\mu(6)}{6} + \frac{\mu(12)}{12} \right\}$
$$= 12 \left(\frac{1}{1} + \frac{-1}{2} + \frac{-1}{3} + \frac{0}{4} + \frac{1}{6} + \frac{0}{12} \right)$$
$$= 12 \cdot \frac{1}{3} = 4 = \varphi(12)$$
のようになって，確かに上式は成立する．

定理 5.8 a を $a > 1$ なる整数とする．
(1) $\displaystyle\sum_{d|a} F(d) = a \implies F(a) = \varphi(a)$

(オイラーの関数)

(2) $\displaystyle\sum_{d|a} F(d) = 0 \implies F(a) = \mu(a)$

(メービウスの関数)

上の定理は，要するに定理5.4，定理5.6の逆にほかならない．

証明：(1) ディリクレの反転公式（∗）において，$G(a) = a$ とおく．また

$a = p_1^{a_1} p_2^{a_2} \cdots p_r^{a_r}$（素因数分解）とすると，$a$ の約数 d は
$$d = p_1^{x_1} p_2^{x_2} \cdots p_r^{x_r} \begin{pmatrix} 1 \leq x_i \leq a_i \\ i = 1, 2, \cdots, r \end{pmatrix}$$
とかける．このとき，
$$F(a) = \sum_{d|a} \mu\left(\frac{a}{d}\right) \cdot d = \sum_{d|a} \mu(d) \cdot \frac{a}{d} = a \sum_{d|a} \frac{\mu(d)}{d}$$
$$= a \sum_{\substack{x_i = 0 \\ i=1,2,\cdots,r}}^{1} \frac{\mu(p_1^{x_1} p_2^{x_2} \cdots p_r^{x_r})}{p_1^{x_1} p_2^{x_2} \cdots p_r^{x_r}} = a \prod_{i=1}^{r} \sum_{x_i=0}^{1} \frac{\mu(p_i^{x_i})}{p_i^{x_i}}$$
$$= a \prod_{i=1}^{r} \left(1 - \frac{1}{p_i}\right) = \varphi(a) \quad (\because 定理5.3)$$

(2) $\sum_{d|a} F(d) = 0 \ (a > 1)$ に注意し，ディリクレの反転公式（＊）において，
$$G(1) = 1, \quad a > 1 \text{ のとき } G(a) = 0$$
とおくと，
$$F(a) = \sum_{d|a} \mu\left(\frac{a}{d}\right) G(d) = \mu\left(\frac{a}{1}\right) G(1) = \mu(a)$$
∎

定理5.9　（オイラーの定理）
$(a, m) = 1$ ならば，$a^{\varphi(m)} \equiv 1 \pmod{m}$

この定理は，定理4.5のフェルマーの小定理の拡張である．

証明：$k = \varphi(m)$ とし，m を法とする既約剰余類を
$$x_1, x_2, \cdots, x_k \quad (1 \leq x_i \leq m, \ i = 1, 2, \cdots, k \text{ としておく})$$
とする．このとき，
$$ax_1, ax_2, \cdots, ax_k \qquad\qquad\qquad\qquad\cdots\cdots(*)$$
なる k 個の数を考えると，これも既約剰余類となる．実際，$i \neq j$ $(1 \leq x_i < x_j \leq m$ としておく$)$ かつ $ax_i \equiv ax_j \pmod{m}$ とすると，
$$a(x_j - x_i) \equiv 0 \pmod{m}$$
となり，$(a, m) = 1$ だから，$m \mid x_j - x_i$ となる．これは $1 \leq x_j - x_i \leq m-1$ に反する．よって，$i \neq j$ ならば
$$ax_i \not\equiv ax_j \pmod{m}$$

となって，(*) も既約剰余類となる．したがって，m を法として考えると，(*) は，$x_1, x_2, \cdots, x_k$ を並べ替えたものにほかならないので，
$$(ax_1)(ax_2)\cdots(ax_k) \equiv x_1 x_2 \cdots x_k \pmod{m}$$
$$\iff (a^k - 1) x_1 x_2 \cdots x_k \equiv 0 \pmod{m}$$
ここで，$(x_i, m) = 1 \ (i = 1, 2, \cdots, k)$ であるから $(x_1 x_2 \cdots x_k, m) = 1$．ゆえに
$$a^k - 1 \equiv 0 \iff a^k \equiv 1 \pmod{m}$$
すなわち，$a^{\varphi(m)} \equiv 1 \pmod{m}$ ■

《**参考**》 この定理で $m = p$（p は素数）とすると，$\varphi(p) = p - 1$ であるから，「$(a, p) = 1$ ならば $a^{p-1} \equiv 1 \pmod{p}$」となり，これはフェルマーの小定理にほかならない．

第6章
合同式の解法

　普通の数の世界において「方程式」を考えたように，これから合同式の世界における「方程式」を考えていく．たとえば
$$7x \equiv 3 \pmod 5 \quad \cdots\cdots\cdots\cdots(*)$$
という「1次合同式」を取り上げてみよう．これを「解く」とは，$(*)$ を満たす整数 x がいかなるものかを求めることであり，すなわち
$$7x を 5 で割った余りが 3 である x は何か$$
を突き止めることである．そこで，整数 x を 5 で割った余りに着目するというごく素朴な立場に立ち返って考えてみるならば，k を整数とすると

　　$x = 5k$ のとき，　　$7x = 7 \cdot 5k = 5 \cdot 7k + 0$
　　$x = 5k+1$ のとき，$7x = 7(5k+1) = 5(7k+1) + 2$
　　$x = 5k+2$ のとき，$7x = 7(5k+2) = 5(7k+2) + 4$
　　$x = 5k+3$ のとき，$7x = 7(5k+3) = 5(7k+4) + 1$
　　$x = 5k+4$ のとき，$7x = 7(5k+4) = 5(7k+5) + 3$

のようになり，$(*)$ を満たす整数 x は，
$$x = 5k + 4 \quad (k \in \mathbb{Z})$$
であることがわかる．そこで我々は，$(*)$ の「解」を
$$x \equiv 4 \pmod 5$$
のように書くことにし，$(*)$ の解と言えば，4 を含む剰余類 $\{x \mid x \equiv 4 \pmod 5\}$ を指すものとする．したがって，$\mathrm{mod}\, 5$ に関する完全剰余系を $\{0, 1, 2, 3, 4\}$ とすると，$(*)$ の解はこの中から見つけるということになる．

　なお，1次合同式は常に解を持つとは限らず，たとえば $5x \equiv 3 \pmod 5$ を満たす x が存在しないことは容易にわかることだろう．

> **定理6.1**
> $$ax \equiv b \pmod{m} \qquad \cdots\cdots (*)$$
> （ただし，$(a, m) = d$ とする）
> $(*)$ は，$d \mid b$ のときに限り解をもち，また $d \mid b$ のとき，$(*)$ は，
> $$a'x \equiv b' \pmod{m'}$$
> を解くことに帰着する．ただし，$a = a'd$, $b = b'd$, $m = m'd$ である．

証明：$ax \equiv b \pmod{m} \iff ax - b = my$
$$\iff ax - my = b \quad (y \in \mathbb{Z}) \qquad \cdots\cdots ①$$
であるから，$(a, m) \mid b$ のとき，すなわち $d \mid b$ のときに限って解をもつ．
またこのとき，$(a, m) = d$, $a = a'd$, $m = m'd$, $b = b'd$ であるから
$$① \iff a'dx - m'dy = b'd \iff a'x - m'y = b'$$
$$\iff a'x \equiv b' \pmod{m'}$$
となって，定理は示された． ∎

> **定理6.2** 合同式 $ax \equiv b \pmod{m}$ ……$(*)$は，合同の意味で
> (1) $(a, m) = 1$ ならば，唯1つの解を持つ．
> (2) $(a, m) = d > 1$ で，$d \mid b$ ならば，解の個数は d である．

証明：(1) $(*)$ から
$$ax - b \equiv my \iff ax - my = b \quad (y \in \mathbb{Z}) \qquad \cdots\cdots ①$$
であり，$(a, m) = 1$ であるから①を満たす x は存在してその一つを $x = x_0$ とすると，①の解は $x = x_0 + km \ (k \in \mathbb{Z})$ とかける．したがって，
$$x = x_0 + km \ (k \in \mathbb{Z}) \iff x \equiv x_0 \pmod{m}$$
より，$(*)$ は合同の意味でただ1つの解を持つ．

《参考》 $(a, m) = 1$ のとき $au + mv = 1$ を満たす整数 u, v が存在する．いまそのそのような u の1つを $u = a'$ とすると，$aa' \equiv 1 \pmod{m}$ となる．したがって

第6章 合同式の解法

($*$) の両辺に a' をかけると，
$$a'ax \equiv a'b \pmod{m} \quad \therefore\ x \equiv a'b \pmod{m}$$
となって，x が求まる．

(2) $(a, m) = d > 1$ で，$d \mid b$ ならば定理 6.1 より ($*$) は解をもつので，その1つを $x = x_0$ とし，任意の解を $x = x'$ とすれば，
$$ax_0 \equiv b,\ ax' \equiv b \pmod{m}$$
$$\therefore\ ax' \equiv ax_0 \pmod{m}$$
定理 4.3 から，$x' \equiv x_0 \ \left(\mathrm{mod}\, \dfrac{m}{d}\right)$

したがって，$x' = x_0 + k \cdot \dfrac{m}{d} \ (k \in \mathbb{Z})$

これらの中で合同 ($(\mathrm{mod}\, m)$ の意味で) の意味で相異なる解は $k = 0, 1, 2, \cdots, d-1$ の d 個である．実際，$x_k = x_0 + k \cdot \dfrac{m}{d} \ (k = 0, 1, 2, \cdots, d-1)$ とし，
$$x_i \equiv x_j \pmod{m} \ (0 \leq i < j \leq d-1)$$
とすると，
$$x_0 + i \cdot \frac{m}{d} \equiv x_0 + j \cdot \frac{m}{d} \pmod{m}$$
$$\iff (j - i) \frac{m}{d} \equiv 0 \pmod{m}$$
$$\iff \frac{j - i}{d} \cdot m \equiv 0 \pmod{m}$$
となり，これは，$1 \leq j - i \leq d - 1$ と矛盾するからである．すなわち，
$$i \neq j \implies x_i \not\equiv x_j \pmod{m}$$

また，k が d 以上のときは，それまでに得ている解と異なる解はもはや得られない．たとえば，$k = d$ のとき，これは $k = 0$ と同じ解であることは自明であろう．よって，題意は示された． ∎

注 $\mathrm{mod}\, m$ に関する完全剰余系は $\{0, 1, \cdots, m-1\}$ であるから，解はこの中から見つけることになる．

ところで，実際に ($*$) を解くにはどのようにすればよいのであろうか？ もちろん，

上の定理の証明のプロセスや≪参考≫で述べた方法もあるが，他にも以下のような考え方がある．

$(a, m) = d > 1$ のときは，$a = a'd$, $b = b'd$, $m = m'd$ とおくと，
$$a'x \equiv b' \pmod{m'}$$
を解くことに帰着するから，はじめから $(a, m) = 1$ の場合だけを考えればよい．

（Ⅰ）連分数の理論を用いる方法：定理 3.2 の証明で登場した④式

$(P_m Q_{m-1} - P_{m-1} Q_m = (-1)^m)$ を思い出そう．$\dfrac{m}{a}$ を連分数展開して

$$\frac{m}{a} = q_1 + \frac{1}{q_2 +} \frac{1}{q_3 +} \cdots + \frac{1}{q_n}$$

となったとすれば，
$$mQ_{n-1} - P_{n-1}a = (-1)^n \iff aP_{n-1} = (-1)^{n-1} + mQ_{n-1}$$
となる．ただし，第 $(n-1)$ 項までとって，これを既約分数に直したものが $\dfrac{P_{n-1}}{Q_{n-1}}$ である．したがって，
$$aP_{n-1} \equiv (-1)^{n-1} \pmod{m}$$
両辺に $(-1)^{n-1}b$ をかけると，
$$aP_{n-1}(-1)^{n-1}b \equiv b \pmod{m}$$
これから，$x \equiv (-1)^{n-1}P_{n-1}b \pmod{m}$ が（＊）の解になる．

（Ⅱ）定理 5.9 のオイラーの定理を利用する方法：$(a, m) = 1$ ならば，オイラーの定理により，$a^{\varphi(m)} \equiv 1 \pmod{m}$ であるから，$ax \equiv b \pmod{m}$ の両辺に $a^{\varphi(m)-1}$ を掛けて，
$$a^{\varphi(m)-1}ax \equiv a^{\varphi(m)-1}b \iff a^{\varphi(m)}x \equiv ba^{\varphi(m)-1} \pmod{m}$$
$$\therefore \ x \equiv ba^{\varphi(m)-1} \pmod{m}$$
のように解を求めることができる．

連立 1 次合同式のもっとも簡単な場合については次の定理が成り立つ．

第6章 合同式の解法

> **定理6.3** $m_1, m_2, \cdots, m_r$ が2つずつ互いに素であるとき，連立1次合同式
> $$\begin{cases} x \equiv a_1 \pmod{m_1} \\ x \equiv a_2 \pmod{m_2} \\ \cdots\cdots\cdots\cdots\cdots \\ x \equiv a_r \pmod{m_r} \end{cases} \quad \cdots\cdots\cdots(*)$$
> の解は，$M = m_1 m_2 \cdots m_r$ を法としてただ1つ存在する．

証明： $\dfrac{M}{m_i} = M_i$ とおくと，$(m_i, M_i) = 1$ であるから，

$$M_i x \equiv 1 \pmod{m_i} \quad (i = 1, 2, \cdots, r)$$

は $i = 1, 2, \cdots, r$ のおのおのに対して，定理6.2によりただ1つの解をもつ．それらをそれぞれ b_i とすると，

$$M_i b_i \equiv 1 \pmod{m_i}$$

$$\therefore a_i M_i b_i \equiv a_i \pmod{m_i} \quad (i = 1, 2, \cdots, r) \quad \cdots\cdots\cdots\text{①}$$

が成り立つので，

$$x_0 = a_1 M_1 b_1 + a_2 M_2 b_2 + \cdots + a_r M_r b_r$$

とおくと，これが解になる．実際

$$x_0 - a_i = a_1 M_1 b_1 + \cdots + a_i M_i b_i + \cdots + a_r M_r b_r - a_i$$
$$= (a_i M_i b_i - a_i) + a_1 M_1 b_1 + \cdots$$
$$\cdots + a_{i-1} M_{i-1} b_{i-1} + a_{i+1} M_{i+1} b_{i+1} + \cdots + a_r M_r b_r$$

ここで，①から $a_i M_i b_i - a_i$ は m_i で割り切れ，また $M_1, \cdots, M_{i-1}, M_{i+1}, \cdots, M_r$ もその定め方から，m_i で割り切れる．したがって，

$$x_0 \equiv a_i \pmod{m_i} \quad (i = 1, 2, \cdots, r)$$

となり，x_0 が $(*)$ を満たすことが示された．

また，$(*)$ の任意の解を $x = x'$ とすると，

$$x_0 \equiv a_i \pmod{m_i}, \quad x' \equiv a_i \pmod{m_i} \quad (i = 1, 2, \cdots, r)$$

であるから，$x' \equiv x_0 \pmod{m_i}$ となって，解はただ1つであることも示されたことになる．■

注 この定理は，古代シナ人が暦を作る際に用いたので "Chinese remainder theorem" と呼ばれていて，「シナの剰余定理，孫子の剰余定理」などとも言われている．

定理 6.3 では，$m_1, m_2, \cdots, m_r$ が 2 つずつ互いに素であるときについて考えたが，そうでない場合はどうなるのであろうか．これについては $r = 2$ のとき次の定理が成り立つ．

定理 6.4 連立 1 次方程式
$$\begin{cases} x \equiv a_1 \pmod{m_1} \\ x \equiv a_2 \pmod{m_2} \end{cases} \quad \begin{aligned} &\cdots\cdots\cdots\cdots① \\ &\cdots\cdots\cdots\cdots② \end{aligned}$$
に解があるための必要十分条件は，
$$a_1 \equiv a_2 \pmod{(m_1, m_2)}$$
なることであって，解は m_1, m_2 の最小公倍数 M を法としてただ 1 つ定まる．

証明：①を満たす解は唯 1 つ存在し，いまそれを $x_0 \equiv a_1 \pmod{m_1}$ とする．そこで
$$x = x_0 + m_1 t \quad (t \in \mathbb{Z}) \quad \cdots\cdots\cdots\cdots③$$
とし，これが②を満たすための t に関する必要十分条件を考える．

③が②を満たす
$$\iff x_0 + m_1 t \equiv a_2 \pmod{m_2}$$
$$\iff m_1 t \equiv a_2 - x_0 \pmod{m_2} \quad \cdots\cdots\cdots\cdots④$$

ここで，$(m_1, m_2) = d$ とおくと，合同式④は定理 6.2 から $d \,|\, a_2 - x_0$ のときに限り解を持つので，求める必要十分条件は
$$d \,|\, a_2 - x_0 \iff d \,|\, a_2 - a_1 \iff a_1 \equiv a_2 \pmod{(m_1, m_2)}$$
また，このとき，
$$a_1 = da_1' + e, \quad a_2 = da_2' + e \quad (a_1', a_2', e \in \mathbb{Z}, \ 0 \leqq e < d)$$
とおけて，さらに，$m_1 = dm_1', m_2 = dm_2' \ (m_1', m_2' \in \mathbb{Z})$ とおくと，

第6章 合同式の解法

$$\begin{cases} ① \\ ② \end{cases} \iff \begin{cases} x \equiv da_1' + e \pmod{dm_1'} \\ x \equiv da_2' + e \pmod{dm_2'} \end{cases}$$

$$\iff \begin{cases} x - e \equiv da_1' \pmod{dm_1'} \\ x - e \equiv da_2' \pmod{dm_2'} \end{cases}$$

となり，いま $y = \dfrac{x-e}{d}$ とおくと，上の連立合同式は

$$\begin{cases} y \equiv a_1' \pmod{m_1'} \\ y \equiv a_2' \pmod{m_2'} \end{cases}$$

のようになる．ここで，$(m_1', m_2') = 1$ であるから定理6.3から解 y は $\mathrm{mod}(m_1', m_2')$ に関して唯1つ定まり，したがって，解 x も $\mathrm{mod}(m_1' m_2' d)$ すなわち $\mathrm{mod}\, M$ に関して唯1つ定まる． ∎

注 この定理は，$r \geq 3$ に対しても拡張できる．

ここまでが「1次方程式の話」だとすれば，以下は「高次方程式の話」である．有名な「**ウィルソンの定理**」も考えてみよう．

定義6.1

整数係数の $n\ (\geq 0)$ 次の多項式
$$f(x) = a_0 x^n + a_1 x^{n-1} + \cdots + a_{n-1} x + a_n \quad (a_0 \neq 0)$$
において，n 次の係数 a_0 が m で割り切れないとき，
$$f(\alpha) \equiv 0 \pmod{m}$$
なる整数 α を，**n 次合同式**
$$f(x) \equiv 0 \pmod{m}$$
の解という．

いま，α を1つの解とすると，α と合同な整数 $\alpha + mt\ (t \in \mathbb{Z})$ もまた解であることは直ちに納得できるだろう．しがって法 m に関する剰余類の代表のうちで，解となるものをすべて求めておけば，それが n 次合同式の解ということになる．そして，これらの解の個数を「**法 m に関する異なる解(根)の個数**」という．

注 一般に，2次合同式は $ax^2+bx+c \equiv 0 \pmod{m}$ とかけるが，$m\,|\,a$ のときは，1次合同式となる．

たとえば，$5x^2+7x+9 \equiv 0 \pmod 5$ は $7x+9 \equiv 0 \pmod 5$ と同じになり，これは1次合同式にほかならない．

また，係数 a, b, c は $\mathrm{mod}\,5$ で合同な整数と置き換えてよい．したがって，
$$7x+9 \equiv 0 \pmod 5 \iff 2x+4 \equiv 0 \pmod 5$$
となる．

定理6.5 $f_n(x) = a_0 x^n + a_1 x^{n-1} + \cdots + a_{n-1} x + a_n$
$$(a_0 \neq 0,\ p \nmid a_0,\ a_i \in \mathbb{Z},\ i = 0, 1, \cdots, n)$$
とし，素数 p を法とする合同式
$$f_n(x) \equiv 0 \pmod p \qquad \cdots\cdots\cdots\cdots(*)$$
の異なる解の個数は n より多くはない．すなわち，高々 n 個である．

証明：n についての帰納法を用いる．

$n=0$ のとき $(*)$ は，$a_0 \equiv 0 \pmod p$ となり，$(a_0, p) = 1$ であるから解はない．すなわち，解の個数は 0 であるから，$n=0$ のとき成り立つ．

次に 0 以上のある n で成り立つと仮定する．このとき，$f_{n+1}(x) \equiv 0 \pmod p$ の解の1つを α とすると，$f_{n+1}(x)$ は
$$f_{n+1}(x) = (x-\alpha)g_n(x) + r \quad (g_n(x) \text{は整数係数の} n \text{次の多項式})$$
とかけて，$f_{n+1}(\alpha) \equiv 0 \pmod p$，$r = f_{n+1}(\alpha)$ であるから，
$$r = f_{n+1}(\alpha) \equiv 0 \pmod p, \quad \text{すなわち } r \equiv 0 \pmod p$$
したがって，さらに任意の解 β をとれば，$f_{n+1}(\beta) \equiv 0 \pmod p$ であるから，
$$f_{n+1}(\beta) = (\beta-\alpha)g_n(\beta) + r \equiv (\beta-\alpha)g_n(\beta) \pmod p$$
となり，p が素数であることから
$$\beta \equiv \alpha \pmod p \quad \text{または} \quad g_n(\beta) \equiv 0 \pmod p$$
ここで，$g_n(x)$ は n 次の多項式で，
$$g_n(x) \equiv 0 \pmod p$$

第6章 合同式の解法

は n 次の合同式であるから，帰納法の仮定により高々 n 個の解しかもたない．したがって，
$$f_{n+1}(x) \equiv 0 \pmod{p}$$
は高々異なる $n+1$ 個の解しか持たない．

よって，題意は示された． ∎

注 上の定理は，n 次の合同式が，n 個の解をもっていると主張しているのではなく，解があっても高々 n 個しかない，ということである．したがって，解がまったくないということもある．これは，$x^2 - 2 \equiv 0 \pmod{3}$ が解を持たないことからも了解できるだろう．

また上の定理においては，法 p が素数であるという点が大切で，たとえば，
$$x^2 - 1 \equiv 0 \pmod{8}$$
の解は $1, 3, 5, 7$ の4個であり，上の定理は成立しない．

(定理6.6) 素数 p を法とする n 次の合同式
$$f(x) = a_0 x^n + a_1 x^{n-1} + \cdots + a_{n-1} x + a_n \equiv 0 \pmod{p}$$
において，互いに合同でない $k\,(\leq n)$ 個の解 $\alpha_1, \alpha_2, \cdots, \alpha_k$ があれば，
$$f(x) = (x - \alpha_1)(x - \alpha_2) \cdots (x - \alpha_k) f_{n-k}(x) + p g_{k-1}(x) \quad \cdots (*)$$
の形にかける．ただし，$f_{n-k}(x)$ は $n-k$ 次の多項式，$g_{k-1}(x)$ は高々 $k-1$ 次の多項式である．

証明： $f(x)$ を $x - \alpha_1$ で割った商を $f_{n-1}(x)$，剰余を r_1 とすれば，
$$f(x) = (x - \alpha_1) f_{n-1}(x) + r_1 \qquad \cdots\cdots\cdots ①$$
となり，$f(\alpha_1) \equiv 0 \pmod{p}$ であるから，
$$r_1 = f(\alpha_1) \equiv 0 \pmod{p}$$

次に，α_1 に合同でない第2の解 α_2 を①に代入すると，
$$f(\alpha_2) = (\alpha_2 - \alpha_1) f_{n-1}(\alpha_2) + r_1$$
$$\equiv (\alpha_2 - \alpha_1) f_{n-1}(\alpha_2) \equiv 0 \pmod{p}$$

であり，$\alpha_2 - \alpha_1 \not\equiv 0 \pmod{p}$ であるから，
$$f_{n-1}(\alpha_2) \equiv 0 \pmod{p}$$
したがって，
$$f_{n-1}(x) = (x-\alpha_2)f_{n-2}(x) + r_2 \qquad \cdots\cdots ②$$
とおけて，$r_2 \equiv 0 \pmod{p}$ となり，②を①に代入すると，
$$\begin{aligned}f(x) &= (x-\alpha_1)\{(x-\alpha_2)f_{n-2}(x) + r_2\} + r_1 \\ &= (x-\alpha_1)(x-\alpha_2)f_{n-2}(x) + r_2(x-\alpha_1) + r_1\end{aligned}$$
ここで，$p|r_1, p|r_2$ であるから，
$$f(x) = (x-\alpha_1)(x-\alpha_2)f_{n-2}(x) + pg_1(x)$$
$$(g_1(x) \text{ は高々 } x \text{ の 1 次式})$$
とかけることが分かる．

以下この操作を続けていくと，定理の($*$)が得られる． ∎

定理6.7 素数 p を法とする n 次の合同式
$$f(x) = a_0 x^n + a_1 x^{n-1} + \cdots + a_{n-1}x + a_n \equiv 0 \pmod{p}$$
において，互いに合同でない n 個の解 $\alpha_1, \alpha_2, \cdots, \alpha_n$ を持てば，
$$f(x) = a_0(x-\alpha_1)(x-\alpha_2)\cdots(x-\alpha_n) + pg_{n-1}(x)$$
の形にかける．ただし $g_{n-1}(x)$ は高々 x の $n-1$ 次式である．

証明：定理 6.6 において，とくに $k = n$ とすれば得られる． ∎

定理6.8 （ウィルソンの定理）
$p \,(\geqq 3)$ が素数ならば，
$$(p-1)! \equiv -1 \pmod{p}$$

証明：$f(x) = x^{p-1} - 1$ とおくと，フェルマーの小定理により，
$$x^{p-1} - 1 \equiv 0 \iff x^{p-1} \equiv 1 \pmod{p}$$
は，$x = 1, 2, 3, \cdots, p-1$ で満足されるから，定理 6.7 により
$$x^{p-1} - 1 = (x-1)(x-2)(x-3)\cdots\cdots\{x-(p-1)\} + pg_{p-2}(x) \quad \cdots\cdots(*)$$

が成り立つ．ここで $x=0$ とおくと，
$$-1 = (-1)(-2)(-3)\cdots(-p+1) + pg_{p-2}(0)$$
$p-1$ は偶数であるから，$-1 \equiv (p-1)! \pmod p$
$$\therefore (p-1)! \equiv -1 \pmod p \qquad \cdots\cdots\cdots(**)\quad \blacksquare$$

注 $p=2$ のときも明らかに成り立つ．なお(*)を示したのがウィルソン(1741～1793)であり，(**)を示したのはウェアリング(1736～1798年)であると言われている．

定理 6.9（ウィルソンの定理の逆）
$n>2$ とする．$(n-1)! \equiv -1 \pmod n$ ならば，n は素数である．

証明：n を合成数とすると，$1<d<n$ なる n の約数 d が存在する．このとき，
$$(n-1)! = (n-1) \times (n-2) \times \cdots \times d \times \cdots \times 2 \times 1$$
であるから，$d \mid (n-1)!$，すなわち $d \nmid (n-1)!+1$ となる．したがって，
$$n \nmid (n-1)!+1 \iff (n-1)! \not\equiv -1 \pmod n$$
よって，n は素数である． $\blacksquare$

《例》 $n=3$ のとき，$(3-1)! = 2 \equiv -1 \pmod 3$
$n=5$ のとき，$(5-1)! = 24 \equiv -1 \pmod 5$
$n=7$ のとき，$(7-1)! = 720 \equiv -1 \pmod 7$

定理 6.10（ラグランジュの定理）
$p\ (\geqq 3)$ が素数のとき，
$$(x-1)(x-2)\cdots\{x-(p-1)\}$$
$$= x^{p-1} - A_1 x^{p-2} + A_2 x^{p-3} - \cdots - A_{p-2}x + A_{p-1}$$
とすると，
$$A_1 \equiv A_2 \equiv \cdots \equiv A_{p-2} \pmod p$$
$$A_{p-1} \equiv -1 \pmod p$$
である．

証明：定理 6.8 の ($*$) から
$$(x-1)(x-2)(x-3)\cdots\{x-(p-1)\} = x^{p-1}-1-pg_{p-2}(x)$$
であるから，
$$x^{p-1}-A_1x^{p-2}+A_2x^{p-3}-\cdots-A_{p-2}x+A_{p-1}$$
$$= x^{p-1}-1-pg_{p-2}(x)$$
$pg_{n-2}(x)$ の各項の係数は p で割り切れるから，x^{p-2} から x までの両辺の係数を比較して，
$$A_1 \equiv A_2 \equiv \cdots \equiv A_{p-2} \pmod{p}$$
また，定数項を比較して，
$$A_{p-1} = -1-(p \text{ の倍数})$$
$$\therefore A_{p-1} \equiv -1 \pmod{p}$$
よって，題意は示された． ∎

注 $p-1$ は偶数であるから，$A_{p-1}=(p-1)!$ となり，したがって，
$$A_{p-1} \equiv -1 \pmod{p} \iff (p-1)! \equiv -1 \pmod{p}$$
となる．これはウィルソンの定理にほかならない．

第7章

指数・原始根・標数

本章では「指数・原始根・標数」について考えてみるが，このテーマの背景には以下に述べる無限循環小数の「循環節の位数の決定問題」がある．

$\frac{1}{3}, \frac{2}{7}$ などの分数を(10進法で)小数展開すると，

$$\frac{1}{3} = 0.33333\cdots\cdots \qquad \cdots\cdots\cdots\text{①}$$

$$\frac{2}{7} = 0.285714285714\cdots\cdots \qquad \cdots\cdots\cdots\text{②}$$

のようになり，循環小数になる．これはディリクレの「部屋割り論法」あるいはデデキントの「鳩の巣論法」によって簡単に示すことができ，既約分数 $\frac{m}{n}$ ($m, n \in \mathbb{Z}, n > 0$) が循環小数になる場合，その循環節の長さ (①は "1"，②は "6" が循環節の長さ) が，$n-1$ 以下になることはよく知られている．

しかし，その循環節の長さ (これを循環節の**周期の位数**ともいう) をキチンと決定するにはどうすればよいのか．実際に割り算を実行してみる以外手立てはないのだろうか．

一般に $\frac{a}{2^p 5^q}$ ($a \in \mathbb{N}$, p, q は 0 以上の整数) の形の分数，すなわち分母が 2 または 5 のほかに素因数を含まない場合，有限小数になることは，この形の分数が $\frac{a'}{10^h}$ の形に変形できることから容易に納得できるだろう．

しかし，既約分数において分母が 2, 5 以外の因数を含む場合は，これを 10 進法で小数展開した場合，無限循環小数になる．この無限循環小数の循環節の長さ (周期の位数) について，次の問題を考えてみよう．

問題 7.1 $(n, 10) = 1$ のとき，既約真分数 $\dfrac{m}{n}$ $(0 < m < n)$ は無限循環小数に展開され，その循環節の長さ（周期の位数）は，
$$10^e \equiv 1 \pmod{n}$$
を満たす最小の正整数 e であることを示せ．

【解】 $(n, 10) = 1$ であるから，オイラーの定理により，
$$10^{\varphi(n)} \equiv 1 \pmod{n} \quad (\varphi(n) \text{ はオイラーの関数})$$
が成り立つ．すなわち，$10^h \equiv 1 \pmod{n}$ を満たす正整数 h が存在し，いまそのような h の中で最小のものを e とすると，
$$10^e \equiv 1 \pmod{n} \quad \therefore\ na = 10^e - 1 \ (a \in \mathbb{N})$$
のようにかける．したがって，
$$1 + \frac{1}{10^e} + \frac{1}{(10^e)^2} + \frac{1}{(10^e)^3} + \cdots = \frac{1}{1 - \dfrac{1}{10^e}}$$
に注意すると
$$\frac{m}{n} = \frac{ma}{na} = \frac{ma}{10^e - 1} = \frac{ma}{10^e} \cdot \frac{1}{1 - \dfrac{1}{10^e}}$$
$$= \frac{ma}{10^e}\left(1 + \frac{1}{10^e} + \frac{1}{(10^e)^2} + \frac{1}{(10^e)^3} + \cdots\right)$$
$$= \frac{ma}{10^e} + \frac{ma}{10^{2e}} + \frac{ma}{10^{3e}} + \frac{ma}{10^{4e}} + \cdots$$
となる．ところが $0 < m < n$ であったから
$$0 < ma < na < 10^e$$
となり，$\dfrac{m}{n}$ は循環節の長さが e の無限循環小数となることが示された． ■

《参考》 $n = 3, 7, 11, 13$ に対して $\varphi(n)$ は $2, 6, 10, 12$ であり，$10^e \equiv 1 \pmod{n}$ となる最小の正整数 e はそれぞれ $e = 1, 6, 2, 6$ となる．そして，
$$\frac{1}{3} = 0.33333\cdots \text{ の循環節の長さは } 1$$
$$\frac{1}{7} = 0.142857142857\cdots \text{ の循環節の長さは } 6$$
$$\frac{3}{11} = 0.272727\cdots \text{ の循環節の長さは } 2$$

$\dfrac{3}{13} = 0.230769230769\cdots$ の循環節の長さは 6

となって，確かに上の問題で確認したことが成り立っている．

では，分母 n が 2 や 5 以外の因数を含む場合はどうなるのであろうか．この場合については次の問題を考えてみよう．

問題 7.2 $(n, 10) > 1$ のとき，すなわち
$$n = 2^\alpha 5^\beta n', \ (n', 10) = 1 \ (\alpha \geq 0, \beta \geq 0),$$
$$(\alpha, \beta) \neq (0, 0)$$
のとき，既約真分数 $\dfrac{m}{n}$ $(0 < m < n)$ は無限循環小数に展開され，その循環節の長さ（周期の長さ）は，
$$10^e \equiv 1 \pmod{n'}$$
を満たす最小の正整数 e であることを示せ．

【解】 $0 \leq \alpha \leq \beta$ の場合について証明しておく．$\dfrac{m}{n}$ を 10^β 倍したものを考えると，
$$\dfrac{10^\beta m}{n} = \dfrac{2^\beta 5^\beta m}{2^\alpha 5^\beta n'} = \dfrac{2^{\beta-\alpha} m}{n'}$$
となり，これは既約真分数である．

$(10, n') = 1$ であるから，$10^e \equiv 1 \pmod{n'}$ を満たす最小の正整数 e があり，問題 7.1 より $\dfrac{2^{\beta-\alpha} m}{n'}$ は循環節の長さが e である無限循環小数になる．この無限循環小数を c とすると，
$$\dfrac{m}{n} = \dfrac{2^{\beta-\alpha} m}{n'} \times \dfrac{1}{10^\beta} = c \times \dfrac{1}{10^\beta}$$
は c の小数点を右に β 位だけ移動して得られる．$0 \leq \beta < \alpha$ の場合についてもまったく同様に示される．よって，題意は示された． ∎

定義 7.1 （指数とは何か）

フェルマーの小定理から，
$$p \text{ が素数}, \ (a, p) = 1 \implies a^{p-1} \equiv 1 \ (\mathrm{mod}\, p)$$
が成り立つ．したがって，$(a, p) = 1$ のとき
$$a^x \equiv 1 \ (\mathrm{mod}\, p)$$
を満足する 0 でない正の整数 x が存在すること（言うまでもなく，たとえば $x = p-1$）は明らかだろう．このような x の中で，
最小のものを法 p に関する a の指数 (index)
という．

上の定義と問題 7.1 を比べてみると，この 2 つが非常によく似た構造をもっていることがわかるだろう．すなわち「指数」と「循環節の長さ（周期の位数）」は本質的には同じものである．

定理 7.1　p を素数，a を正の整数，$(a, p) = 1$ とし，e を法 p に関する a の指数とする．このとき f を
$$a^f \equiv 1 \ (\mathrm{mod}\, p)$$
を満たす任意の非負整数とすると，$e \mid f$ である．

証明：仮定から，　$a^e \equiv 1 \ (\mathrm{mod}\, p)$ 　　　　　　　　　…………①
　　　　　　　　　$a^f \equiv 1 \ (\mathrm{mod}\, p)$ 　　　　　　　　　…………②

いま，$f = eq + r \ (0 \leq r < e)$ とおくと，
$$a^f = a^{eq+r} = (a^e)^q a^r \equiv a^r \ (\mathrm{mod}\, p) \quad (\because \text{①})$$
で，②とから　$a^r \equiv 1 \ (\mathrm{mod}\, p)$

ここで，$r \neq 0$ とすると，$0 < r < e$ となり，これは e の最小性に反する．
$$\therefore \ r = 0 \qquad \therefore \ e \mid f \qquad \blacksquare$$

注　フェルマーの小定理より $a^{p-1} \equiv 1 \ (\mathrm{mod}\, p)$ だから，$e \mid p-1$ となる．

第7章 指数・原始根・標数

〈例〉 $p=7$ とし，$\mod 7$ で考えると，

1 の指数 e は，
$$1^1 = 1 \equiv 1 \text{ から } e = 1 \text{ で，} 1|(7-1)$$

2 の指数 e は，$2^i \not\equiv 1$ $(i=1, 2)$ かつ
$$2^3 = 8 \equiv 1 \text{ から } e = 3 \text{ で，} 3|(7-1)$$

3 の指数 e は，$3^i \not\equiv 1$ $(i=1, 2, 3, 4, 5)$ かつ
$$3^6 = 729 \equiv 1 \text{ から } e = 6 \text{ で，} 6|(7-1)$$

4 の指数 e は，$4^i \not\equiv 1$ $(i=1, 2)$ かつ
$$4^3 = 64 \equiv 1 \text{ から } e = 3 \text{ で，} 3|(7-1)$$

5 の指数 e は，$5^i \not\equiv 1$ $(i=1, 2, 3, 4, 5)$ かつ
$$5^6 = 15625 \equiv 1 \text{ から } e = 6 \text{ で，} 6|(7-1)$$

6 の指数 e は，$6^i \not\equiv 1$ $(i=1)$ かつ
$$6^2 = 36 \equiv 1 \text{ から } e = 2 \text{ で，} 2|(7-1)$$

なお，ここで $7-1=6$ の正の約数 $1, 2, 3, 6$ に等しい指数をもつ整数 a は，$1, 2, 3, 4, 5, 6$ の中に，それぞれ，

$$\varphi(1) = 1 \text{ 個，} \quad \varphi(2) = 1 \text{ 個}$$
$$\varphi(3) = 2 \text{ 個，} \quad \varphi(6) = 2 \text{ 個}$$

あることも指摘しておく．ただし，φ はオイラーの関数である．これについては定理 7.3 で確認する．

> **定理 7.2** p を素数，a を正の整数，$(a, p) = 1$ とし，e を法 p に関する a の指数とする．このとき，
> $$a^0(=1), a^1, a^2, \cdots, a^{e-1}$$
> は，p を法として互いに合同ではなく，また非負整数 n, m に対して，
> $$a^n \equiv a^m \pmod{p} \iff n \equiv m \pmod{e}$$
> が成り立つ．

証明：合同なものが存在したとして，いま，

68

$$a^k \equiv a^l \pmod{p} \quad (0 \leq k < l < e)$$

とすると，

$$a^{l-k} \equiv 1 \pmod{p} \quad (0 < l - k < e)$$

となり，これは e の最小性に反する．よって，合同にはならない．

上の考察により a の任意の冪 a^n は，

$$a^0(=1), a^1, a^2, \cdots, a^{e-1}$$

のいずれかと合同である．実際，n を任意の非負整数とし，$n = eq + r \ (0 \leq r < e)$ とすると，$a^e \equiv 1 \pmod{p}$ だから，

$$a^n = a^{eq+r} = (a^e)^q a^r \equiv a^r \pmod{p}$$

となるからである．したがって，m を e で割った余りを $r' \ (0 \leq r' < e)$ とすると，

$$a^n \equiv a^m \pmod{p} \iff r = r' \iff n \equiv m \pmod{e}$$

となる． ∎

ところで，先ほども少し触れておいたが，$p-1$ の約数 d を指数にもつ整数 $a \ (1 \leq a \leq p-1)$ は何個あるのか？これについては次の定理が成り立つ．

> **定理7.3**　p が素数のとき，$p-1$ の任意の正の約数 d に等しい指数をもつ整数 a は存在して，$1, 2, \cdots, p-1$ の中に $\varphi(d)$ 個ある．ただし，φ はオイラーの関数である．

証明：まず，「存在（$p-1$ の任意の正の約数 d に等しい指数をもつ整数 a の存在）」を仮定して，それが $\varphi(d)$ 個あること」を示す．

指数の定義と定理 7.2 から，

$$1, a^1, a^2, \cdots, a^{d-1} \qquad \cdots\cdots\cdots\cdots ①$$

なる d 個の数は法 p に関して互いに合同ではなく，しかもこれらはいずれも

$$x^d \equiv 1 \pmod{p} \qquad \cdots\cdots\cdots\cdots ②$$

を満足する．実際，①のうちの任意の1つを $a^k \ (k = 0, 1, 2, \cdots, d-1)$ とすると，

$$(a^k)^d = (a^d)^k \equiv 1^k = 1 \pmod{p}$$

第7章 指数・原始根・標数

となる．したがって，②は互いに合同でない d 個の根を持つので，合同式②は①以外の根を持つことはない．

ここで注意しなければならないことは，②を満足する根の指数がすべて d であるというわけではないので，①の中から指数がほんとうに d であるものを選び，その個数をカウントしなければならないことである．

いま，①の任意の数 a^k $(k=0,1,2,\cdots,d-1)$ を h 乗したとき 1 と合同になったとすると，
$$(a^k)^h = a^{kh} \equiv 1 \pmod{p}$$
であるから，定理 7.1 から，
$$d \mid kh \qquad \cdots\cdots\cdots\cdots ③$$
そこで，k と d の最大公約数を g，すなわち $(k,d)=g$ とし，
$$k = gk', \quad d = gd' \quad (k', d' \in \mathbb{Z})$$
とおくと，$(k', d')=1$ であり，③ から
$$d \mid kh \iff gd' \mid gk'h \iff d' \mid k'h \qquad \therefore\ d' \mid h$$
したがって，h のとり得る最小の値は d' 自身となる．すなわち，a^k の指数は d' であり，
$$[a^k \text{の指数が } d \text{ である}] \iff d'=d \iff g=1 \iff (k,d)=1$$
となる．よって，①の d 個の中で指数が d であるもの（「**指数 d に属するもの**」という言い方もする）は，k が d と互いに素であるような a^k であり，その個数はオイラーの関数の定義から $\varphi(d)$ となる．

つぎに，「**$p-1$ の任意の正の約数 d に等しい指数をもつ整数 a の存在すること**」を示す．ひょっとすれば，条件を満たす整数 a がまったく存在しない可能性もあるので，我々はこの点を以下チェックしておく．

いま素数 p を法として，指数 d に属するものの個数を $\psi(d)$ とすれば，
$$\psi(d) = \varphi(d) \quad \text{または} \quad \psi(d) = 0$$
である．しかるに，1 から $p-1$ までの数は，いずれも $p-1$ のある約数を指数としてそれに属するから，$p-1$ のすべての約数について考えれば，
$$\sum_{d \mid p-1} \psi(d) = p-1 \qquad \cdots\cdots\cdots\cdots ④$$
が成り立たなければならない．

一方，定理 5.4 により，

$$\sum_{d|p-1} \varphi(d) = p-1 \qquad \cdots\cdots\cdots ⑤$$

である．したがって，$\psi(d) \neq 0$ となる．実際，もしある1つの d について $\psi(d) = 0$ とすると，

$$\sum_{d|p-1} \psi(d) < \sum_{d|p-1} \varphi(d)$$

となり，これは明らかに④，⑤と矛盾する．

これで，「存在」についても証明された． ■

> **定理7.4** 素数 p を法として，指数 $p-1$ に属する数は $\varphi(p-1)$ 個ある．

証明：定理7.3で，$p-1$ の約数 d を，とくに $p-1$ とすれば得られる． ■

> **定義7.2** （原始根とはなにか）
>
> 定理7.4で考えた，$\varphi(p-1)$ 個の数を，**素数 p の原始根**（primitive root）という．
>
> たとえば，$p=5$ のとき mod 5 で考えると
>
> 　　　　1の指数は，1
>
> 　　　　2の指数は，4
>
> 　　　　3の指数は，4
>
> 　　　　4の指数は，2
>
> であるから，$p-1=4$ に属する数は 2, 3 の $\varphi(4) = 2$ 個あり，これらが素数5の原始根ということになる．また，これらの2個の原始根については
>
> $$2^0 \equiv 1 \ (\equiv 2^4), \quad 2^1 \equiv 2, \quad 2^2 \equiv 4, \quad 2^3 \equiv 3 \ (\mathrm{mod}\, 5)$$
> $$3^0 \equiv 1 \ (\equiv 3^4), \quad 3^1 \equiv 3, \quad 3^2 \equiv 4, \quad 3^3 \equiv 2 \ (\mathrm{mod}\, 5)$$
>
> が成り立っていることにも注意したい．

《参考》 n を自然数とし，$n\mathbb{Z} = \{nk | k \in \mathbb{Z}\}$ とすれば，これは n によって生成

第7章　指数・原始根・標数

された「**イデアル**[1]（これを (n) と書くことがある）」であるが，いま「$\mathbb{Z}$ の商環 $\mathbb{Z}/n\mathbb{Z} = \mathbb{Z}/(n)$」を「$\mathbb{Z}_n$」[2] と書くことにする．

このとき，$n = p$ が素数ならば $\mathbb{Z}_p$ は「**体**」となり，さらに $\mathbb{Z}_p$ の零元以外の元全体は，$\bmod p$ で考えた乗法で「**巡回群**（これを $\mathbb{Z}_p{}^\times$ と書くことにする）」を作る．これは，適当な整数 g を選べば，$p-1$ 個の整数

$$g^0(=1),\ g^1,\ g^2,\ \cdots,\ g^{p-2}$$

が $\bmod p$ に関する「既約剰余系（各要素が p と互いに素である剰余系）」となり，これらが「群」を作るということに他ならない．

g を巡回群 $\mathbb{Z}_p{}^\times$ の「**生成元**」というが，上の例で言えば $\mathbb{Z}_5{}^\times$ の生成元は原始根「2」と「3」である．すなわち，

$$\text{素数 } p \text{ の原始根} = \text{巡回群 } \mathbb{Z}_p^\times \text{ の生成元}$$

と言い換えることもできる．

> **定義7.3　（標数とはなにか）**
>
> 素数 p の原始根の1つを g とすると，$g(\neq 1)$ の指数は $p-1$（要するに，g を $p-1$ 乗してはじめて法 p に関して1と合同になる）であるから，
>
> $$g^0(=1),\ g^1,\ g^2,\ \cdots,\ g^{p-2} \qquad \cdots\cdots\cdots\cdots ①$$
>
> は互いに合同でない $p-1$ 個の数で，かついずれも p では割り切れないので，①は全体としては，順序を無視すると，
>
> $$1,\ 2,\ 3,\ \cdots,\ p-1$$
>
> と合同になる．したがって，p で割り切れない任意の整数 a に対して，

---

[1] R を環とし，R の空でない部分集合 I が次の2条件を満たすとき，I を R の「（左）イデアル」という．
　(1) $a, b \in I \Longrightarrow a + b \in I$
　(2) $a \in I \Longrightarrow ra \in I$ (for all $r \in R$)

[2] ここではとりあえず，たとえば $\mathbb{Z}_5$ は整数 n を5で割ったときの余りの集合 $\{0, 1, 2, 3, 4\}$ と考えておいてよい．正確に言えば剰余類 $\{C_0, C_1, C_2, C_3, C_4\}$ の集合である．

$$g^e \equiv a \pmod{p}$$

のような数 e は集合 $\{0, 1, 2, \cdots, p-2\}$ の中に必ず，しかもただ1つ存在する．この「e」のことを，「原始根 g を底とする a の標数」または単に「a の標数」といい，

$$e = \mathrm{Ind}_g a \quad \text{あるいは} \quad e = \mathrm{Ind}\, a$$

と表す．なお，Ind は index の頭文字3つから取ったものである．

注 ここでは標数 e を $0, 1, 2, \cdots, p-2$ に限定して考えたが，実はこのように限定しておく必要はなく，

$$f \equiv e \pmod{p-1}$$

を満足する f も標数と考えてもよい．

また，本書では指数を標数と区別して考えるが，この2つを区別しない立場もあることを指摘しておく．

〈例〉 $p = 13$ のとき，$\varphi(p-1) = \varphi(12) = 4$ であり，原始根は $2, 6, 7, 11$ の4つである．$g = 2$ とすると，

$$2^0 = 1 \equiv 1 \pmod{13} \iff \mathrm{Ind}_2 1 = 0$$
$$2^1 = 2 \equiv 2 \pmod{13} \iff \mathrm{Ind}_2 2 = 1$$
$$2^2 = 4 \equiv 4 \pmod{13} \iff \mathrm{Ind}_2 4 = 2$$
$$2^3 = 8 \equiv 8 \pmod{13} \iff \mathrm{Ind}_2 8 = 3$$
$$2^4 = 16 \equiv 3 \pmod{13} \iff \mathrm{Ind}_2 3 = 4$$
$$2^5 = 32 \equiv 6 \pmod{13} \iff \mathrm{Ind}_2 6 = 5$$
$$2^6 = 64 \equiv 12 \pmod{13} \iff \mathrm{Ind}_2 12 = 6$$
$$2^7 = 128 = 13 \cdot 9 + 11 \equiv 11 \pmod{13} \iff \mathrm{Ind}_2 11 = 7$$
$$2^8 = 256 = 13 \cdot 19 + 9 \equiv 9 \pmod{13} \iff \mathrm{Ind}_2 9 = 8$$
$$2^9 = 2^4 \cdot 2^5 \equiv 3 \cdot 6 = 5 \pmod{13} \iff \mathrm{Ind}_2 5 = 9$$
$$2^{10} = 2^5 \cdot 2^5 \equiv 6 \cdot 6 = 10 \pmod{13} \iff \mathrm{Ind}_2 10 = 10$$
$$2^{11} = 2^5 \cdot 2^6 \equiv 6 \cdot 12 = 7 \pmod{13} \iff \mathrm{Ind}_2 7 = 11$$

のようになるので，次の表が得られる．

第7章 指数・原始根・標数

a	1	2	3	4	5	6	7	8	9	10	11	12
底 $=2$ Ind a	0	1	4	2	9	5	11	3	8	10	7	6

これを原始根の標数表という．

同様にして，原始根 $6, 7, 11$ の標数表を作ることもでき，以下のようになる．

a	1	2	3	4	5	6	7	8	9	10	11	12
底 $=6$ Ind a	0	5	8	10	9	1	7	3	4	2	11	6
底 $=7$ Ind a	0	11	8	10	3	7	1	9	4	2	5	6
底 $=11$ Ind a	0	7	4	2	3	11	5	9	8	10	1	6

標数は，対数とよく似ている（もちろん相違点もある）ことに気づいたと思うが，標数については以下の性質がある．定理としてまとめておこう．

定理7.5　（Ⅰ）底は素数 p の任意の原始根である．
（Ⅱ）p で割り切れない任意の整数に対してその標数が存在する．
（Ⅲ）任意の原始根 g に対して
$$\mathrm{Ind}_g 1 = 0, \quad \mathrm{Ind}_g g = 1$$
（Ⅳ）任意の整数 a, b ($p \nmid a, p \nmid b$) に対して
$$\mathrm{Ind}_g ab \equiv \mathrm{Ind}_g a + \mathrm{Ind}_g b \pmod{p-1}$$
（Ⅴ）n が任意の非負整数のとき
$$\mathrm{Ind}_g a^n \equiv n\, \mathrm{Ind}_g a \pmod{p-1}$$
（Ⅵ）g, b がともに p の原始根とすると
$$\mathrm{Ind}_b a \cdot \mathrm{Ind}_g b \equiv \mathrm{Ind}_g a \pmod{p-1}$$

証明：(Ⅳ), (Ⅴ), (Ⅵ) を証明しておく．

(Ⅳ)(Ⅴ)の証明：

$\mathrm{Ind}_g a = s$, $\mathrm{Ind}_g b = t$, $\mathrm{Ind}_g ab = u$ とおく．標数の定義により，
$$a \equiv g^s, \quad b \equiv g^t \pmod{p}$$
であるから，
$$ab \equiv g^s g^t = g^{s+t} \pmod{p} \qquad \cdots\cdots ①$$
一方，$\mathrm{Ind}_g ab = u$ より，

$$ab \equiv g^u \pmod{p} \quad \cdots\cdots\cdots ②$$

したがって，①，②と定理 7.2 の後半から
$$g^u \equiv g^{s+t} \pmod{p} \iff u \equiv s+t \pmod{p-1}$$
すなわち，
$$\mathrm{Ind}_g ab \equiv \mathrm{Ind}_g a + \mathrm{Ind}_g b \pmod{p-1}$$

また，この公式を繰り返し用いることによって，$a, b, c, \cdots$ が 2 個以上（ただし，有限個）あるときも成り立つので
$$\mathrm{Ind}_g(abc\cdots) \equiv \mathrm{Ind}_g a + \mathrm{Ind}_g b + \mathrm{Ind}_g c + \cdots \pmod{p-1}$$
となる．とくに $a = b = c = \cdots$ で，その個数を n とすれば，
$$\mathrm{Ind}_g a^n \equiv n \mathrm{Ind}_g a \pmod{p-1}$$
となり，(V) の公式が得られる．

(VI) の証明

$\mathrm{Ind}_g a = s$, $\mathrm{Ind}_g b = t$, $\mathrm{Ind}_b a = u$ とおくと，
$$g^s \equiv a \pmod{p} \quad\cdots\cdots ①, \quad g^t \equiv b \pmod{p} \quad\cdots\cdots ②$$
$$b^u \equiv a \pmod{p} \quad\cdots\cdots ③$$
②，③ から $\quad (g^t)^u \equiv a \pmod{p}$
$$\therefore \quad g^{ut} \equiv a \pmod{p}$$
これと ① および定理 7.2 の後半とから，
$$g^{ut} \equiv g^s \pmod{p} \iff ut \equiv s \pmod{p-1}$$
すなわち，
$$\mathrm{Ind}_b a \cdot \mathrm{Ind}_g b \equiv \mathrm{Ind}_g a \pmod{p-1} \qquad\blacksquare$$

いま，$p = 13$ とし，
$$g = 2,\ b = 7\ (素数\ p = 13\ の原始根),\ a = 3$$
とすると，標数表から，
$$\mathrm{Ind}_7 3 = 8, \quad \mathrm{Ind}_2 7 = 11, \quad \mathrm{Ind}_2 3 = 4$$
であり，$8 \cdot 11 \equiv 4 \pmod{12}$ であるから，
$$\mathrm{Ind}_7 3 \cdot \mathrm{Ind}_2 7 \equiv \mathrm{Ind}_2 3 \pmod{12}$$
が確かに成り立っている．また，$4 \equiv 88 \pmod{12}$ であるから，
$$\mathrm{Ind}_2 3 = 88 \ (\iff 2^{88} \equiv 3 \pmod{13}))$$

第7章 指数・原始根・標数

としておくと，
$$(8 =) \mathrm{Ind}_7 3 = \frac{\mathrm{Ind}_2 3}{\mathrm{Ind}_2 7} \left(= \frac{88}{11}\right)$$
が成り立つ．すなわち，
$$\mathrm{Ind}_b a = \frac{\mathrm{Ind}_g a}{\mathrm{Ind}_g b} \pmod{p-1}$$
が言えて，これは対数の底の変換公式に相当する関係が成立していることを示している．

ここまで「指数・原始根・標数」について考えてみたが，以下で「**標数の応用例**」をとり上げてみよう．さらに「平方剰余」の準備のために「**冪剰余**」もとり上げよう．

p を素数とし，p の原始根（＝巡回群の生成元）を g としたとき，p で割り切れない任意の整数 a に対して，
$$g^e \equiv a \pmod{p} \quad (e \in \{0, 1, 2, \cdots, p-2\})$$
を満たす整数 e は必ず存在し，この「e」を「原始根 g を底とする a の標数」といい，これを $e = \mathrm{Ind}_g a$ と表すことはすでに述べた．すなわち，
$$g^e \equiv a \pmod{p} \iff e = \mathrm{Ind}_g a \quad (g \text{ は素数 } p \text{ の原始根})$$
が成り立つ．また，標数については
$$g^e \equiv g^f \pmod{p} \iff e \equiv f \pmod{p-1}$$
が成り立つこと，および定理 7.5 で対数計算とよく似た計算操作が可能なことも確認しておいた．

以下，標数に慣れるために少し例題を考えてみる．

例題 7.1 $3x \equiv 11 \pmod{13}$ を標数を利用して解け．

【解】 13 の原始根は「2, 6, 7, 11」の 4 つであるが，ここでは $g = 6$ として問題の合同式を解いてみよう．合同式の両辺の標数をとると，
$$\mathrm{Ind}_6 3x \equiv \mathrm{Ind}_6 11 \pmod{12} \iff \mathrm{Ind}_6 3 + \mathrm{Ind}_6 x \equiv \mathrm{Ind}_6 11 \pmod{12}$$
74 頁の標数表より，

$$8 + \text{Ind}_6 x \equiv 11 \pmod{12} \iff \text{Ind}_6 x \equiv 3 \pmod{12}$$
$$\iff x \equiv 6^3 \pmod{13}$$
ここで，$6^3 = 13 \times 16 + 8$ であるから求める答は
$$x \equiv 8 \pmod{13}$$
■

《参考》上の解では，原始根として 6 を用いたが，$g = 2$ として解くと以下のようになる．
$$\text{Ind}_2 3x \equiv \text{Ind}_2 11 \pmod{12} \iff \text{Ind}_2 3 + \text{Ind}_2 x \equiv \text{Ind}_2 11 \pmod{12}$$
ここで，標数表より $\text{Ind}_2 3 = 4$，$\text{Ind}_2 11 = 7$ であるから，
$$\text{Ind}_2 x \equiv 3 \pmod{12} \quad \therefore \ x \equiv 8 \pmod{13}$$
となる．

なお $g = 7, 11$ としても同様の結果が得られる．各自で一度確認されてみるとよいだろう．

例題 7.2 $x^2 \equiv 2 \pmod{13}$ を標数を利用して解け．

【解】 $g = 6$ として，両辺の標数をとると，$\text{Ind}_6 2 = 5$ であるから
$$\text{Ind}_6 x^2 \equiv \text{Ind}_6 2 \pmod{12} \iff 2\text{Ind}_6 x \equiv 5 \pmod{12} \quad \cdots\cdots\cdots\text{①}$$
すなわち，
$$2\text{Ind}_6 x - 5 = 12y \iff 2\text{Ind}_6 x - 12y = 5 \ (y \in Z)$$
しかるに，$(2, 12) = 2$ で $2 \nmid 5$ であるから，①を満たす $\text{Ind}_6 x$ は存在しない．よって，$x^2 \equiv 2 \pmod{13}$ を満たす解は存在しない． ■

例題 7.3 $x^3 \equiv 5 \pmod{13}$ を標数を利用して解け．

【解】 前問同様 $g = 6$ として解く．両辺の標数をとる．標数表より $\text{Ind}_6 5 = 9$ であるから
$$\text{Ind}_6 x^3 \equiv \text{Ind}_6 5 \pmod{12} \iff 3\text{Ind}_6 x \equiv 9 \pmod{12}$$
ここで，$(3, 12) = 3$ で $3 | 9$ だから上式を満たす $\text{Ind}_6 x$ は存在し，$(3, 9) = 3$ であ

第7章 指数・原始根・標数

るから
$$\mathrm{Ind}_6 x \equiv 3 \pmod{4}$$
$$\therefore \mathrm{Ind}_6 x \equiv 3,\ 7,\ 11 \pmod{12}$$
$$\therefore x \equiv 6^3,\ 6^7,\ 6^{11} \pmod{13}$$
すなわち, $x \equiv 8,\ 7,\ 11 \pmod{13}$ ∎

例題 7.4 $3^x \equiv 5 \pmod{13}$ を標数を利用して解け.

【解】 $g = 6$ として, 両辺の標数をとると,
$$\mathrm{Ind}_6 3^x \equiv \mathrm{Ind}_6 5 \pmod{12} \iff x\,\mathrm{Ind}_6 3 \equiv \mathrm{Ind}_6 5 \pmod{12}$$
であり, $\mathrm{Ind}_6 3 = 8$, $\mathrm{Ind}_6 5 = 9$ であるから,
$$8x \equiv 9 \pmod{12}$$
しかるに, $(8, 12) = 4$ で $4 \nmid 9$ であるから, 与合同式は解を持たない. ∎

さて, 標数にも大分慣れてきたと思うので, 次のような2項合同式
$$ax^n \equiv b \pmod{p}\ (n \geq 1)$$
$$(p\ は素数,\ a, b \in Z) \qquad \cdots\cdots(\ast)$$
の解法について考えてみよう. 合同式の定義から,

(ⅰ) $a \equiv 0$, $b \not\equiv 0 \pmod{p}$ のとき,

　　$(\ast)$ の解は存在しない

(ⅱ) $a \equiv 0$, $b \equiv 0 \pmod{p}$ のとき,

　　$(\ast)$ の解は定まらない

のは明らかである. また, $n = 1$ のときについてはすでに第5章で考察したので, ここでは
$$n \geq 2,\ a \not\equiv 0,\ b \not\equiv 0 \pmod{p}$$
の場合の $(\ast)$ の解法についてのみ考える.

まず, $a \not\equiv 0 \pmod{p}$ のとき, $aa' \equiv 1 \pmod{p}$ となるような a' が必ず存在することに注意したい. 実際, a と p は互いに素だから, 定理2.4 により
$$ax \equiv 1 \pmod{p} \iff ax - 1 = py$$
$$\iff ax - py = 1\ (x, y \in Z)$$

を満たす x が存在する．このような x を a' とすると，($*$) の両辺に a' を掛けて，
$$a'ax^n \equiv a'b \pmod{p} \quad \therefore \ x^n \equiv a'b \pmod{p}$$
の形にすることができる．そこで，最初から
$$x^n \equiv a \pmod{p} \qquad \cdots\cdots\cdots\cdots (**)$$
の形の合同式について考えておけばよい．この方程式については以下の定理が成り立つ．

定理 7.6 p が素数であるとき，2 項合同式
$$x^n \equiv a \pmod{p}$$
が解を持つための必要十分条件は，n と $p-1$ の最大公約数を d，すなわち $d = (n, p-1)$ とすると
$$d \mid \mathrm{Ind}_g a$$
となることである．
　また，p を法として互いに合同でない解が d 個存在する．

例題 7.2 および 7.3 をモデルとして考えていけばこの定理は簡単に納得できるはずである．

証明：p の原始根の 1 つを g として，
$$x^n \equiv a \pmod{p}$$
の g を底とする両辺の標数をとってみると，定理 7.2 および定理 7.5 (V) により
$$\mathrm{Ind}_g x^n \equiv \mathrm{Ind}_g a \pmod{p-1}$$
$$\iff n\,\mathrm{Ind}_g x \equiv \mathrm{Ind}_g a \pmod{p-1}$$
となる．この合同式は y を整数として
$$n\,\mathrm{Ind}_g x - \mathrm{Ind}_g a = (p-1)y$$
$$\iff n\,\mathrm{Ind}_g x - (p-1)y = \mathrm{Ind}_g a$$
のように言い直すことができるから，$\mathrm{Ind}_g x$ が定まるための必要十分条件は，$d = (n, p-1)$ とおくと
$$d \mid \mathrm{Ind}_g a$$

79

であることがわかる．したがって，p を法として互いに合同でない解が d 個存在する． ∎

上で述べてきたことを確認するために以下の問題を考えてみよう．

例題 7.5 $5x^6 \equiv 8 \pmod{13}$ を標数を利用して解け．

【解】 $8 \times 5 \equiv 1 \pmod{13}$, $8 \times 8 \equiv 12 \pmod{13}$ であるから，合同式の両辺に 8 を掛けて，
$$8 \times 5x^6 \equiv 8 \times 8 \pmod{13}$$
$$\therefore \ x^6 \equiv 12 \pmod{13} \quad \cdots\cdots\cdots\cdots① $$
ここで，$(6, 12) = 6$, $6 | \mathrm{Ind}_6 12 (= 6)$ であるからこの合同式は 6 個の解をもつ．

$g = 6$ として①の両辺の標数をとる．このとき $\mathrm{Ind}_6 12 = 6$ であるから，
$$6\,\mathrm{Ind}_6 x \equiv \mathrm{Ind}_6 12 \pmod{12}$$
$$\therefore \ 6\,\mathrm{Ind}_6 x \equiv 6 \pmod{12}$$
$$\therefore \ \mathrm{Ind}_6 x \equiv 1 \pmod{2}$$
$$\therefore \ \mathrm{Ind}_6 x \equiv 1, 3, 5, 7, 9, 11 \pmod{12}$$
$$\therefore \ x \equiv 6^1, 6^3, 6^5, 6^7, 6^9, 6^{11} \pmod{13}$$
$$\therefore \ x \equiv 6, 8, 2, 7, 5, 11 \pmod{13}$$
∎

定理 7.6 においては，2 項合同式が解をもつ条件は原始根 g を用いて，「$d | \mathrm{Ind}_g a$」のように捉えられたが，解そのものは例題 7.1 でみたように原始根に依存しない．そこで，2 項合同式「$x^n \equiv a \pmod{p}$」が解を持つ条件を原始根を用いずに言い直してみよう．それが以下の定理である．

定理 7.7 p が素数であるとき，2 項合同式
$$x^n \equiv a \pmod{p} \quad \cdots\cdots\cdots (*)$$
が解を持つための必要十分条件は，$d = (n, p-1)$ とすると
$$a^{\frac{p-1}{d}} \equiv 1 \pmod{p}$$
となることである．

証明： g を p の 1 つの原始根として

$$d \,|\, \mathrm{Ind}_g\, a \iff a^{\frac{p-1}{d}} \equiv 1 \;(\mathrm{mod}\, p)$$

を示しておけばよい．

$\Rightarrow$) $d\,|\,\mathrm{Ind}_g\, a$ を仮定すると，$\mathrm{Ind}_g\, a = dk \;(k \in Z)$ とおいて標数の定義から

$$a \equiv g^{dk} \;(\mathrm{mod}\, p) \qquad\qquad\qquad\qquad\cdots\cdots\cdots\cdots①$$

また，$d\,|\,p-1$ より $\dfrac{p-1}{d}$ は整数であるので，①の両辺を $\dfrac{p-1}{d}$ 乗すると，$g^{p-1} \equiv 1 \;(\mathrm{mod}\, p)$ だから

$$a^{\frac{p-1}{d}} \equiv (g^{dk})^{\frac{p-1}{d}} = g^{k(p-1)} = (g^{p-1})^k \equiv 1 \;(\mathrm{mod}\, p)$$

$$\therefore\; a^{\frac{p-1}{d}} \equiv 1 \;(\mathrm{mod}\, p) \qquad\qquad\qquad\cdots\cdots\cdots\cdots②$$

$\Leftarrow$) 逆に②が成り立つとする．原始根 g を底とする②の標数をとると，$\mathrm{Ind}_g\, 1 = 0$ であるから

$$\frac{p-1}{d}\,\mathrm{Ind}_g\, a \equiv \mathrm{Ind}_g\, 1 \;(\mathrm{mod}\, p-1)$$

$$\therefore\; \frac{p-1}{d}\,\mathrm{Ind}_g\, a \equiv 0 \;(\mathrm{mod}\, p-1) \qquad\cdots\cdots\cdots\cdots③$$

ここで $d = (n,\, p-1)$ であるから $p-1 = dl \;(l \in Z)$ とおくと，③より

$$l\,\mathrm{Ind}_g\, a \equiv 0 \;(\mathrm{mod}\, dl) \qquad \therefore\; \mathrm{Ind}_g\, a \equiv 0 \;(\mathrm{mod}\, d)$$

すなわち「$d\,|\,\mathrm{Ind}_g\, a$」が成り立ち，逆も示された． ∎

2 項合同式($*$)が解をもつかどうかは a の値によって決まるが，($*$)が解をもつとき「a」を「**p の n 冪剰余**」といい，解をもたないとき「**p の n 冪非剰余**」という．

たとえば，$x^2 \equiv a \;(\mathrm{mod}\, 3)$ においては，$a = 0, 1$ は 3 の「2 冪剰余（これを特に「**平方剰余**」という）であり，$a = 2$ は「2 冪非剰余」ということになる．

第8章

平方剰余

はじめに,「平方剰余」と言われるものを定義する.

> **定義8.1**
> $$x^2 \equiv a \pmod{p} \quad \cdots\cdots(*)$$
> が整数解 x を持つとき,a を**法 p の平方剰余**(quadratic residue to modulus p),持たないとき**平方非剰余**(quadratic non-residue)という.すなわち,
>
> a:法 p の平方剰余 $\iff$ ($*$)が解を持つ
>
> a:法 p の平方非剰余 $\iff$ ($*$)が解を持たない
>
> となる.

まず,整数 a が与えられたとき,これが奇素数 p の平方剰余になるための条件を考えよう.

> **定理8.1** p が 2 以外の素数で,$p \nmid a$ とする.このとき a が法 p の平方剰余になるための必要十分条件は
> $$a^{\frac{p-1}{2}} \equiv 1 \pmod{p}$$

証明:定理7.7において,$n=2$ とする.仮定より素数 p は奇数であるから $p-1$ は偶数で,
$$d = (n, p-1) = (2, p-1) = 2$$

となる．したがって定理7.7により a が p の平方剰余になるための必要十分条件は
$$a^{\frac{p-1}{2}} \equiv 1 \pmod{p}$$
となることがわかる．　■

注　上の定理から直ちにわかるように，
$$a \text{ が法 } p \text{ の平方非剰余} \iff a^{\frac{p-1}{2}} \not\equiv 1 \pmod{p}$$
が成り立つ．なお，$p \nmid a$ のとき a が平方剰余になるための条件は，定理7.6でも述べたように，$d = (2, p-1)$ なる d は $d = 2$ だから
$$2 \mid \mathrm{Ind}_g a \quad (\text{ただし，} g \text{ は } p \text{ の原始根の1つ})$$
と捉えることもできる．したがって，法 p に関する $p-1$ 個の既約類の代表のうち半数が平方剰余であり，半数が平方非剰余となる．すなわち，平方剰余となる a は
$$\mathrm{Ind}_g a = 0, \quad 1 \times 2, \quad 2 \times 2, \quad 3 \times 2, \quad \cdots, \quad \left(\frac{p-1}{2} - 1\right) \times 2$$
を満たす a で，全部で $\dfrac{p-1}{2}$ 個ある．

〈**例1**〉　$p = 7$ とすると，$\dfrac{p-1}{2} = 3$ であり，

$1^3 \equiv 1 \pmod{7}$

$2^3 = 8 \equiv 1 \pmod{7}$

$3^3 = 27 \equiv 6 \not\equiv 1 \pmod{7}$　（注：$3^3 \equiv -1 \pmod{7}$）

$4^3 = 64 \equiv 1 \pmod{7}$

$5^3 = 125 \equiv 6 \not\equiv 1 \pmod{7}$　（注：$5^3 \equiv -1 \pmod{7}$）

$6^3 = 216 \equiv 6 \not\equiv 1 \pmod{7}$　（注：$6^3 \equiv -1 \pmod{7}$）

したがって，法7の平方剰余は

1, 2, 4

の3個である．なお，
$$x^2 \equiv (p-x)^2 \pmod{p}$$
であるから，1, 2, $\cdots$, $\dfrac{p-1}{2}$ の平方が p の平方剰余を与える．たとえば，$p = 7$

第8章 平方剰余

のときは $\dfrac{p-1}{2}=3$ で,平方剰余は

$$1^2 \equiv 1 \pmod 7, \quad 2^2 \equiv 4 \pmod 7, \quad 3^2 \equiv 2 \pmod 7$$

より「1, 4, 2」とわかる.

〈例2〉 $p=11$ とすると,$\dfrac{p-1}{2}=\dfrac{10}{2}=5$ であり,

$$x^5 \equiv -(11-x)^5 \pmod{11}$$

に注意すると,

$$1^5 \equiv 1 \pmod{11}$$
$$2^5 = 32 \equiv 10 \equiv -1 \not\equiv 1 \pmod{11}$$
$$3^5 = 243 \equiv 1 \pmod{11}$$
$$4^5 = 2^5 \times 2^5 \equiv (-1)^2 = 1 \pmod{11}$$
$$5^5 \equiv 3^2 \times 5 = 45 \equiv 1 \pmod{11} \quad (\because 5^2 = 25 \equiv 3 \pmod{11}))$$
$$6^5 \equiv -(11-6)^5 = -5^5 \equiv -1 \not\equiv 1 \pmod{11}$$
$$7^5 \equiv -(11-7)^5 = -4^5 \equiv -1 \not\equiv 1 \pmod{11}$$
$$8^5 \equiv -(11-8)^5 = -3^5 \equiv -1 \not\equiv 1 \pmod{11}$$
$$9^5 \equiv -(11-9)^5 \equiv -2^5 \equiv -(-1) = 1 \pmod{11}$$
$$10^5 \equiv -(11-10)^5 \equiv -1 \not\equiv 1 \pmod{11}$$

したがって,法11の平方剰余は,

$$1,\ 3,\ 4,\ 5,\ 9$$

の5個である.

上の2つの例からも分かるように

$$a \text{ が法 } p \text{ の平方非剰余} \iff a^{\frac{p-1}{2}} \equiv -1 \pmod p$$

と予想されるが,これは以下のように示すことができる.

すなわち,p を2でない素数とするとフェルマーの小定理;

$$a^{p-1} \equiv 1 \pmod p \iff a^{p-1}-1 \equiv 0 \pmod p$$

により

$$\left(a^{\frac{p-1}{2}}-1\right)\left(a^{\frac{p-1}{2}}+1\right) \equiv 0 \pmod p$$

が得られるので,

$$a^{\frac{p-1}{2}} \not\equiv 1 \pmod{p} \iff a^{\frac{p-1}{2}} \equiv -1 \pmod{p}$$
となり，a が平方非剰余になるための条件は
$$a^{\frac{p-1}{2}} \equiv -1 \pmod{p}$$
となることがわかる．

以上のことから次の定理が得られた．

> **定理 8.2** p が 2 以外の素数で，$p \nmid a$ とする．このとき a が法 p の非平方剰余になるための必要十分条件は
> $$a^{\frac{p-1}{2}} \equiv -1 \pmod{p}$$

さらに定理 8·1, 8·2 から次の定理を簡単に示すことができる．証明は容易なので，各自試みられたい．

> **定理 8.3** p を 2 でない素数とし，a, b を p と互いに素な 2 整数とする．このとき，以下のことが成り立つ．
> （ⅰ）a, b がともに法 p の平方剰余
> $\Longrightarrow ab$ も平方剰余
> （ⅱ）a, b がともに法 p の平方非剰余
> $\Longrightarrow ab$ は平方剰余
> （ⅲ）a, b のうち一方が法 p の平方剰余，他方が平方非剰余
> $\Longrightarrow ab$ は平方非剰余

以上のことから，「素数 p と互いに素な，いくつかの素因数の積からなる整数 a が法 p の平方剰余であるか，平方非剰余であるかは，その因数の中に p の平方非剰余のものが偶数個あるか，奇数個あるかによって決定される」と言える．つまり，整数 a が法 p の平方剰余であるか否かは，「符号 $\pm$」の個数と関係している．そこで，我々は次のような「Legendre(1752〜1833) の記号」を定義しよう．

第8章 平方剰余

> **定義 8.2（ルジャンドルの記号）**
> $(a, p) = 1$ のとき，記号 $\left(\dfrac{a}{p}\right)$ を，
> $\left(\dfrac{a}{p}\right) = 1$ （a が p の平方剰余であるとき）
> $\left(\dfrac{a}{p}\right) = -1$ （a が p の平方非剰余であるとき）
> のように定める．

注 この記号において，横線の下に記される数 p は奇素数であり，横線の上に記される数 a は p と互いに素な正または負の整数である．

〈例〉 $a = 1$ は $p = 11$ の平方剰余だから，$\left(\dfrac{1}{11}\right) = 1$

$a = 2$ は $p = 11$ の平方非剰余だから，$\left(\dfrac{2}{11}\right) = -1$

$a = 3$ は $p = 11$ の平方剰余だから，$\left(\dfrac{3}{11}\right) = 1$

$a = 5$ は $p = 11$ の平方剰余だから，$\left(\dfrac{5}{11}\right) = 1$

ルジャンドルの記号を上のように定めておくと，定理 8.3 から以下の定理が成り立つことが直ちに了解できるだろう．

> **定理 8.4** p を 2 以外の素数とし，$(a, p) = 1$ とする．このとき，以下のことが成り立つ．
> (ⅰ) $a \equiv b \pmod{p} \Longrightarrow \left(\dfrac{a}{p}\right) = \left(\dfrac{b}{p}\right)$
> (ⅱ) $\left(\dfrac{ab}{p}\right) = \left(\dfrac{a}{p}\right)\left(\dfrac{b}{p}\right)$ （ただし，$(b, p) = 1$）

注 (ⅱ)については，さらに一般化でき，
$$\left(\dfrac{abc\cdots}{p}\right) = \left(\dfrac{a}{p}\right)\left(\dfrac{b}{p}\right)\left(\dfrac{c}{p}\right)\cdots$$

が成り立つ.

〈例〉 $\left(\frac{6}{11}\right) = \left(\frac{2}{11}\right)\left(\frac{3}{11}\right) = (-1) \times 1 = -1$

∴ 6 は平方非剰余

$\left(\frac{8}{11}\right) = \left(\frac{2}{11}\right)\left(\frac{4}{11}\right) = \left(\frac{2}{11}\right)\left(\frac{2}{11}\right)\left(\frac{2}{11}\right) = (-1)^3 = -1$

∴ 8 は平方非剰余

$\left(\frac{9}{11}\right) = \left(\frac{3}{11}\right)\left(\frac{3}{11}\right) = 1^2 = 1$

∴ 9 は平方剰余

$\left(\frac{10}{11}\right) = \left(\frac{2}{11}\right)\left(\frac{5}{11}\right) = (-1) \times 1 = -1$

∴ 10 は平方非剰余

さらに，定理 8.1 と 8.2 から「**オイラーの規準**または**オイラーの判定条件**（Euler's criterion）」と呼ばれる次の定理が成り立つことも容易にわかる．

> **定理 8.5** p を 2 以外の素数とし，$(a, p) = 1$ とすれば，
> $$\left(\frac{a}{p}\right) \equiv a^{\frac{p-1}{2}} \pmod{p}$$

一般に，整数 a は，
$$a = (\pm 1)(2^\alpha) \times \prod_{i=1}^{l} q_i^{\beta_i}$$
($\alpha \in \mathbb{N} \cup \{0\}$, $\beta_i \in \mathbb{N}$, $l \in \mathbb{N}$, q_i は奇素数)

の形で書けるので，ルジャンドルの記号 $\left(\frac{a}{p}\right)$ の値が $+1$ か -1 かを決める問題は，定理 8.4 を用いることにより，

$$\left(\frac{-1}{p}\right), \left(\frac{2}{p}\right), \left(\frac{q}{p}\right) (q \text{ は奇素数})$$

の符号を定める問題に帰着されることがわかった．そこで我々はこれから，これら

87

第8章 平方剰余

の値がどのように計算されるかを考えていく．

$\left(\dfrac{-1}{p}\right)$ については次の定理が成り立つ．

定理8.6 （平方剰余に関する第1補充法則）

p を奇素数とする．このとき，
$$\left(\dfrac{-1}{p}\right) = (-1)^{\frac{p-1}{2}}$$

証明：定理 8.5 のオイラーの規準により，
$$\left(\dfrac{-1}{p}\right) \equiv (-1)^{\frac{p-1}{2}} \pmod{p}$$
である．したがって，p は奇素数であるから
$$\left(\dfrac{-1}{p}\right) = (-1)^{\frac{p-1}{2}}$$
が成り立つ． ∎

注 奇素数 p を $\mathrm{mod}\, 4$ で分類して考えると

$p = 4k + 1\ (k \in \mathbb{N})$ のとき，
$$\left(\dfrac{-1}{p}\right) = (-1)^{\frac{p-1}{2}} = (-1)^{2k} = 1$$

$p = 4k - 1\ (k \in \mathbb{N})$ のとき，
$$\left(\dfrac{-1}{p}\right) = (-1)^{\frac{p-1}{2}} = (-1)^{2k-1} = -1$$

となる．したがって合同式
$$x^2 \equiv -1 \pmod{p}$$
に解があるための必要十分条件は，
$$p \equiv 1 \pmod{4}$$
であることがわかる．なお，この結果は「$4k+1$ という形の素数はどれもみな 2 つの平方数の和で表される」という命題を証明する際に用いられ（E11 を参照のこと），高瀬正仁氏の名著『ガウスの遺産と継承者たち』（海鳴社）によると，フェルマーはこの命題を「直角三角形の基本定理」と呼んでいたという．

次に，$\left(\dfrac{2}{p}\right)$ の決定であるが，これについてはよく知られているように「ガウスの補題」と呼ばれる次の定理を準備しておかなければならない．

> **定理8.7**　(ガウスの補題)
> p を奇素数，$(a, p) = 1$ とする．このとき，
> $$1a, 2a, 3a, \cdots, \frac{p-1}{2}a \qquad \cdots\cdots\cdots(*)$$
> を p で割ったときの剰余の中に $\dfrac{p}{2}$ より大きいものが n 個あるとすれば，
> $$\left(\frac{a}{p}\right) = (-1)^n$$

オイラーの規準；$\left(\dfrac{a}{p}\right) \equiv a^{\frac{p-1}{2}} \pmod{p}$ の右辺の式を作るのがポイントであるが，そのために第4章の冒頭で述べた「絶対最小剰余」を利用する．

証明：「絶対最小剰余」を考えると，法 p に関する既約剰余系は，
$$\pm 1, \pm 2, \cdots, \pm \frac{p-1}{2}$$
とかけて全部で $p-1$ 個ある．

ka を p で割ったときの剰余が $\dfrac{p}{2}$ より大きいとき，すなわち
$$\frac{p+1}{2}, \cdots, p-2, p-1$$
のどれかになるときは，これらから p を引いた
$$-\frac{p-1}{2}, \cdots, -2, -1$$
のどれかと，p を法として合同になる．

したがって，仮定より $(*)$ のうち，$-1, -2, \cdots, -\dfrac{p-1}{2}$ のどれかと合同になるものの個数は n である．

89

第8章 平方剰余

また，$1 \leqq k \leqq \dfrac{p-1}{2}$，$1 \leqq l \leqq \dfrac{p-1}{2}$ とすれば，任意の k, l に対して，
$$ka \not\equiv -la \pmod{p}$$
となる．実際，$2 \leqq k+l \leqq p-1$ であり，$(a, p) = 1$ だから
$$ka \equiv -la \pmod{p} \iff (k+l)a \equiv 0 \pmod{p}$$
となることはない．

したがって，(*)の $\dfrac{p-1}{2}$ 個の整数を p で割ったときの絶対最小剰余を考えると，この中には相等しいものはなく，また符号(±)だけが反対のものも出てこない．すなわち(*)の絶対最小剰余は，絶対値だけを考えると
$$1, 2, \cdots, \dfrac{p-1}{2}$$
に等しく，また仮定よりこのうちの n 個が負になることが分かる．したがって，
$$(1a) \cdot (2a) \cdot \cdots \cdot \left(\dfrac{p-1}{2}a\right) \equiv (-1)^n \cdot 1 \cdot 2 \cdot \cdots \cdot \dfrac{p-1}{2} \pmod{p}$$
$$\therefore\ a^{\frac{p-1}{2}} \cdot 1 \cdot 2 \cdot \cdots \cdot \dfrac{p-1}{2} \equiv (-1)^n \cdot 1 \cdot 2 \cdot \cdots \cdot \dfrac{p-1}{2} \pmod{p}$$
$1 \cdot 2 \cdot \cdots \cdot \dfrac{p-1}{2}$ と p とは互いに素でだから，上式より
$$a^{\frac{p-1}{2}} \equiv (-1)^n \pmod{p}$$
これと定理8.5により，
$$\left(\dfrac{a}{p}\right) \equiv (-1)^n \pmod{p}, \quad \text{すなわち} \left(\dfrac{a}{p}\right) = (-1)^n$$
∎

この補題を用いると，次の「平方剰余に関する第2補充法則」を簡単に証明することができる．

定理8.8　**(平方剰余に関する第2補充法則)**

p を奇素数すると，
$$\left(\dfrac{2}{p}\right) = (-1)^{\frac{p^2-1}{8}}$$

証明：定理 8.7 において，$a = 2$ とする．このとき，
$$1 \cdot 2,\ 2 \cdot 2,\ 2 \cdot 3,\ \cdots,\ \frac{p-3}{2} \cdot 2,\ \frac{p-1}{2} \cdot 2$$
すなわち，
$$2,\ 4,\ 6,\ \cdots,\ p-3,\ p-1 \qquad \cdots\cdots\cdots(\ast)$$
を p で割ったときの剰余（いうまでもなく剰余は上に列挙した数そのもの）の中に，$\frac{p}{2}$ よりも大きいものが n 個あるとしよう．ここで我々の目的は n が偶数か奇数かを決めることであることを注意しておく．

（$\ast$）の中の任意の数を k（偶数）とすると，$p - k$ は奇数で，
$$k > \frac{p}{2} \iff p - k < \frac{p}{2}$$
であるから，n は奇数 $1, 3, 5, \cdots$ の中で $\frac{p}{2}$ よりも小さいものの個数と一致する．$\bmod 2$ で考えるので $\frac{p-1}{2}$ の奇偶には関係なく，
$$n \equiv 1 + 2 + \cdots + \frac{p-1}{2} \pmod{2} \quad\text{（偶数を加えておいてもよい）}$$
$$\therefore\ n \equiv \frac{1}{2} \cdot \frac{p-1}{2}\left(1 + \frac{p-1}{2}\right) = \frac{p^2 - 1}{8} \pmod{2}$$
よって，定理 8.7 より示された． ■

注 定理 8.6 は定理 8.8 を用いて証明することもできる．各自試みてよ．

ここまでは「ルジャンドルの記号；$\left(\dfrac{a}{p}\right)$」を定義し，$\left(\dfrac{a}{p}\right)$ の値を決定する問題は
$$\left(\frac{-1}{p}\right),\ \left(\frac{2}{p}\right),\ \left(\frac{q}{p}\right)\ (q\ \text{は奇素数})$$
の値を定める問題に帰着することを述べた．そして，$\left(\dfrac{-1}{p}\right)$ と $\left(\dfrac{2}{p}\right)$ については平方剰余に関する第 1，第 2 補充法則が成り立つことを確認した．そこで，

3 番目の $\left(\dfrac{q}{p}\right)$ について考察

していくが，ここで登場するのが整数論で最も重要と言われている「**相互法則**

第8章 平方剰余

(reciprocity law)」である．

　加藤和也氏によれば「平方剰余の相互関係は大変にふかーい事柄で，$\mathrm{mod}\, p$ の世界での q の性質と，$\mathrm{mod}\, q$ の世界での p の性質という，別々の話を結びつけ，人間界では，p 君の心に映る q 子さんの姿と，q 子さんの心に映る p 君の姿とが無関係のことがあって，悲しい失恋がおこりますが，素数の間では不思議な恋愛感情が存在するのでしょうか[1]」ということになる．

　要するに p の世界と q の世界とに深い相互交流があるということにほかならない．

　「相互法則」はオイラーが帰納的に発見したと言われているが，その完全な証明はガウスによって与えられた．

> **定理8.9**　　p, q を異なる2つの奇素数すると，
> $$\left(\frac{q}{p}\right)\left(\frac{p}{q}\right) = (-1)^{\frac{p-1}{2}\frac{q-1}{2}}$$

　証明のポイントは定理8.7の「ガウスの補題」である．この補題によれば，p を奇素数，$(a, p) = 1$ としたとき，$\dfrac{p-1}{2}$ 個の整数

$$ax \left(x = 1, 2, \cdots, \frac{p-1}{2}\right)$$

を p で割った剰余の中に $\dfrac{p}{2}$ より大きいものが n 個あれば，$\left(\dfrac{a}{p}\right) = (-1)^n$ が成り立つ．この補題において，まず $a = q$ の場合を考えていく．すなわち，

$$qx \left(x = 1, 2, \cdots\cdots \frac{p-1}{2}\right)$$

を p で割ったときの剰余の中に $\dfrac{p}{2}$ より大きいものが n 個，言い換えれば絶対最小剰余が p を法として

$$-1, -2, -3, \cdots -\frac{p-1}{2}$$

---

[1] 『解決！フェルマーの最終定理　現代数論の奇跡』(日本評論社) p71．

のいずれかと合同になるものの個数が n 個あれば，
$$\left(\frac{q}{p}\right) = (-1)^n$$
が成り立つ．また，
$$py \left(y = 1, 2, \cdots, \frac{q-1}{2}\right)$$
を q で割ったときの剰余の中に $\frac{q}{2}$ より大きいものが m 個あれば，
$$\left(\frac{q}{p}\right) = (-1)^m$$
が成り立つ．したがって，
$$n + m \equiv \frac{p-1}{2} \cdot \frac{q-1}{2} \pmod{2} \qquad \cdots\cdots\cdots\cdots(*)$$
が示されれば，
$$\left(\frac{q}{p}\right)\left(\frac{p}{q}\right) = (-1)^n(-1)^m = (-1)^{n+m} = (-1)^{\frac{p-1}{2}\frac{q-1}{2}}$$
が証明できたことになる．それゆえ，私たちの当面の目標は $(*)$ を示すということになる．この証明には巧妙な工夫が必要であるが，ともあれこれを念頭において以下の証明を読んで頂きたい．

証明： $x = 1, 2, \cdots, \frac{p-1}{2}$ に対して，
$$-\frac{p}{2} < qx - py < \frac{p}{2} \qquad \cdots\cdots\cdots\cdots①$$
を満たす整数 y は唯一つ定まる．なぜなら，
$$① \iff \frac{q}{p}x - \frac{1}{2} < y < \frac{q}{p}x + \frac{1}{2} \qquad \cdots\cdots\cdots\cdots②$$
となり，開区間 $\left(\frac{q}{p}x - \frac{1}{2}, \frac{q}{p}x + \frac{1}{2}\right)$ の幅は 1 で，p, q は互いに素ゆえ $\frac{q}{p}x \pm \frac{1}{2}$ は整数にはならないからである．

また，その y は $0 \leq y \leq \frac{q-1}{2}$ において唯一つ定まる．実際，$1 \leq x \leq \frac{p-1}{2}$ と②とから
$$-\frac{1}{2} < \frac{q}{p} \cdot 1 - \frac{1}{2} < y < \frac{q}{p} \cdot \frac{p-1}{2} + \frac{1}{2} < \frac{q}{p} \cdot \frac{p}{2} + \frac{1}{2} = \frac{q+1}{2}$$

$$\therefore\ 0 \leq y \leq \frac{q-1}{2}$$

のようになる．

したがって，$y = 0$ のとき $qx - py = qx > 0$ となることに注意すると，$qx\left(1 \leq x \leq \frac{p-1}{2}\right)$ のうち，p を法として

$$-1,\ -2,\ \cdots,\ -\frac{p-1}{2}$$

と合同になるものは，

$$-\frac{p}{2} < qx - py < 0 \quad \left(1 \leq y \leq \frac{q-1}{2}\right)$$

を満たすものであり，その個数を n とすると，ガウスの補題から

$$\left(\frac{q}{p}\right) = (-1)^n$$

となる．

次に $y = 1, 2, \cdots, \frac{q-1}{2}$ に対して，

$$-\frac{q}{2} < py - qx < \frac{q}{2}$$

を満たす整数 x を考えるが，上とまったく同様の議論により，$py\left(1 \leq y \leq \frac{q-1}{2}\right)$ のうち，q を法として

$$-1,\ -2,\ \cdots,\ -\frac{q-1}{2}$$

と合同になるものは，

$$-\frac{q}{2} < py - qx < 0 \iff 0 < qx - py < \frac{q}{2}$$

を満たすものである．したがってその個数を m とすると，ガウスの補題から

$$\left(\frac{p}{q}\right) = (-1)^m$$

となる．

いま，上の議論を踏まえて，5個の集合 U および U の部分集合 A, B, C, D をそれぞれ

$$U = \left\{qx - py \,\middle|\, x = 1, 2, \cdots, \frac{p-1}{2};\ y = 1, 2, \cdots, \frac{q-1}{2}\right\}$$

$$A = \left\{qx - py \,\middle|\, -\frac{p}{2} < qx - py < 0\right\} \subseteq U$$

$$B = \left\{qx - py \,\middle|\, 0 < qx - py < \frac{q}{2}\right\} \subseteq U$$

$$C = \left\{qx - py \,\middle|\, qx - py < -\frac{p}{2}\right\} \subseteq U$$

$$D = \left\{qx - py \,\middle|\, qx - py > \frac{q}{2}\right\} \subseteq U$$

のように定めると，

$$\#(U) = \frac{p-1}{2} \cdot \frac{q-1}{2}, \quad \#(A) = n, \quad \#(B) = m$$

となる．ただし，集合 X に対し $\#(X)$ は X の要素の個数を表すものとする．

また，$\#(C) = \#(D)$ が成り立つことが以下のように示される．

C の任意の要素 $qx - py \left(< -\frac{p}{2}\right)$ に対して，

$$x' = \frac{p+1}{2} - x, \quad y' = \frac{q+1}{2} - y$$

とおくと，$1 \leq x \leq \frac{p-1}{2}$，$1 \leq y \leq \frac{q-1}{2}$ より

$$1 \leq x' \leq \frac{p-1}{2}, \quad 1 \leq y' \leq \frac{q-1}{2}$$

である．また

$$qx - py = q\left(\frac{p+1}{2} - x'\right) - p\left(\frac{q+1}{2} - y'\right)$$

$$= -qx' + py' + \frac{q-p}{2}$$

で，$qx - py < -\frac{p}{2}$ であるから

$$-qx' + py' + \frac{q-p}{2} < -\frac{p}{2} \iff qx' - py' > \frac{q}{2}$$

$$\therefore \ qx' - py' \in D$$

逆に D の任意の要素 $qx - py \left(> \frac{q}{2}\right)$ に対して x', y' を上のように定めると，

95

第8章 平方剰余

$$qx - py = q\left(\frac{p+1}{2} - x'\right) - p\left(\frac{q+1}{2} - y'\right)$$
$$= -qx' + py' + \frac{q-p}{2}$$

で，$qx - py > \dfrac{q}{2}$ であるから，

$$-qx' + py' + \frac{q-p}{2} > \frac{q}{2} \iff qx' - py' < -\frac{p}{2}$$

$$\therefore\ qx' - py' \in C$$

すなわち，$\#(C) = \#(D)$ が成り立つ．

したがって $U = A \cup B \cup C \cup D$ であり A, B, C, D はどの2つもその共通部分は空であるから

$$\#(U) = \#(A) + \#(B) + 2 \times \#(C)$$
$$\iff \#(U) - \{\#(A) + \#(B)\} = 2 \times \#(C)$$

より

$$\frac{p-1}{2} \cdot \frac{q-1}{2} - (n+m) = 2 \times \#(C)$$

すなわち，

$$n + m \equiv \frac{p-1}{2} \cdot \frac{q-1}{2} \pmod{2}$$

よって，

$$\left(\frac{p}{q}\right)\left(\frac{q}{p}\right) = (-1)^n (-1)^m = (-1)^{n+m} = (-1)^{\frac{p-1}{2}\frac{q-1}{2}} \qquad\blacksquare$$

高木貞治博士が「平方剰余の相互法則」に格子点を利用する簡潔な幾何学的証明を与えているのは有名で，『初等整数論講義』(共立出版) をはじめとしていろいろな整数論の本で紹介されている．また，山本芳彦氏の『数論入門1』(岩波講座現代数学への入門) には，標数 p の体における1の原始 q 乗根を利用した証明が見られる．さらに興味をもたれた方はこうした書物にあたってみられるとよかろう．

「平方剰余の相互法則」は，整数論の一つの大きな山であり，ここを出発点にして近代の整数論が展開されていった．アメリカの数学者 Dickson(1874〜1954) は「平方剰余の相互法則」について「この定理は整数論の最重要武器であり，歴史上中心的な位置を占めるもの」と述べている．

⟨**例**⟩ 上の定理の証明を $p=7$, $q=11$ として具体的になぞってみる．集合 U の要素；
$$11x - 7y \quad (x=1,2,3\,;\,y=1,2,3,4,5)$$
の取りうる値を一覧表にすると以下のようになる．

x\y	1	2	3	4	5
1	4	-3	-10	-17	-24
2	15	8	1	-6	-13
3	26	19	12	5	-2

したがって，U の部分集合 A, B, C, D はそれぞれ
$$A = \left\{11x - 7y \,\middle|\, -\frac{7}{2} < 11x - 7y < 0\right\} = \{-3, -2\}$$
$$B = \left\{11x - 7y \,\middle|\, 0 < 11y - 7y < \frac{11}{2}\right\} = \{4, 1, 5\}$$
$$C = \left\{11x - 7y \,\middle|\, 11x - 7y < -\frac{7}{2}\right\} = \{-10, -17, -24, -6, -13\}$$
$$D = \left\{11x - 7y \,\middle|\, 11x - 7y > \frac{11}{2}\right\} = \{15, 8, 26, 19, 12\}$$

のようになり，
$$\#(U) = \frac{7-1}{2} \cdot \frac{11-1}{2} = 15$$
$$\#(A) = 2, \ \#(B) = 3, \ \#(C) = \#(D) = 5$$
が得られる．また $2+3 \equiv 15 \pmod{2}$ であるから，確かに
$$n + m \equiv \frac{p-1}{2} \cdot \frac{q-1}{2} \pmod{2}$$
が成り立っていることがわかる．さらに，

7 は 11 の平方剰余ではないので，$\left(\dfrac{7}{11}\right) = -1$

11 は 7 の平方剰余だから，$\left(\dfrac{11}{7}\right) = 1$

$\therefore \left(\dfrac{7}{11}\right)\left(\dfrac{11}{7}\right) = -1$

一方，$(-1)^{\frac{7-1}{2} \cdot \frac{11-1}{2}} = (-1)^{3 \cdot 5} = (-1)^{15} = -1$ となって，確かに

第8章 平方剰余

$$\left(\frac{q}{p}\right)\left(\frac{p}{q}\right)=(-1)^{\frac{p-1}{2}\cdot\frac{q-1}{2}}$$

が成り立っていることが確認できる．

x が奇素数であるとき，
$$x \equiv 1 \pmod 4 \text{ または } x \equiv 3 \pmod 4$$
であり，

$x \equiv 1 \pmod 4$ のとき，$\dfrac{x-1}{2}$ は偶数

$x \equiv 3 \pmod 4$ のとき，$\dfrac{x-1}{2}$ は奇数

である．したがって

$p \equiv 1 \pmod 4$ または $q \equiv 1 \pmod 4$ ならば
$$(-1)^{\frac{p-1}{2}\cdot\frac{q-1}{2}}=1$$
$p \equiv 3 \pmod 4$ かつ $q \equiv 3 \pmod 4$ ならば
$$(-1)^{\frac{p-1}{2}\cdot\frac{q-1}{2}}=-1$$

となる．よって，定理8.9から直ちに分かるように相互法則は次のように言い換えることもできる．定理8.10として，以下にまとめておこう．

定理8.10 p, q が相異なる奇素数のとき，
$$\left(\frac{q}{p}\right)\left(\frac{p}{q}\right)=(-1)^{\frac{p-1}{2}\cdot\frac{q-1}{2}}$$
$$=\begin{cases}1 & (p\equiv 1\pmod 4 \text{ または } q\equiv 1\pmod 4))\\ -1 & (p\equiv 3\pmod 4 \text{ かつ } q\equiv 3\pmod 4))\end{cases}$$

以下少し平方剰余に関する問題を考えてみる．

例題8.1 次のルジャンドルの記号の値を求めよ．
(1) $\left(\dfrac{59}{103}\right)$　　(2) $\left(\dfrac{95}{997}\right)$

【解】 (1) $103 = 4 \times 25 + 3$, $59 = 4 \times 14 + 3$ はともに素数で, $103 \equiv 59 \equiv 3 \pmod 4$ あるから, 相互法則により

$$\left(\frac{59}{103}\right)\left(\frac{103}{59}\right) = -1$$

である. したがって

$$\left(\frac{59}{103}\right) = -\left(\frac{103}{59}\right) = -\left(\frac{44}{59}\right) \quad (\because 103 \equiv 44 \pmod{59})$$

$$= -\left(\frac{2^2 \cdot 11}{59}\right) = -\left(\frac{2}{59}\right)^2 \left(\frac{11}{59}\right) \quad (\because \text{定理 7.4})$$

$$= -\left(\frac{2}{59}\right)^2 \left\{-\left(\frac{59}{11}\right)\right\} \quad (\because \text{相互法則})$$

$$= \left(\frac{3}{11}\right) = 1 \quad (\because 3 \text{ は } 11 \text{ の平方剰余}) \qquad ∎$$

注 $\left(\frac{2}{59}\right)$ は第 2 補充法則から

$$\left(\frac{2}{59}\right) = (-1)^{\frac{59^2 - 1}{8}} = (-1)^{29 \cdot 15} = -1$$

(2) 997 は素数で, $997 \equiv 1 \pmod 4$ であるから,

$$\left(\frac{95}{997}\right) = \left(\frac{5 \cdot 19}{997}\right) = \left(\frac{5}{997}\right)\left(\frac{19}{997}\right)$$

$$= \left(\frac{997}{5}\right)\left(\frac{997}{19}\right) \quad (\because \text{相互法則})$$

$$= \left(\frac{2}{5}\right)\left(\frac{9}{19}\right) \quad (\because 997 \equiv 2 \pmod 5, \ 997 \equiv 9 \pmod{19}))$$

$$= (-1)^{\frac{25-1}{8}} \left(\frac{3}{19}\right)^2 \quad (\because \text{第 2 補充法則})$$

$$= (-1)^3 = -1 \qquad ∎$$

注 上では $\left(\frac{2}{5}\right)$ の値を第 2 補充法則にしたがって計算したが, もちろん 2 は 5 の平方剰余でないのは明らかであるから, 直ちに $\left(\frac{2}{5}\right) = -1$ としてもよい.

第8章 平方剰余

例題8.2　$x^2 + 500 \equiv 0 \pmod{17}$ を満たす整数 x が存在するか否かを調べよ．

【解】　$x^2 + 500 \equiv 0 \pmod{17} \iff x^2 \equiv -500 \pmod{17}$ であるから，-500 が 17 の平方剰余か否かを調べてみればよい．

$$\left(\frac{-500}{17}\right) = \left(\frac{-2^2 \cdot 5^3}{17}\right) = \left(\frac{-1}{17}\right)\left(\frac{2}{17}\right)^2 \left(\frac{5}{17}\right)^3$$

$$= (-1)^{\frac{17-1}{2}} \left(\frac{5}{17}\right) \quad (\because \text{第 1 補充法則})$$

$$= \left(\frac{17}{5}\right) \quad (\because \text{相互法則},\ 5 \equiv 1 \pmod{4})$$

$$= \left(\frac{2}{5}\right) \quad (\because 17 \equiv 2 \pmod{5})$$

$$= -1$$

すなわち，-500 は 17 の平方非剰余である．

よって，$x^2 + 500 \equiv 0 \pmod{17}$ を満たす整数は存在しない．　■

これまで，ルジャンドルの記号について，以下の事実を説明してきた．すなわち，p, q を奇素数とすると，

$$\left(\frac{-1}{p}\right) = (-1)^{\frac{p-1}{2}} \quad (\text{平方剰余に関する第 1 補充法則})$$

$$\left(\frac{2}{p}\right) = (-1)^{\frac{p^2-1}{8}} \quad (\text{平方剰余に関する第 2 補充法則})$$

$$\left(\frac{q}{p}\right)\left(\frac{p}{q}\right) = (-1)^{\frac{p-1}{2}\frac{q-1}{2}} \quad (\text{平方剰余に関する相互法則})$$

が成り立つという定理である．「相互法則」の証明は，本書の到達目標の一つであったから，これで大きな山を越えたといえる．

以下で，ルジャンドルの記号を一般化した**「ヤコビ[2]の記号」**を導入し，合成数の平方剰余について考えていくが，これからは下り坂で，比較的楽な道行きが続くはずである．

2　J.Jacobi(1804～1851)ポツダム生まれのドイツの数学者．

定義 8.3（ヤコビの記号）

1 以外の任意の奇数 m に対して，$\left(\dfrac{a}{m}\right)$ を次のように定義する．すなわち，$(a, m) = 1$ のとき，m の素因数分解を $p_1 p_2 \cdots p_\lambda$ とすると，

$$\left(\frac{a}{m}\right) \underset{def.}{=\!=} \left(\frac{a}{p_1}\right)\left(\frac{a}{p_2}\right)\cdots\cdots\left(\frac{a}{p_\lambda}\right)$$

と定義し，これをヤコビの記号という．ここに，$\left(\dfrac{a}{p_i}\right)$ $(i = 1, 2, \cdots, \lambda)$ はルジャンドルの記号であり，p_i に重複するものがあってもよい．

注 ヤコビの記号 $\left(\dfrac{a}{m}\right)$ が $+1$ であることは，a が m に関する平方剰余を意味しているのではない．この点はルジャンドルの記号と決定的に異なる．

$$x^2 \equiv a \pmod{m}$$

に解が存在すれば，ヤコビの記号 $\left(\dfrac{a}{m}\right)$ はもちろん $+1$ であるが，$\left(\dfrac{a}{m}\right) = +1$ だからといって解が存在するとは言えない．解が存在するためには，m の素因数分解を $p_1^{\alpha_1} p_2^{\alpha_2} p_3^{\alpha_3} \cdots$ とすると $\left(\dfrac{a}{p_1}\right), \left(\dfrac{a}{p_2}\right), \left(\dfrac{a}{p_3}\right), \cdots$ がすべて $+1$ に等しいことが必要なのである．しかるに，これらの中に -1 となるものが"偶数個"あれば，解が存在しないにもかかわらず，ヤコビの記号 $\left(\dfrac{a}{m}\right)$ は $+1$ になるのである．

ヤコビの記号の定義から，まず次の定理が直ちに得られる．

定理 8.11 m, n を 1 以外の奇数，$(a, m) = 1$，$(b, m) = 1$，$(a, n) = 1$ とする．このとき，

(i) $a \equiv a' \pmod{m}$ ならば，$\left(\dfrac{a}{m}\right) = \left(\dfrac{a'}{m}\right)$

(ii) $\left(\dfrac{1}{m}\right) = 1$

(iii) $\left(\dfrac{ab}{m}\right) = \left(\dfrac{a}{m}\right)\left(\dfrac{b}{m}\right)$，$\left(\dfrac{a}{mn}\right) = \left(\dfrac{a}{m}\right)\left(\dfrac{a}{n}\right)$

第8章 平方剰余

証明：(i) 定理 8.4(i) の
$$a \equiv b \pmod{p} \Longrightarrow \left(\frac{a}{p}\right) = \left(\frac{b}{p}\right)$$
と定義から明らかである．

(ii) $m > 1$ であるから，1 は m に関する平方剰余である．したがって，$\left(\frac{1}{m}\right) = 1$ である．

(iii) これも定義からほとんど明らかであるが，きちんと証明しておく．

いま m の素因数分解を $p_1 p_2 \cdots p_\lambda$（素因数に重複するものがあってもよい）とすると，ヤコビの記号の定義と定理 8.4(ii) の
$\left(\frac{ab}{p}\right) = \left(\frac{a}{p}\right)\left(\frac{b}{p}\right)$（ただし，$(a, p) = (b, p) = 1$）から

$$\left(\frac{ab}{m}\right) = \left(\frac{ab}{p_1 p_2 \cdots p_\lambda}\right)$$
$$= \left(\frac{ab}{p_1}\right)\left(\frac{ab}{p_2}\right)\cdots\left(\frac{ab}{p_\lambda}\right)$$
$$= \left\{\left(\frac{a}{p_1}\right)\left(\frac{b}{p_1}\right)\right\}\left\{\left(\frac{a}{p_2}\right)\left(\frac{b}{p_2}\right)\right\}\cdots\left\{\left(\frac{a}{p_\lambda}\right)\left(\frac{b}{p_\lambda}\right)\right\}$$
$$= \left\{\left(\frac{a}{p_1}\right)\left(\frac{a}{p_2}\right)\cdots\left(\frac{a}{p_\lambda}\right)\right\}\left\{\left(\frac{b}{p_1}\right)\left(\frac{b}{p_2}\right)\cdots\left(\frac{b}{p_\lambda}\right)\right\}$$
$$= \left(\frac{a}{m}\right)\left(\frac{b}{m}\right) \quad (\because \text{ヤコビの記号の定義})$$

また，n の素因数分解を $q_1 q_2 \cdots q_\mu$（素因数に重複するものがあってもよい）とすると，ヤコビの記号の定義を用いて，

$$\left(\frac{a}{mn}\right) = \left(\frac{a}{p_1 p_2 \cdots p_\lambda \cdot q_1 q_2 \cdots q_\mu}\right)$$
$$= \left(\frac{a}{p_1}\right)\left(\frac{a}{p_2}\right)\cdots\left(\frac{a}{p_\lambda}\right)\cdot\left(\frac{a}{q_1}\right)\left(\frac{a}{q_2}\right)\cdots\left(\frac{a}{q_\mu}\right)$$
$$= \left(\frac{a}{m}\right)\left(\frac{a}{n}\right)$$

以上で定理は証明された． ∎

ヤコビの記号においても，ルジャンドルの記号の第 1，第 2 補充法則に相当する定理が成立するが，それが次の定理である．

> **定理 8.12** m を 1 以外の奇数とする．このとき，
> （ⅰ）$\left(\dfrac{-1}{m}\right) = (-1)^{\frac{m-1}{2}}$
> （ⅱ）$\left(\dfrac{2}{m}\right) = (-1)^{\frac{m^2-1}{8}}$

証明：（ⅰ）m の素因数分解を $p_1 p_2 \cdots p_\lambda$（素因数に重複するものがあってもよい）とすると，第 1 補充法則から，

$$\left(\frac{-1}{m}\right) = \left(\frac{-1}{p_1}\right)\left(\frac{-1}{p_2}\right)\cdots\left(\frac{-1}{p_\lambda}\right)$$
$$= (-1)^{\frac{p_1-1}{2}} \cdot (-1)^{\frac{p_2-1}{2}} \cdot \cdots \cdot (-1)^{\frac{p_\lambda-1}{2}}$$
$$= (-1)^{\frac{p_1-1}{2}+\frac{p_2-1}{2}+\cdots+\frac{p_\lambda-1}{2}} \quad (\because \text{第 1 補充法則})$$

したがって，

$$\frac{m-1}{2} \equiv \frac{p_1-1}{2} + \frac{p_2-1}{2} + \cdots + \frac{p_\lambda-1}{2} \pmod{2}$$

を示しておけばよい．そこで，

$$p_i = 1 + 2 \cdot \frac{p_i-1}{2} \quad (i = 1, 2, \cdots, \lambda)$$

に注意すると，

$$\frac{m-1}{2} = \frac{p_1 p_2 \cdots p_\lambda - 1}{2}$$
$$= \frac{1}{2}\left\{\left(1 + 2 \cdot \frac{p_1-1}{2}\right)\left(1 + 2 \cdot \frac{p_2-1}{2}\right)\cdots\left(1 + 2 \cdot \frac{p_\lambda-1}{2}\right) - 1\right\}$$
$$= \frac{1}{2}\left\{\left(1 + 2 \sum_{i=1}^{\lambda} \frac{p_i-1}{2} + 2^2 K\right) - 1\right\} \quad (K \in \mathbb{N})$$
$$= \sum_{i=1}^{\lambda} \frac{p_i-1}{2} + 2K$$

$$\therefore \quad \frac{m-1}{2} \equiv \frac{p_1-1}{2} + \frac{p_2-1}{2} + \cdots + \frac{p_\lambda-1}{2} \pmod{2}$$

よって，$\left(\dfrac{-1}{m}\right) = (-1)^{\frac{m-1}{2}}$

（ⅱ）これも，第 2 補充法則を用いると，（ⅰ）とほとんど同様に示される．

m の素因数分解を $p_1 p_2 \cdots p_\lambda$（素因数に重複するものがあってもよい）とすると

第8章 平方剰余

$$\left(\frac{2}{m}\right) = \left(\frac{2}{p_1}\right)\left(\frac{2}{p_2}\right)\cdots\left(\frac{2}{p_\lambda}\right)$$

$$= (-1)^{\frac{p_1^2-1}{8}} \cdot (-1)^{\frac{p_2^2-1}{8}} \cdot \cdots \cdot (-1)^{\frac{p_\lambda^2-1}{8}}$$

$$= (-1)^{\frac{p_1^2-1}{8} + \frac{p_2^2-1}{8} + \cdots + \frac{p_\lambda^2-1}{8}} \qquad (\because 第2補充法則)$$

一方,

$$\frac{m^2-1}{8} = \frac{p_1^2 p_2^2 \cdots p_\lambda^2 - 1}{8}$$

$$= \frac{1}{8}\left\{\left(1 + 8 \cdot \frac{p_1^2-1}{8}\right)\left(1 + 8 \cdot \frac{p_2^2-1}{8}\right)\cdots\left(1 + 8 \cdot \frac{p_\lambda^2-1}{8}\right) - 1\right\}$$

$$= \frac{1}{8}\left\{\left(1 + 8\sum_{i=1}^{\lambda}\frac{p_i^2-1}{8} + 16L\right) - 1\right\} \; (L \in \mathbb{N})$$

$$= \sum_{i=1}^{\lambda}\frac{p_i^2-1}{8} + 2L$$

$$\therefore \; \frac{m^2-1}{8} \equiv \frac{p_1^2-1}{8} + \frac{p_2^2-1}{8} + \cdots + \frac{p_\lambda^2-1}{8} \pmod{2}$$

よって,$\left(\dfrac{2}{m}\right) = (-1)^{\frac{m^2-1}{8}}$

以上で定理 8.12 は示された. ∎

最後は,"相互法則"の"ヤコビ・ヴァージョン"を述べておこう. 以下のような定理である.

> **定理 8.13** m と n が互いに素な正の奇数とする. このとき,
> $$\left(\frac{m}{n}\right)\left(\frac{n}{m}\right) = (-1)^{\frac{m-1}{2} \cdot \frac{n-1}{2}}$$

証明: m の素因数分解を $p_1 p_2 \cdots p_\lambda$, n の素因数分解を $q_1 q_2 \cdots q_\mu$ (素因数に重複するものがあってもよい) とすると, ヤコビの記号の定義と定理 8.11(iii) とから,

$$\left(\frac{n}{m}\right) = \left(\frac{n}{p_1 p_2 \cdots p_\lambda}\right)$$

$$= \left(\frac{n}{p_1}\right)\left(\frac{n}{p_2}\right)\cdots\left(\frac{n}{p_\lambda}\right)$$

$$= \left(\frac{q_1 q_2 \cdots q_\mu}{p_1}\right)\left(\frac{q_1 q_2 \cdots q_\mu}{p_2}\right)\cdots\left(\frac{q_1 q_2 \cdots q_\mu}{p_\lambda}\right)$$

$$= \left\{\left(\frac{q_1}{p_1}\right)\left(\frac{q_2}{p_1}\right)\cdots\left(\frac{q_\mu}{p_1}\right)\right\}\left\{\left(\frac{q_1}{p_2}\right)\left(\frac{q_2}{p_2}\right)\cdots\left(\frac{q_\mu}{p_2}\right)\right\}$$

$$\cdots\left\{\left(\frac{q_1}{p_\lambda}\right)\left(\frac{q_2}{p_\lambda}\right)\cdots\left(\frac{q_\mu}{p_\lambda}\right)\right\} \quad (\because \text{ヤコビの記号の定義})$$

$$\therefore \quad \left(\frac{n}{m}\right) = \prod_{\substack{1 \le i \le \lambda \\ 1 \le j \le \mu}} \left(\frac{q_j}{p_i}\right) \qquad \cdots\cdots\cdots\text{①}$$

同様にして,

$$\left(\frac{m}{n}\right) = \left\{\left(\frac{p_1}{q_1}\right)\left(\frac{p_2}{q_1}\right)\cdots\left(\frac{p_\lambda}{q_1}\right)\right\}\left\{\left(\frac{p_1}{q_2}\right)\left(\frac{p_2}{q_2}\right)\cdots\left(\frac{p_\lambda}{q_2}\right)\right\}$$

$$\cdots\left\{\left(\frac{p_1}{q_\mu}\right)\left(\frac{p_2}{q_\mu}\right)\cdots\left(\frac{p_\lambda}{q_\mu}\right)\right\}$$

$$\therefore \quad \left(\frac{m}{n}\right) = \prod_{\substack{1 \le i \le \lambda \\ 1 \le j \le \mu}} \left(\frac{p_i}{q_j}\right) \qquad \cdots\cdots\cdots\text{②}$$

①, ②を辺々掛け合わせて, 相互法則を用いると,

$$\left(\frac{n}{m}\right)\left(\frac{n}{m}\right) = \prod_{\substack{1 \le i \le \lambda \\ 1 \le j \le \mu}} \left(\frac{p_i}{q_j}\right)\left(\frac{q_j}{p_i}\right) = \prod_{\substack{1 \le i \le \lambda \\ 1 \le j \le \mu}} (-1)^{\frac{p_i-1}{2}\cdot\frac{q_j-1}{2}}$$

$$= (-1)^{\sum_{\substack{1 \le i \le \lambda \\ 1 \le j \le \mu}} \frac{p_i-1}{2}\cdot\frac{q_j-1}{2}} = (-1)^{\sum_{i=1}^{\lambda}\frac{p_i-1}{2}\sum_{j=1}^{\mu}\frac{q_j-1}{2}}$$

ここで, 定理8.12(ⅰ)の証明の中で示したように,

$$\frac{m-1}{2} \equiv \frac{p_1-1}{2} + \frac{p_2-1}{2} + \cdots + \frac{p_\lambda-1}{2}$$

$$= \sum_{i=1}^{\lambda} \frac{p_i-1}{2} \pmod{2}$$

$$\frac{n-1}{2} \equiv \frac{q_1-1}{2} + \frac{q_2-1}{2} + \cdots + \frac{q_\mu-1}{2}$$

$$= \sum_{i=1}^{\mu} \frac{q_j-1}{2} \pmod{2}$$

第8章 平方剰余

であるから，
$$\left(\frac{m}{n}\right)\left(\frac{n}{m}\right) = (-1)^{\frac{m-1}{2}\cdot\frac{n-1}{2}}$$
が成り立つ．

以上で定理 8.13 が証明された． ∎

ヤコビの記号に慣れるために以下で例題を考えてみよう．

例題 8.3 次のヤコビの記号の値を求めよ．
(1) $\left(\dfrac{365}{2007}\right)$ (2) $\left(\dfrac{-442}{2003}\right)$

【解】 (1) $365 = 5 \cdot 73$，$2007 = 3^2 \cdot 223$ であるから，この 2 数は互いに素な奇数である．したがって，定理 8.13（以下 "ヤコビ記号の相互法則" と呼ぶ）から
$$\left(\frac{365}{2007}\right)\left(\frac{2007}{365}\right) = (-1)^{\frac{365-1}{2}\cdot\frac{2007-1}{2}} = (-1)^{182\cdot 1003} = 1$$
$$\therefore \left(\frac{365}{2007}\right) = \left(\frac{2007}{365}\right) = \left(\frac{182}{365}\right) \quad (\because\ 2007 \equiv 182\ (\mathrm{mod}\, 365))$$
$$= \left(\frac{2\cdot 7\cdot 13}{365}\right) = \left(\frac{2}{365}\right)\left(\frac{7}{365}\right)\left(\frac{13}{365}\right) \quad (\because\ 定理 8.11)$$

ここで，定理 8.12 から
$$\left(\frac{2}{365}\right) = (-1)^{\frac{365^2-1}{8}} = (-1)^{91\cdot 183} = -1$$

またヤコビ記号の相互法則から，
$$\left(\frac{7}{365}\right) = \left(\frac{365}{7}\right) = \left(\frac{1}{7}\right) = 1 \quad (\because\ 365 \equiv 1\ (\mathrm{mod}\, 7))$$
$$\left(\frac{13}{365}\right) = \left(\frac{365}{13}\right) = \left(\frac{1}{13}\right) = 1 \quad (\because\ 365 \equiv 1\ (\mathrm{mod}\, 13))$$
$$\therefore \left(\frac{365}{2007}\right) = -1 \quad ∎$$

(2) 2003 は素数，$442 = 2 \cdot 13 \cdot 17$ に注意すると，
$$\left(\frac{-442}{2003}\right) = \left(\frac{(-1)\cdot 2\cdot 13\cdot 17}{2003}\right)$$
$$= \left(\frac{-1}{2003}\right)\left(\frac{2}{2003}\right)\left(\frac{13}{2003}\right)\left(\frac{17}{2003}\right)$$

106

ここで，第 1 補充法則から
$$\left(\frac{-1}{2003}\right)=(-1)^{\frac{2003-1}{2}}=-1$$
また，第 2 補充法則から
$$\left(\frac{2}{2003}\right)=(-1)^{\frac{2003^2-1}{8}}=(-1)^{501\cdot 1001}=-1$$
さらに，定理 8.9 の相互法則などから
$$\underline{\left(\frac{13}{2003}\right)=(-1)^{\frac{13-1}{2}\cdot\frac{2003-1}{2}}\left(\frac{2003}{13}\right)}=\left(\frac{2003}{13}\right)$$
$$=\left(\frac{1}{13}\right)\ (\because\ 2003\equiv 1\ ((\bmod 13)))$$
$$=1$$
$$\left(\frac{17}{2003}\right)=(-1)^{\frac{17-1}{2}\cdot\frac{2003-1}{2}}\left(\frac{2003}{17}\right)=\left(\frac{2003}{17}\right)$$
$$=\left(\frac{14}{17}\right)\ (\because\ 2003\equiv 14\ (\bmod 17))$$
$$=\left(\frac{2}{17}\right)\left(\frac{7}{17}\right)=(-1)^{\frac{17^2-1}{8}}\cdot(-1)^{\frac{17-1}{2}\cdot\frac{7-1}{2}}\left(\frac{17}{7}\right)$$
$$\left(\frac{17}{7}\right)=\left(\frac{3}{7}\right)\ (\because\ 17\equiv 3\ (\bmod 7)\ )$$
$$=(-1)^{\frac{7-1}{2}\cdot\frac{3-1}{2}}\left(\frac{7}{3}\right)=-\left(\frac{1}{3}\right)\quad(\because\ 7\equiv 1\ (\bmod 3))$$
$$=-1$$
以上のことから，
$$\left(\frac{-442}{2003}\right)=(-1)(-1)\cdot 1\cdot(-1)=-1 \qquad \blacksquare$$

注 　上の (2) の解の波線部分は，
$$\left(\frac{q}{p}\right)\left(\frac{p}{q}\right)=(-1)^{\frac{p-1}{2}\cdot\frac{q-1}{2}}$$
$$\Longleftrightarrow\left(\frac{q}{p}\right)=(-1)^{\frac{p-1}{2}\cdot\frac{q-1}{2}}\left(\frac{p}{q}\right)$$
を用いている．

第8章 平方剰余

> **例題8.4** m が平方数でないとする．m を法とする $\lambda = \varphi(m)$ 個の既約剰余類を $N = \{n_1, n_2, \cdots, n_\lambda\}$ とし，
> $$A = \left\{a_i \,\middle|\, \left(\frac{a_i}{m}\right) = +1, \, a_i \in N\right\},$$
> $$B = \left\{b_j \,\middle|\, \left(\frac{b_j}{m}\right) = -1, \, b_j \in N\right\}$$
> とする．このとき，$\#(A) = \#(B)$ が成り立つことをを示せ．

【解】 $b \in B$ に対して，2つの集合
$$bA = \left\{ba_i \,\middle|\, \left(\frac{a_i}{m}\right) = +1, \, a_i \in N\right\},$$
$$bB = \left\{bb_j \,\middle|\, \left(\frac{b_j}{m}\right) = -1, \, b_j \in N\right\}$$
を考えて，$bA = B$ および $bB = A$ (+の組と−の組が交換される) を示すのが基本的アイデアである．

$\mu = \#(A)$, $\nu = \#(B)$ とおくと，$\mu \neq 0$, $\nu \neq 0$ である．実際，$\mu \neq 0$ であることは，$a \equiv 1 \pmod{m}$ ならば $\left(\frac{a}{m}\right) = +1$ より明らかである．また，m は平方数ではないから，$m = p^{2k+1}m'$ (p は素数，p と m' は互いに素) とおけて，p の平方非剰余の1つを b_0 として整数 b を，
$$b \equiv b_0 \pmod{p} \quad \text{かつ} \quad b \equiv 1 \pmod{m'}$$
を満たすものとして定めれば，
$$\left(\frac{b}{p}\right) = \left(\frac{b_0}{p}\right) = -1, \quad \left(\frac{b}{m'}\right) = 1$$
であるから，定理8.11 (ⅰ), (ⅲ) により，
$$\left(\frac{b}{m}\right) = \left(\frac{b}{p^{2k+1}m'}\right) = \left(\frac{b}{p^{2k+1}}\right)\left(\frac{b}{m'}\right)$$
$$= \left(\frac{b}{p}\right)^{2k+1}\left(\frac{b}{m'}\right) = \left(\frac{b_0}{p}\right)^{2k+1}\left(\frac{1}{m'}\right)$$
$$= (-1)^{2k+1} \cdot (+1) = -1$$
となって，$\nu \neq 0$ であることがわかる．したがって，2つの集合 A, B は空ではない．

いま集合 B の任意の要素の1つを b とすると，集合
$$\{ba_1, ba_2, \cdots, ba_\mu, bb_1, bb_2, \cdots, bb_\nu\}$$

は，既約剰余類の代表であってこれは集合 N と一致する．このとき，

$$\left(\frac{ba_i}{m}\right)=\left(\frac{b}{m}\right)\left(\frac{a_i}{m}\right)=(-1)(+1)=-1 \quad (i=1,\ 2,\ \cdots,\ \mu)$$

であるから $bA \subseteq B$ となり，$\mu \leqq \nu$ ……………①

同様に，

$$\left(\frac{bb_j}{m}\right)=\left(\frac{b}{m}\right)\left(\frac{b_j}{m}\right)=(-1)(-1)=+1 \quad (j=1,\ 2,\ \cdots,\ \nu)$$

であるから $bB \subseteq A$ となり，$\nu \leqq \mu$ ……………②

よって，①，②により，$\#(A)=\mu=\nu=\#(B)$ ■

注 上の問題で確認したことを利用すると，「m が平方数でないとき，$\left(\dfrac{m}{p}\right)$ の値は p が m または $4m$ を法としてどのような既約類に属するかによってのみ決まる」という事実が示される．各自試みられたし．

第9章

ささやかな展望

　これまで述べてきたのは，いわゆる「初等整数論」であるが，この他にも"整数論"には「解析的整数論(analytic number theory)」や「代数的整数論(algebraic number theory)」などがある．

　「解析的整数論」とは，微分積分学や関数論などの方法を用いて整数の諸性質を研究するもので，この分野でもっとも有名な問題はすでに述べた「素数定理」である．これは，$\pi(x)$ を x を超えない素数の個数としたとき，

$$\lim_{x \to \infty} \frac{\pi(x)}{\frac{x}{\log x}} = 1$$

が成り立つというもので，要するに x が十分大きいときは，$\pi(x)$ と $\frac{x}{\log x}$ とがほぼ一致することを主張する定理である．

　これはルジャンドルやガウスが夙に予想していたと言われるが，厳密な証明は1896年にアダマールとド・ラ・バレー＝プーサンによってほとんど同時にしかも独立に発表された．その証明は，複素変数 $s = \sigma + it$ のリーマンのゼータ関数

$$\zeta(s) = \sum_{n=1}^{\infty} \frac{1}{n^s} = \prod_p \left(1 - \frac{1}{p^s}\right)^{-1} \ (\sigma > 1)$$

を用いるものであった．ここに，$\prod_p$ はすべての素数にわたる積で，$\prod_p \left(1 - \frac{1}{p^s}\right)^{-1}$ を「オイラー積表示」という．

　すでに1730年代にオイラーはリーマンのゼータ関数において $\zeta(1) = \lim_{s \to 1+0} \zeta(s)$ を考え，

$$\zeta(1) = 1 + \frac{1}{2} + \frac{1}{3} + \cdots$$

$$= \prod_p \left(1 - \frac{1}{p}\right)^{-1} = \prod_p \frac{1}{1 - p^{-1}}$$

というまことに不思議な関係を証明している．この関係式を直感的に理解するには，

$$(1-x)^{-1} = \frac{1}{1-x} = 1+x+x^2+x^3+\cdots \quad (|x|<1)$$

において，$x = \frac{1}{2}, \frac{1}{3}, \frac{1}{5}, \frac{1}{7}, \cdots$ として得られる等式

$$\left(1-\frac{1}{2}\right)^{-1} = 1+\frac{1}{2}+\frac{1}{4}+\frac{1}{8}+\cdots$$

$$\left(1-\frac{1}{3}\right)^{-1} = 1+\frac{1}{3}+\frac{1}{9}+\frac{1}{27}+\cdots$$

$$\left(1-\frac{1}{5}\right)^{-1} = 1+\frac{1}{5}+\frac{1}{25}+\frac{1}{125}+\cdots$$

$$\left(1-\frac{1}{7}\right)^{-1} = 1+\frac{1}{7}+\frac{1}{49}+\frac{1}{343}+\cdots$$

$$\cdots\cdots\cdots\cdots\cdots\cdots$$

の辺々を実際に掛け合わせてみるとよい．事実，右辺は

$$\left(1+\frac{1}{2}+\frac{1}{4}+\frac{1}{8}+\cdots\right)$$
$$\times\left(1+\frac{1}{3}+\frac{1}{9}+\frac{1}{27}+\cdots\right)$$
$$\times\left(1+\frac{1}{5}+\frac{1}{25}+\frac{1}{125}+\cdots\right)$$
$$\times\left(1+\frac{1}{7}+\frac{1}{49}+\frac{1}{343}+\cdots\right)$$
$$\times\cdots\cdots\cdots\cdots\cdots\cdots$$
$$= 1+\frac{1}{2}+\frac{1}{3}+\frac{1}{4}+\frac{1}{5}+\frac{1}{2\cdot 3}$$
$$+\frac{1}{7}+\frac{1}{8}+\frac{1}{9}+\frac{1}{2\cdot 5}+\cdots\cdots$$

のようになって，

$$\left(\left(1-\frac{1}{p}\right)^{-1}\text{の全素数 }p\text{ についての積}\right) = (\text{全自然数の逆数和}) \quad \cdots\cdots(*)$$

という等式が直感的に予想できるはずである．

なおこの関係式を用いて「素数が無限にあること」をオイラーが証明したことはよく知られている．実際，素数が有限個であるとすると，$(*)$の左辺は有限となり，一方$(*)$の右辺を考えると

111

第9章 ささやかな展望

$$\sum_{n=1}^{\infty} \frac{1}{n} = \infty$$

となって，矛盾するからである．

さらに，オイラーが

$$\zeta(2) = 1 + \frac{1}{2^2} + \frac{1}{3^2} + \cdots + \frac{1}{n^2} + \cdots = \frac{\pi^2}{6} \qquad \cdots\cdots\cdots\cdots(**)$$

という等式を示したことも有名で，無限級数 $\sum_{n=1}^{\infty} \frac{1}{n^2}$ を求めることはあのライプニッツもヤコブ・ベルヌーイもことごとく失敗している．

こんにちでは等式 $(**)$ を示すことは，大学初年級におけるフーリエ級数の初歩的な演習問題であるが，オイラーは $\sin x$ のマクローリン級数；

$$\sin x = x - \frac{x^3}{3!} + \frac{x^5}{5!} - \frac{x^7}{7!} + \cdots \qquad \cdots\cdots\cdots\cdots ①$$

を用いて次のように示した．すなわち，①において x を πx とおくと，

$$\sin \pi x = \pi x - \frac{(\pi x)^3}{3!} + \frac{(\pi x)^5}{5!} + \frac{(\pi x)^7}{7!} +$$

$$= \pi x \left(1 - \frac{\pi^2}{3!} x^2 + \frac{\pi^4}{5!} x^4 - \frac{\pi^6}{7!} x^6 + \cdots \right) \qquad \cdots\cdots\cdots\cdots ②$$

一方，$\sin \pi x = 0$ の解は $x = 0, \pm 1, \pm 2, \pm 3, \cdots, \pm n, \cdots$ であるから，恰も因数定理を用いるように考えて，

$$\sin \pi x = \pi x \left(1 - \frac{x^2}{1^2}\right)\left(1 - \frac{x^2}{2^2}\right)\left(1 - \frac{x^3}{3^2}\right) \cdots \left(1 - \frac{x^2}{n^2}\right) \cdots \qquad \cdots\cdots\cdots\cdots ③$$

②，③の右辺をそれぞれ πx で割ったものが一致するはずであるから，

$$1 - \frac{\pi^2}{3!} x^2 + \frac{\pi^4}{5!} x^4 - \frac{\pi^6}{7!} x^6 + \cdots$$

$$= \left(1 - \frac{x^2}{1^2}\right)\left(1 - \frac{x^2}{2^2}\right)\left(1 - \frac{x^2}{3^2}\right) \cdots \left(1 - \frac{x^2}{n^2}\right) \cdots \qquad \cdots\cdots\cdots\cdots ④$$

したがって，④の両辺の x^2 の係数を比較して

$$\frac{\pi^2}{6} = 1 + \frac{1}{2^2} + \frac{1}{3^2} + \cdots + \frac{1}{n^2} + \cdots$$

を得るのである．

このほかに解析的整数論の有名問題として「ゴールドバッハの派生問題」や「ウェアリングの問題」などがある．

「ゴールドバッハの問題」については演習編 D27 の《参考》で少し触れておいたが，これに関連する定理に「十分大きいすべての奇数は 3 個の素数の和で表される」と

いうのがある．これはイギリスのハーディ（あのインドの数学者ラマヌジャンの師，もっともどちらが"師"であるかはわからないが）とリトルウッドによって証明されている．また偶数についてはエスターマンが「ほとんどすべての偶数は 2 つの素数の和で表される」という定理を証明している．

さらに「1 より大きいすべての自然数は一定個数以下の素数の和として表される」という定理を 1930 年にシュニレルマンが証明している．

一方「ウェアリングの問題」は 1770 年頃にウェアリングによって提出されたもので，次のような問題である．すなわち，すべての正の整数 N に対して

$$N = x_1^k + x_2^k + \cdots + x_m^k \quad (k \geq 2,\ x_i \geq 0,\ i = 1, 2, \cdots, m)$$

が整数解 $x_1, x_2, \cdots, x_m$ をもつような自然数 m が存在するか？ というものである．この m の存在については 1909 年にヒルベルトが証明している．

なお，ラグランジュは「すべての自然数は必ず 4 つの 0 および自然数の平方の和で表示される」ことを証明した．ちなみに 1〜10 までの表示例を示すと以下のようになる．

$$1 = 1^2 + 0^2 + 0^2 + 0^2, \quad 2 = 1^2 + 1^2 + 0^2 + 0^2,$$
$$3 = 1^2 + 1^2 + 1^2 + 0^2, \quad 4 = 1^2 + 1^2 + 1^2 + 1^2,$$
$$5 = 2^2 + 1^2 + 0^2 + 0^2, \quad 6 = 2^2 + 1^2 + 1^2 + 0^2,$$
$$7 = 2^2 + 1^2 + 1^2 + 1^2, \quad 8 = 2^2 + 2^2 + 0^2 + 0^2,$$
$$9 = 2^2 + 2^2 + 1^2 + 0^2, \quad 10 = 3^2 + 1^2 + 0^2 + 0^2.$$

ただし，この表示はユニークに定まるわけではない．実際，4 や 9 については上の表示の他に

$$4 = 2^2 + 0^2 + 0^2 + 0^2, \quad 9 = 3^2 + 0^2 + 0^2 + 0^2$$

などが考えられる．

最後に「代数的整数論」について簡単に述べておこう．本書では整数論の対象としていわゆる「有理整数（＝普通の整数）」だけを扱ってきたが，次のようにして「代数的整数」を定義することができる．

まず，有理数を係数とする代数方程式

$$f(x) = r_0 x^n + r_1 x^{n-1} + \cdots + r_n = 0 \quad (n \geq 1,\ r_0 \neq 0) \qquad \cdots\cdots\cdots\cdots(*)$$

を考える（この方程式は言うまでもなく有理整数を係数とする代数方程式に変形できる）．この方程式の根 ϑ を「代数的数」といい，とくに $f(x)$ が有理数の範囲で既

約であれば，ϑ を「n 次の代数的数」という．

また（∗）において，$r_0 = 1$ で $r_1, r_2, \cdots, r_n$ が有理整数のとき，（∗）より定められる根 ϑ を「代数的整数」という．さらに，（∗）が有理整数の範囲で既約であるとき ϑ は「n 次の代数的整数」という．

このように定義すれば，有理整数は「1 次の代数的整数」に他ならない．また，$x^2 + 1 = 0$ の根

$$\vartheta = i, -i$$

は「2 次の代数的整数」であり，$x^2 + x + 1 = 0$ の根

$$\vartheta = \frac{-1+\sqrt{3}\,i}{2}, \quad \frac{-1-\sqrt{3}\,i}{2}$$

も「2 次の代数的整数」となる．なお，代数的整数の特別なものとして，

$$m + ni \quad (m \in \mathbb{Z},\, n \in \mathbb{Z})$$

のようなものがあるが，これを「ガウスの整数」という．

「代数的数でない数」すなわちどんな次数の有理係数の代数方程式も満足しない数を「超越数」という．いうまでもなく π や e は超越数であるが，「$\sqrt{2}$」や「i」を持ち出すまでもなく，私たちの数の認識とその存在の根拠とが，ほとんど「代数方程式」に依拠していたことを考えると，超越数の存在はまことに不思議というほかはない．

なお，代数的整数論は「イデアル論」に発展していくが，興味のある人は手始めに高木貞治の『代数的整数論』などに挑戦されるとよいだろう．また数理哲学に興味のある人は「イデアル論」を「抽象数の認識論」として読むことができるはずで，数理哲学としてなかなか興味深い素材とテーマが秘められているように思われる．

ながながと述べてきた「理論編」も，「平方剰余の相互法則」まで読者を案内できたことをもって，一応終わりにする．

演習編

A　約数・倍数に関する問題　（30題）

B　整数解を求める問題　（30題）

C　剰余に関する問題　（30題）

D　関数，図形，数列との融合問題　（30題）

E　補遺と発展問題　（30題）

演習編 A

約数・倍数に関する問題(30題)

演習 A1 $\dfrac{n}{144}$ が 1 より小さい既約分数となるような正の整数 n は全部で何個あるか. 〔千葉工大〕

Comment $144 = 2^4 \cdot 3^2$ に注意して下さい. $\dfrac{n}{144}$ が既約分数であるとは, n と 144 が互いに素であるということにほかなりません. したがって, 1 から 144 までの整数で 144 と互いに素なものの個数を求めておけばよいことになります.

解答例

$$U = \{1, 2, 3, \cdots, 144\}$$
$$A = \{2k \mid k = 1, 2, \cdots, 72\} \subset U$$
$$B = \{3\ell \mid \ell = 1, 2, \cdots, 48\} \subset U$$

とおくと, $n\ (\in U)$ が 144 $(= 2^4 \cdot 3^2)$ と互いに素なものの個数は

$$\#(\overline{A \cup B}) = \#(U) - \#(A \cup B) \qquad \cdots\cdots\cdots ①$$

ここで

$$A \cap B = \{6m \mid m = 1, 2, \cdots, 24\}$$

であるから

$$\#(A \cup B) = \#(A) + \#(B) - \#(A \cap B)$$
$$= 72 + 48 - 24 = 96$$

よって, ① より $\#(\overline{A \cup B}) = 144 - 96 = 48$ ■

注 $\#(X)$ は集合 X の要素の個数を表す. また, $\overline{X}$ は X の補集合を表す.

演習 A2 $\dfrac{x^2+x+16}{x-1}$ が整数となるような整数 x は $\boxed{\text{ア}}$ 個あり，$\dfrac{-2x+11}{x-3}$ が整数となるような整数 x のうち最大のものは $\boxed{\text{イ}}$ である．

〔福岡大〕

Comment $\dfrac{x^2+x+16}{x-1} = x+2+\dfrac{18}{x-1}$ と変形するのがポイントです．後半も同様です．

解答例

$$\dfrac{x^2+x+16}{x-1} = \dfrac{(x-1)(x+2)+18}{(x-1)} = x+2+\dfrac{18}{x-1}$$

であるから，$x-1$ が 18 の約数(負の約数もよい)であればよい．

$\qquad \therefore \quad x-1 = \pm1,\ \pm2,\ \pm3,\ \pm6,\ \pm9,\ \pm18$

よって，条件を満たす整数 x の個数は

$\qquad$ ア $= 12$ (個) ■

また，

$$\dfrac{-2x+11}{x-3} = \dfrac{-2(x-3)+5}{x-3} = -2 + \dfrac{5}{x-3}$$

であるから，$x-3$ が 5 の約数であればよい．

$\qquad \therefore \quad x-3 = \pm1,\ \pm5$

したがって，求める最大の x は

$\qquad$ イ $= 8$ ■

演習A 約数・倍数に関する問題

> **演習 A₃**　分数式 $\dfrac{6x+1}{9x^2+2}$ が整数となるような実数 x を求めよ．
>
> 〔芝浦工大〕

Comment　x が実数であることに注意してください．

解答例

$\dfrac{6x+1}{9x^2+2} = n \ (n \in \mathbb{Z})$ とおくと

$$9nx^2 - 6x + 2n - 1 = 0 \quad \cdots\cdots\cdots ①$$

(ⅰ) $n = 0$ のとき

　　①： $-6x - 1 = 0$ 　　∴ $x = -\dfrac{1}{6}$

(ⅱ) $n \neq 0$ のとき

　x が実数であるから

$$\dfrac{D}{4} = (-3)^2 - 9n(2n-1) \geqq 0$$

∴ $2n^2 - n - 1 \leqq 0 \iff (n-1)(2n+1) \leqq 0$

∴ $-\dfrac{1}{2} \leqq n \leqq 1$

$n \neq 0$ より $n = 1$ で，このとき①より

$$9x^2 - 6x + 1 = 0 \iff (3x-1)^2 = 0$$

∴ $x = \dfrac{1}{3}$

以上から

$$x = -\dfrac{1}{6}, \ \dfrac{1}{3}$$

118

演習 A 4 $\dfrac{4n}{n^2+2n+2}$ が整数となるような整数 n を求めよ．

〔東北学院大〕

Comment

$\dfrac{4n}{n^2+2n+2}$ が整数となるためには，$n \neq 0$ のとき

$$n^2+2n+2 \leqq |4n| \quad (n^2+2n+2=(n+1)^2+1>0)$$

が成り立つことが必要条件になります．

解答例

$n=0$ のときは，整数になるので，$n \neq 0$ としておく．

(i) $n>0$ のとき

$$n^2+2n+2 \leqq 4n \iff (n-1)^2+1 \leqq 0$$

が成り立つことが必要であるが，これを満たす n は存在しない．

(ii) $n<0$ のとき

$$n^2+2n+2 \leqq -4n \iff (n+3)^2 \leqq 7$$

が必要で，これを満たす n は

$$n=-1,\ -2,\ -3,\ -4,\ -5$$

である．この中で $\dfrac{4n}{n^2+2n+2}$ が整数となるものは

$$n=-1,\ -2$$

以上のことから，

$$n=0,\ -1,\ -2 \qquad \blacksquare$$

《参考》 $\dfrac{4n}{n^2+2n+2}=k$ (k は 0 でない整数) とおくと

$$kn^2+(2k-4)n+2k=0$$

$n \in \mathbb{N} \subset \mathbb{R}$ であるから

$$\dfrac{D}{4}=(k-2)^2-2k^2 \geqq 0$$

$$\therefore\ k^2+4k-4 \leqq 0 \iff (k+2)^2 \leqq 8$$

$$\therefore\ k=-4,\ -3,\ -2,\ -1$$

この中で条件を満たすものは $k=-4$ ($n=-1,\ -2$) である．

119

演習編 A 約数・倍数に関する問題

演習 A5 a と b を正の整数とする．任意の正の整数 n に対して，$\dfrac{n^3+an-2}{n^2+bn+2}$ の値が整数となるように，a, b の値を定めよ． 〔高知大〕

Comment "任意の正の整数 n に対して" とありますから，必要条件を考えてみるのがポイントです．

解答例

$f(n) = \dfrac{n^3+an-2}{n^2+bn+2}$ とおくと

$$f(1) = \frac{a-1}{b+3} \in \mathbb{Z}, \quad f(2) = \frac{a+3}{b+3} \in \mathbb{Z}$$

$$\therefore \quad f(2) - f(1) = \frac{4}{b+3} \in \mathbb{Z}$$

b が正の整数だから，$b=1$ が必要で，このとき

$$f(n) = \frac{n^3+an-2}{n^2+n+2} = (n-1) + \frac{(a-1)n}{n^2+n+2}$$

ここで $a \geq 2$ とすると，$\dfrac{(a-1)n}{n^2+n+2}$ は任意の正の整数 n に対して整数にはならない．実際

$$\lim_{n\to\infty} \frac{(a-1)n}{n^2+n+2} = \lim_{n\to\infty} \frac{a-1}{n+1+\dfrac{2}{n}} = 0 < 1$$

であるから，十分大きい n に対しては，1 より小さい有理数となる．

$$\therefore \quad a=1$$

このとき，$f(n) = n-1$ となって，条件を満たす．

$$\therefore \quad a=1, \quad b=1 \qquad\blacksquare$$

演習 A 6 正整数 m, n, l が等式 $\dfrac{mn}{m+18} = l + \dfrac{1}{3}$ を満たしている．

(1) m は 3 の倍数であることを示せ．
(2) m の最小値を求めよ．
(3) n の最小値を求めよ．

〔防衛医大〕

Comment (1)は，等式を変形してみればただちにわかります．(2)は(1)の結果が利用できそうです．

解答例

(1) $\qquad \dfrac{mn}{m+18} = l + \dfrac{1}{3} \qquad \cdots\cdots\cdots\cdots$①

①を変形して，$(3l+1)(m+18) = 3mn \qquad \cdots\cdots\cdots\cdots$②

したがって，$(3l+1)(m+18)$ は 3 で割り切れ，$3l+1$ は 3 で割り切れないので，$m+18$ が 3 で割り切れる．18 は 3 で割り切れるので，m が 3 で割り切れる．よって，m は 3 の倍数である．■

(2) $m = 3p \ (p \in \mathbb{N})$ とおくと，②より
$$(3l+1)(3p+18) = 3 \cdot 3p \cdot n$$
$$\therefore \ (3l+1)(p+6) = 3pn \qquad \cdots\cdots\cdots\cdots ③$$

したがって，(1)と同様に考えて，$p = 3q \ (q \in \mathbb{N})$ とおけて，これを③に代入して，両辺を 3 で割ると
$$(3l+1)(q+2) = 3qn \qquad \cdots\cdots\cdots\cdots ④$$

したがって，$q+2$ も 3 の倍数になり，このような q の最小値は 1 である．よって m の最小値は，$3 \cdot 3 \cdot 1 = 9$ ■

(3) (2)の考察より $q = 3r - 2 \ (r \in \mathbb{N})$ とおけて，これを④に代入すると
$$(3l+1) \cdot 3r = 3(3r-2)n$$
$$\therefore \ n = \dfrac{(3l+1)r}{3r-2} \geqq \dfrac{4r}{3r-2} \ (\because \ l \geqq 1)$$

ここで，$\dfrac{4r}{3r-2} \ (r \geqq 1)$ のグラフより $\dfrac{4r}{3r-2}$ の最小の整数値は $2 \ (r = 2$ のとき$)$ である．よって，n の最小値は，2 ■

演習編 A 約数・倍数に関する問題

演習 A7 a, b を互いに素な自然数とし，$\dfrac{a}{b}$ はある自然数 a_1, a_2, a_3 によって $\dfrac{a}{b} = a_1 + \dfrac{1}{a_2 + \dfrac{1}{a_3}}$ と表されている．$\dfrac{p_1}{q_1}, \dfrac{p_2}{q_2}$ は既約分数とし，

$\dfrac{p_1}{q_1} = a_1, \quad \dfrac{p_2}{q_2} = a_1 + \dfrac{1}{a_2}$ であるとする．$xy - zw$ を $\begin{vmatrix} x & z \\ w & y \end{vmatrix}$ と書くとき

(1) $\begin{vmatrix} p_2 & p_1 \\ q_2 & q_1 \end{vmatrix}$ の値を求めよ．

(2) $\begin{vmatrix} a_3 p_2 + p_1 & p_2 \\ a_3 q_2 + q_1 & q_2 \end{vmatrix}$ の値を求めよ．

(3) $a = a_3 p_2 + p_1, \quad b = a_3 q_2 + q_1$ であることを示せ．　　　〔早大〕

Comment 単なる計算問題ですが，その背景には奥深いものがあります．理論編の定理 3.2 を参照してください．

解答例

(1) $\dfrac{p_1}{q_1} = \dfrac{a_1}{1}$ は両辺ともに既約分数だから

$$p_1 = a_1, \quad q_1 = 1 \qquad \cdots\cdots\cdots ①$$

$\dfrac{p_2}{q_2} = a_1 + \dfrac{1}{a_2} = \dfrac{a_1 a_2 + 1}{a_2}$．ここで，$a_1 a_2 + 1$ と a_2 の最大公約数を g とし

$$a_1 a_2 + 1 = gm, \quad a_2 = gn \ (m, n \in \mathbb{N})$$

とおくと，

$$a_1 g n + 1 = gm \qquad \therefore \ g(m - a_1 n) = 1$$

$$\therefore \ g = 1$$

すなわち，$a_1 a_2 + 1$ と a_2 とは互いに素である．

$$\therefore \ p_2 = a_1 a_2 + 1, \quad q_2 = a_2 \qquad \cdots\cdots\cdots ②$$

$$\therefore \ \begin{vmatrix} p_2 & p_1 \\ q_2 & q_1 \end{vmatrix} = p_2 q_1 - p_1 q_2$$

$$= (a_1 a_2 + 1) \cdot 1 - a_1 a_2 = 1 \qquad \cdots\cdots\cdots ③ \quad ■$$

(2) $\begin{vmatrix} a_3p_2+p_1 & p_2 \\ a_3q_2+q_1 & q_2 \end{vmatrix} = (a_3p_2+p_1)q_2 - p_2(a_3q_2+q_1)$

$\qquad\qquad\qquad = p_1q_2 - p_2q_1 = -1 \ (\because ③)$ ■

(3) $\dfrac{a}{b} = a_1 + \dfrac{1}{a_2 + \dfrac{1}{a_3}} = a_1 + \dfrac{a_3}{a_2a_3+1}$

$\qquad = \dfrac{a_1a_2a_3 + a_1 + a_3}{a_2a_3 + 1}$

ここで(1)と同様に考えて, a_3 と a_2a_3+1 は互いに素であるから,

$\qquad a_1(a_2a_3+1) + a_3$ と a_2a_3+1

は互いに素である. a と b は互いに素であるから, ①, ②より

$\qquad a = a_1a_2a_3 + a_1 + a_3$
$\qquad\ \ = a_3(a_1a_2+1) + a_1 = a_3p_2 + p_1$
$\qquad b = a_2a_3 + 1 = a_3q_2 + q_1$

となって, 題意の等式は示された. ■

注 $N = a_1a_2 + 1$ とおくと, ユークリッドの互除法の原理(定理 1.9)から

$\qquad (N, a_2) = (a_2, 1) = 1$

したがって, $N = a_1a_2 + 1$ と a_2 は互いに素である.

演習偏 **A**　約数・倍数に関する問題

> **演習 A8**
> (1) 2桁の整数のうち，約数がちょうど10個あるものをすべて求めよ．
> (2) また，そのような整数のそれぞれについて，10個の約数の和を求めよ．
> 〔中央大〕

Comment　約数がちょうど $10 = 2 \times 5$（個）あるということは求める2桁の整数が p^9（p は素数）または $p^1 \times q^4$（p, q は相異なる素数）の形になっていることを意味します．しかし，$p^9 \geqq 2^9 = 512$ ですから，p^9 は不適となります．

解答例

(1) $10 = 2 \cdot 5$ であるから，求める2桁の整数を N とすると
$$N = p^1 \cdot q^4 \quad (p, q \text{ は相異なる素数})$$
とおける．ここで，$q \geqq 3$ とすると
$$p^1 \cdot q^4 \geqq 2 \cdot 3^4 = 162 > 99$$
であるから，$q = 2$ でなければならない．
$$\therefore \quad N = 16 \cdot p$$
したがって，$p = 3, 5$ として
$$N = 48, \ 80 \quad ■$$

(2) N の約数の和を $S(N)$ とすると
$$\begin{aligned}
S(48) &= S(2^4 \cdot 3) \\
&= (1 + 2 + 2^2 + 2^3 + 2^4) \cdot (1 + 3) \\
&= 31 \cdot 4 = 124
\end{aligned}$$
$$\begin{aligned}
S(80) &= S(2^4 \cdot 5) \\
&= (1 + 2 + 2^2 + 2^3 + 2^4) \cdot (1 + 5) \\
&= 31 \cdot 6 = 186
\end{aligned}$$
■

注　$N = p^a q^b$（p, q は素数，$a \geqq 1, b \geqq 1$）の約数の個数は $(a+1)(b+1)$ である．

演習 A9

(1) 正の整数 n の正の約数の個数を $d(n)$ で表す．例えば，$d(5)=2$，$d(6)=4$ であり，$d(32)=\boxed{\text{ア}}$，$d(72)=\boxed{\text{イ}}$ である．一般に，n が素数 p の累乗として $n=p^k$（k は正の整数）と表されるとき，$d(n)=\boxed{\text{ウ}}$ である．上で求めた $d(32)$ はこの例である．次に，n が 2 個の異なる素数 p_1, p_2 と正の整数 k_1, k_2 を用いて $n=p_1^{k_1}p_2^{k_2}$ と表されるとき，$d(n)=\boxed{\text{エ}}$ である．上で求めた $d(72)$ はこの例である．更に，n が r 個の異なる素数 p_1, p_2, $\cdots$, p_r と正の整数 k_1, k_2, $\cdots$, k_r により $n=p_1^{k_1}p_2^{k_2}\cdots p_r^{k_r}$ と素因数分解されるとき，$d(n)$ を k_1, k_2, $\cdots$, k_r を用いて表すと $d(n)=\boxed{\text{オ}}$ となる．

(2) $d(n)$ が奇数であることは，n がある整数 m を用いて $n=m^2$ と表されることと同値であることを証明せよ．

〔慶大〕

Comment 典型的な問題です．定理 1.16 に関連した例題 1.2 がポイントです．

[解答例]

(1) $32=2^5$ であるから，$d(32)=5+1=6$ （ア） ∎

$72=2^3\times 3^2$ であるから，$d(72)=(3+1)(2+1)=12$ （イ） ∎

$n=p^k$ のとき，$d(n)=k+1$ （ウ） ∎

$n=p_1^{k_1}p_2^{k_2}$ のとき，$d(n)=(k_1+1)(k_2+1)$ （エ） ∎

$n=p_1^{k_1}p_2^{k_2}\cdots p_r^{k_r}$ のとき，$d(n)=(k_1+1)(k_2+1)\cdots(k_r+1)$ （オ） ∎

(2) n が，$n=p_1^{k_1}p_2^{k_2}\cdots p_r^{k_r}$ と素因数分解されるとする．このとき，

$d(n)$ が奇数

$\iff (k_1+1)(k_2+1)\cdots(k_r+1)$ が奇数

$\iff k_1+1, k_2+2, \cdots, k_r+1$ がすべて奇数

$\iff k_1, k_2, \cdots, k_r$ がすべて偶数

$\iff k_1=2l_1, k_2=2l_2, \cdots, k_r=2l_r$ （$l_1, l_2, \cdots, l_r$ は正の整数）

$\iff n=p_1^{2l_1}p_2^{2l_2}\cdots p_r^{2l_r}$

$\iff n=(p_1^{l_1}p_2^{l_2}\cdots p_r^{l_r})^2$

$\iff n=m^2$ （$m=p_1^{l_1}p_2^{l_2}\cdots p_r^{l_r}$）

よって，題意は示された． ∎

演習偏 A　約数・倍数に関する問題

> **演習 A10**　$a = 2^{n-1}(2^n - 1)\ (n > 1)$ は，$2^n - 1$ が素数ならば，完全数であることを示せ．また，偶数の完全数はこの形に限られることを示せ．

Comment　例題 1.2 の《参考》(16 頁)で述べた完全数の定義を思い出してください．

解答例　$p = 2^n - 1$（素数）とおくと，$a = 2^{n-1}p$ であるから，$S(a)$ を a の約数の総和とすると

$$S(a) = (1 + 2 + 2^2 + \cdots + 2^{n-1})(1 + p)$$
$$= (2^n - 1) \cdot 2^n = 2 \cdot 2^{n-1}(2^n - 1) = 2a$$

となる．よって，a は完全数である．

つぎに，a が偶数の完全数とし，素因数 2 を可能な限り括りだして，

$$a = 2^{n-1}b \quad (n > 1,\ b: \text{奇数})$$

の形になったとする．このとき，

$$S(a) = S(2^{n-1}b) = S(2^{n-1})S(b)$$

であることは，S の定義から容易にわかるので，

$$S(a) = 2a \iff S(2^{n-1})S(b) = 2a$$
$$\iff (2^n - 1)S(b) = 2 \cdot 2^{n-1}b(= 2^n b)$$

$$\therefore\ S(b) = \frac{2^n b}{2^n - 1} = b + \frac{b}{2^n - 1}$$

したがって，$S(b)$ は b の 2 つの相異なる約数の和に等しいことになり，b の約数は b 自身と 1 の 2 つだけになる．すなわち，$b = 2^n - 1$ となり，しかも，b は素数でなければならない．よって，後半の題意も示された．　■

《参考》　$2^n - 1$ の形の数が，素数であるためには，n 自身が素数でなければならない．実際，n が素数でないとし，$n = n_1 n_2 (n_1 > 1, n_2 > 1)$ とおけば，

$$2^n - 1 = 2^{n_1 n_2} - 1 = (2^{n_1})^{n_2} - 1$$
$$= (2^{n_1} - 1)\{(2^{n_1})^{n_2-1} + (2^{n_1})^{n_2-2} + \cdots + 2^{n_1} + 1\}$$

となるから，$2^n - 1$ は素数でないことが分かる．したがって，$2^n - 1$ の形が素数であるためには，n が素数であることが必要条件である．しかし，これは，十分条件にはならない．現に，$n = 11$ のときは，

$$2^n - 1 = 2^{11} - 1 = 2047 = 23 \times 89$$

となり，素数ではない．

では，指数 n がどんなときに，素数になるか？ n が 2, 3, 5, 7, 13, 17, 19, 31 のとき素数であることは知られているが，実はこの問題は一般的には未だに解決されていない(多分，いないはず！少なくとも1970年代までは，解決されていなかった).

このタイプの素数をメルセンヌ(1588〜1648)型の素数といい，私が学生時代を過ごした1970年代において知られていたこのタイプの最大の素数は $2^{21701} - 1$ であった．

なお，奇数の完全数はこれまで1つも知られていないが，奇数の完全数が存在しないことは，現在でも証明されていないはずである．

演習偏 A　約数・倍数に関する問題

> **演習 A11**　$2^n + 1$ の形が素数であるためには，$n = 2^m$ の形であることが必要である．

Comment　$n = 2^m$ というのは必要条件である，ということに注意してください．

[解答例]

n が奇数の因数を持つとして，その 1 つを l とすれば $n = n_1 l$ の形にかけ，このとき

$$2^n + 1 = 2^{n_1 l} + 1 = (2^{n_1})^l + 1$$
$$= (2^{n_1} + 1)(2^{n_1(l-1)} - 2^{n_1(l-2)} + \cdots - 2^{n_1} + 1)$$

となって，素数でないことがわかる．したがって，$2^n + 1$ が素数であるためには，n は 2 のみを因数として持ち，$n = 2^m$ の形でなければならない．　∎

《参考》　オイラー (1707〜1783) は，上で述べた形のとき，必ず素数になると信じていたようだが，しかし，たとえば $m = 5$ のとき $n = 2^m = 32$ で，

$$2^n + 1 = 2^{32} + 1 = 4295351897 = 641 \times 6701017$$

となって，これは素数ではない．天才でも間違うことはあるのだ．なお，$m = 0, 1, 2, 3, 4$ のときは素数で，この型の素数についてもまだ十分にはわかっていないらしい．

フェルマー型の素数は，正多角形の作図問題と密接な関係があり，正 n 角形 (n は素数) が定木とコンパスで作図可能であるためには，n がフェルマー型の素数でなければならないことを証明したのは，19 才の天才ガウス (1777〜1855) であった．これによって，ギリシア時代以来夢にも考えられなかった正 17 角形の定木とコンパスによる作図が可能になった．

演習 A12 正の整数 a に対し，a の正の約数全体の和を $f(a)$ で表す．ただし，1 および a 自身も約数とする．例えば $f(1)=1$ であり，$a=15$ ならば 15 の正の約数は 1, 3, 5, 15 なので，$f(15)=24$ となる．

(1) a が正の奇数 b と正の整数 m を用いて $a=2^m b$ と表されるとする．このとき $f(a)=(2^{m+1}-1)f(b)$ が成り立つことを示せ．

(2) a が 2 以上の整数 p と正の整数 q を用いて $a=pq$ と表されるとする．このとき $f(a) \geqq (p+1)q$ が成り立つことを示せ．また，等号が成り立つのは，$q=1$ かつ p が素数であるときに限ることを示せ．

(3) 正の偶数 a, b は，ある整数 m, n とある奇数 r, s を用いて $a=2^m r$, $b=2^n s$ のように表すことができる．このとき a, b が
$$\begin{cases} f(a)=2b \\ f(b)=2a \end{cases}$$
を満たせば，r, s は素数であり，かつ $r=2^{n+1}-1$, $s=2^{m+1}-1$ となることを示せ． 〔九大〕

Comment (3)は難問です．(2)の等号成立条件が鍵になります．

解答例

(1) b の正の約数が $k(\geqq 2)$ 個あるとし，いまそれを小さい順に
$$b_1=1<b_2<b_3<\cdots<b_{k-1}<b_k=b$$
とすると，a の正の約数は
$$2^i b_j \quad (0 \leqq i \leqq m, \ 1 \leqq j \leqq k)$$
の形で表されるから
$$f(a)=(1+2+2^2+\cdots+2^m)(b_1+b_2+\cdots+b_k)$$
$$=(2^{m+1}-1)f(b)$$
よって，題意の等式は成り立つ． ∎

(2) $a=pq$ ($p \geqq 2$, $q \geqq 1$) のとき，pq と q とは相異なる a の正の約数であるから
$$f(a) \geqq pq+q=(p+1)q$$
また，等号が成立するのは，a の正の約数が pq と q に限られるとき，すなわち a が素数で
$$pq=a, \quad q=1 \quad (\because \ p \geqq 2)$$
のときである．よって，等号が成り立つのは

129

$q=1$ かつ p が素数であるときに限る

ことが示された. ■

(3) $a=2^m r$, $b=2^n s$ のとき (1) より

$$\begin{cases} f(a)=2b \\ f(b)=2a \end{cases} \iff \begin{cases} (2^{m+1}-1)f(r)=2^{n+1}s & \cdots\cdots① \\ (2^{n+1}-1)f(s)=2^{m+1}r & \cdots\cdots② \end{cases}$$

$2^{m+1}-1$ と 2^{n+1} は互いに素だから①より

$$s=(2^{m+1}-1)s' \ (s'\in\mathbb{N}) \qquad \cdots\cdots③$$

$2^{n+1}-1$ と 2^{m+1} は互いに素だから②より

$$r=(2^{n+1}-1)r' \ (r'\in\mathbb{N}) \qquad \cdots\cdots④$$

③を①に代入して, $\qquad f(r)=2^{n+1}s' \qquad \cdots\cdots⑤$

④を②に代入して, $\qquad f(s)=2^{m+1}r' \qquad \cdots\cdots⑥$

一方, a, b は正の偶数だから, $m\geq 1$, $n\geq 1$ で, このとき

$$2^{m+1}-1\geq 3>2, \quad 2^{n+1}-1\geq 3>2$$

であるから, ③, ④と (2) の結果より

$$f(r)\geq\{(2^{n+1}-1)+1\}r'=2^{n+1}r' \qquad \cdots\cdots⑦$$
$$f(s)\geq\{(2^{m+1}-1)+1\}s'=2^{m+1}s' \qquad \cdots\cdots⑧$$

⑤, ⑦より $\qquad 2^{n+1}s'\geq 2^{n+1}r' \qquad \therefore\ s'\geq r'$

⑥, ⑧より $\qquad 2^{m+1}r'\geq 2^{m+1}s' \qquad \therefore\ r'\geq s'$

$$\therefore\ r'=s'$$

したがって, ⑤から

$$f(r)=f((2^{n+1}-1)r')=2^{n+1}r'$$

となり, これは⑦において等号が成立していることを意味している. したがって, (2) の等式成立条件より

$$r'=1 \text{ かつ } 2^{n+1}-1 \text{ が素数}$$

となる. 同様に⑥から

$$f(s)=f((2^{m+1}-1)s')=2^{m+1}s'$$

となり, これは⑧において等号が成立していることを意味している. したがって, (2) の等式成立条件より

$$s'=1 \text{ かつ } 2^{m+1}-1 \text{ が素数}$$

となる. すなわち, r, s は素数で, ④, ③より

$$r=2^{n+1}-1, \quad s=2^{m+1}-1$$

が示された. ■

> **演習 A13** $0<a<b<c$ を満たす3個の整数 a, b, c がある．次の条件を同時に満たす a, b, c を求めよ．
>
> [1] a, b, c の最大公約数は 45 である．
>
> [2] b と c の最大公約数は 225, 最小公倍数は 1350 である．
>
> [3] a と b の最小公倍数は 3150 である．　　　　　　　　　〔相模工大〕

Comment 条件 [2] から，まず b, c を決定します．そうすれば，a も定まります．基本問題ですが挑戦してみましょう．

解答例

条件 [2] の前半から

$$\begin{cases} b = 225b' = 3^2 \cdot 5^2 \cdot b' & (b' \in \mathbb{N}) \\ c = 225c' = 3^2 \cdot 5^2 \cdot c' & (c' \in \mathbb{N}) \end{cases}$$

$$(b' \text{ と } c' \text{ は互いに素})$$

とおけて，b, c の最小公倍数が 1350 だから

$$3^2 \cdot 5^2 \cdot b' \cdot c' = 1350 \qquad \therefore \ b'c' = 6 = 2 \times 3$$

$2 \leq b < c$ より $b' < c'$ 　　　　$\therefore \ b' = 2, \ c' = 3$

$$\therefore \ \begin{cases} b = 3^2 \cdot 5^2 \cdot 2 = 450 \\ c = 3^2 \cdot 5^2 \cdot 3 = 675 \end{cases}$$

また，[1] より $a = 3^2 \cdot 5 \cdot a'$ $(a' \in \mathbb{N})$ とおけて，a' と b' が互いに素であるから，条件 [3] より

$$3^2 \cdot 5^2 \cdot 2 \cdot a' = 3150 \qquad \therefore \ a' = 7$$

$$\therefore \ a = 3^2 \cdot 5 \cdot 7 = 315$$

以上より

$$a = 315, \ b = 450, \ c = 675 \qquad\qquad\qquad\blacksquare$$

演習偏 A 約数・倍数に関する問題

演習 A14　自然数 n の約数の個数を d とする。n の約数すべてを小さい順にならべてできる数列を a_k $(1 \leq k \leq d)$ とする。したがって、$a_1 = 1$, $a_d = n$, $a_k < a_{k+1}$ $(1 \leq k \leq d)$ である。このとき、n に対する次の条件 (A), (B) は互いに同値であることを示せ。

(A) n は 60 の倍数である。

(B) n は 6 個以上の約数をもち、$\dfrac{1}{a_3} + \dfrac{1}{a_6} = \dfrac{1}{a_2}$ となる。〔京大〕

Comment　(A) ⇒ (B) は簡単です。問題は (B) ⇒ (A) を示すことです。まず、n が奇数でないことを見抜きます。

解答例　「(A) ⇒ (B)」の証明

$60 = 2^2 \cdot 3 \cdot 5$ であるから、

$$a_1 = 1,\ a_2 = 2,\ a_3 = 3,\ a_4 = 4,\ a_5 = 5,\ a_6 = 6$$

したがって、n は 6 個以上の約数をもち、

$$\frac{1}{a_3} + \frac{1}{a_6} = \frac{1}{3} + \frac{1}{6} = \frac{1}{2} = \frac{1}{a_2}$$

となるので、「(A) ⇒ (B)」が示された。

「(B) ⇒ (A)」の証明

$$\frac{1}{a_3} + \frac{1}{a_6} = \frac{1}{a_2} \text{ より } \frac{n}{a_3} + \frac{n}{a_6} = \frac{n}{a_2} \quad \cdots\cdots① $$

ここで、n が奇数とすると、n の約数はすべて奇数だから $\dfrac{n}{a_i}$ $(i = 1, 2, \cdots, d)$ はすべて奇数となり、①より

$$(奇数) + (奇数) = (奇数)$$

となって、これは不合理。よって、n は偶数で、$a_2 = 2$.

$$\therefore\ \frac{1}{a_3} + \frac{1}{a_6} = \frac{1}{2} \quad \cdots\cdots②$$

$a_3 < a_6$ だから $\dfrac{1}{2} = \dfrac{1}{a_3} + \dfrac{1}{a_6} < \dfrac{1}{a_3} + \dfrac{1}{a_3} = \dfrac{2}{a_3}$

$$\therefore\ 2 < a_3 < 4 \qquad \therefore\ a_3 = 3$$

このとき、②より $a_6 = 6$ であり、したがって

$$a_1 = 1,\ a_2 = 2,\ a_3 = 3,\ a_4 = 4,\ a_5 = 5,\ a_6 = 6$$

となる。n は、これらの最小公倍数である 60 の倍数である。

よって「(B) ⇒ (A)」が示された。

以上から (A) と (B) は互いに同値である。　∎

> **演習 A15**　n を正の整数とする．
> (1) n^2 と $2n+1$ は互いに素であることを示せ．
> (2) n^2+2 が $2n+1$ の倍数になる n を求めよ．　〔一橋大〕

Comment　ここでは，n と $n+1$ が互いに素であることは
$$(n+1)-n=1$$
より自明としてもよいでしょう．

[解答例]

(1) n^2 と $2n+1$ の最大公約数を g とし
$$n^2=ga, \quad 2n+1=gb \ (a, b \in \mathbb{N})$$
とする．2式を加えると
$$n^2+2n+1=g(a+b) \qquad \therefore \ (n+1)^2=g(a+b)$$
$$\therefore \ g \text{ は } n^2 \text{ と } (n+1)^2 \text{ の公約数}$$
一方，n と $n+1$ は互いに素であるから，n^2 と $(n+1)^2$ も互いに素である．したがって，$g=1$．すなわち，n^2 と $2n+1$ は互いに素であることが示された．　■

(2) $n^2+2=k(2n+1) \ (k \in \mathbb{N})$ ……① とおくと
$$k=\frac{n^2+2}{2n+1} \iff 4k=\frac{4n^2-1+9}{2n+1}$$
$$\therefore \ 4k=2n-1+\frac{9}{2n+1}$$
$4k \in \mathbb{N}$ だから $\dfrac{9}{2n+1} \in \mathbb{N}$
$$\therefore \ 2n+1=3, 9 \qquad \therefore \ n=1, 4$$
逆に $n=1, 4$ のとき，k は $1, 2$ となって確かに条件を満足する．
$$\therefore \ n=1, 4$$
　■

《参考》　①より $(n-k)^2=k^2+k-2$ となり，k^2+k-2 は平方数である．ここで
$$(k-1)^2 \leqq k^2+k-2 < (k+1)^2$$
であるから，k^2+k-2 は $(k-1)^2$ または k^2 である．これより k を決定し，n を求めることもできる．

演習編 A 約数・倍数に関する問題

> **演習 A16** 整数 n に対して，$P(n) = n^3 - n$ とする．
> (1) $P(n)$ は 6 の倍数であることを示せ．
> (2) n が奇数ならば $P(n)$ は 24 の倍数であることを示せ．
> (3) $P(n)$ が 48 の倍数となる偶数 n をすべて求めよ． 〔愛媛大〕

Comment いうまでもなく，$P(n) = (n-1)n(n+1)$ と分解することが鍵になります．

解答例

(1) $P(n) = (n-1)n(n+1)$ は連続する 3 整数の積であるから，これは $2 \times 3 = 6$ の倍数である． ∎

(2) $n = 2m+1$ $(m \in \mathbb{Z})$ とおくと
$$P(n) = P(2m+1) = 2m(2m+1)(2m+2)$$
$$= 4m(m+1)(2m+1)$$
$$= 4m(m+1)\{(m-1) + (m+2)\}$$
$$= 4\{(m-1)m(m+1) + m(m+1)(m+2)\}$$
ここで，$(m-1)m(m+1)$, $m(m+1)(m+2)$ はともに連続する 3 整数の積であるから，6 の倍数である．

よって，$P(n)$ は $4 \times 6 = 24$ の倍数である． ∎

注 m が正の整数のとき
$$m(m+1)(2m+1) = 6\sum_{k=1}^{m} k^2$$
となって，$m(m+1)(2m+1)$ が 6 の倍数であることがわかる．

(3) $n = 2m$ $(m \in \mathbb{Z})$ とおくと
$$P(n) = P(2m) = 2m(2m-1)(2m+1)$$
ここで $P(n)$ は 3 の倍数であるから $P(n)$ が 48 の倍数である条件は
$$16 \mid P(n) \iff 16 \mid 2m(2m-1)(2m+1)$$
$$\iff 2^3 \mid m(2m-1)(2m+1)$$
$$\iff 2^3 \mid m \quad (2m-1,\ 2m+1 \text{ は奇数})$$
よって，$n = 2^4 \cdot k = \mathbf{16k}$ $(k \in \mathbb{Z})$ ∎

> **演習 A17**　$x_1, x_2, \cdots, x_n$ は n 個の整数であって，$x_1^3+x_2^3+\cdots+x_n^3$ が 6 で割り切れるとき，$x_1+x_2+\cdots+x_n$ も 6 で割り切れることを示せ．
>
> 〔城西大〕

Comment　連続する整数の積は，6 の倍数であることがポイントとなります．

[解答例]

$A = x_1^3 + x_2^3 + \cdots + x_n^3$, $B = x_1 + x_2 + \cdots + x_n$ とおくと，

$$A - B = \sum_{i=1}^{n}(x_i^3 - x_i) = \sum_{i=1}^{n}(x_i-1)x_i(x_i+1)$$

$$\therefore\ B = A - \sum_{i=1}^{n}(x_i-1)x_i(x_i+1)$$

ここで，連続する 3 整数の積は 6 の倍数であるから，A が 6 で割り切れるとき B も 6 で割り切れる．よって，題意は示された．　■

注　連続する k 個の正整数の積は $k!$ で割り切れる．実際，

$$\frac{n(n+1)(n+2)\cdots(n+k-1)}{k!} = \frac{(n+k-1)!}{k!(n-1)!} = {}_{n+k-1}C_k \in \mathbb{N}$$

となるので，$n(n+1)(n+2)\cdots(n+k-1)$ は $k!$ で割り切れる．

また，連続する k 個の整数の中に 0 がある場合は，積が 0 となるので，この場合も $k!$ で割り切れ，連続する k 個の整数がすべて負の場合は，各整数の符号の変えたものの積を考えれば，容易に $k!$ で割り切れることが確認できる．

演習編 A 約数・倍数に関する問題

演習 A18

n は 2 以上の正の整数とする.
(1) n で割ると 1 余る正の整数は n と互いに素であることを示せ.
(2) $(n-1)n(n+1)$ の正の約数で n で割ると 1 余るものをすべて求めよ.

〔お茶の水女大〕

Comment x, y が正の整数で,$xy=1$ のとき,$x=y=1$ となります.きわめてあたり前のことですが(1)はこれが鍵になります.(2)は難問です.これまたあたり前のことですが,0 と 1 の間に整数が存在しないことを利用します.

解答例

(1) $n (\geqq 2)$ で割ると 1 余る正の整数を m とすると
$$m = nk+1 \quad (k \text{ は非負整数}) \quad \cdots\cdots\cdots ①$$
とおける.ここで,n と m の最大公約数を g とすると
$$n = gn', \quad m = gm' \quad (n', m' \in \mathbb{N})$$
とおけて,これらを①に代入すると
$$gm' = gn' \cdot k + 1 \quad \therefore g(m' - n'k) = 1$$
したがって,$g=1$ となり,n と m が互いに素であることが示された. ∎

(2) $N = (n-1)n(n+1)$ とおき,N の正の約数で n で割ると 1 余るものを $m = nk+1$ (k は非負整数) とする.このとき(1)より n と m は互いに素だから
$$m \mid N \iff nk+1 \mid (n-1)(n+1) \quad \cdots\cdots\cdots ②$$
$k=0, 1$ のとき,②は成り立つので,$k \geqq 2$ とする.このとき,②が成り立つとすると,
$$(n-1)(n+1) = (nk+1)l \quad (l \in \mathbb{N})$$
$$\therefore n^2 - 1 = nkl + l \quad \cdots\cdots\cdots ③$$
$$\therefore l+1 = n(n-kl) \quad (n \in \mathbb{N}, n-kl \in \mathbb{N}) \quad \cdots\cdots\cdots ④$$
一方,③より $n^2 = nkl + l + 1 > nkl$
$$\therefore n^2 > nkl \quad \therefore l < \frac{n}{k}$$
$k \geqq 2$ であるから $l < \frac{n}{k} \leqq \frac{n}{2}$
$$\therefore l + 1 < \frac{n}{2} + 1 \leqq \frac{n}{2} + \frac{n}{2} = n \quad (\because 2 \leqq n)$$
$$\therefore l+1 < n \quad \cdots\cdots\cdots ⑤$$
④,⑤より $n(n-kl) < n \quad \therefore n-kl < 1$
すなわち,$0 < n - kl < 1$ となり,これは $n - kl \in \mathbb{N}$ に反する.
よって,求める約数は $\quad 1, \ n+1$ ∎

演習 A19　n 個の連続する整数の積
$$m(m+1)\cdots(m+n-1)$$
は，$n!$ で割り切れることを証明せよ．

Comment　A 17 の**注**ですでに述べたことですが，ここでもう一度考えてみましょう．

解　$-(n-1) \leqq m \leqq 0$ のときは，$m, m+1, \cdots, m+n-1$ の中に 0 が含まれるから，$n!$ で割り切れる．また，$m < -(n-1)$ のときは，明らかに $m \geqq 1$ の場合に帰着できる．したがって，m を自然数 ($m \geqq 1$) として，上の命題を証明しておけばよい．この場合，

$$\frac{m(m+1)\cdots(m+n-1)}{n!}$$
$$= \frac{(m+n-1)\cdots(m+1)m \times (m-1)\cdots 2\cdot 1}{n!(m-1)!}$$
$$= \frac{(m+n-1)!}{n!(m-1)!}$$

となり，$\dfrac{(m+n-1)!}{n!(m-1)!} = {}_{m+n-1}C_n$ であるから，

$$\frac{m(m+1)\cdots(m+n-1)}{n!} \in \mathbb{N}$$
$$\therefore\ n! \mid m(m+1)\cdots(m+n-1) \qquad \blacksquare$$

《**参考**》　上に示した証明法はよく知られたものであるが，階乗中に含まれる素因数の立場から証明する方法もある．以下にそれを紹介しよう．

任意の素因数 p が，$(m+n-1)!, (N-1)!, n!$ の中に何個あるかは，D 4（233 頁）の結果から，それぞれ

$$\left[\frac{m+n-1}{p}\right] + \left[\frac{m+n-1}{p^2}\right] + \left[\frac{m+n-1}{p^3}\right] + \cdots$$
$$\left[\frac{m-1}{p}\right] + \left[\frac{m-1}{p^2}\right] + \left[\frac{m-1}{p^3}\right] + \cdots$$
$$\left[\frac{n}{p}\right] + \left[\frac{n}{p^2}\right] + \left[\frac{n}{p^3}\right] + \cdots$$

と分かる．また，一般に，
$$[x+y] \geq [x]+[y] \qquad \cdots\cdots(*)$$
が成り立つ．それゆえ
$$\left[\frac{m+n-1}{p^i}\right] \geq \left[\frac{m-1}{p^i}\right] + \left[\frac{n}{p^i}\right] \quad (i=1,2,3,\cdots)$$
が成り立ち，したがって，
$$\sum_{i=1}^{\infty}\left[\frac{m+n-1}{p^i}\right] \geq \sum_{i=1}^{\infty}\left[\frac{m-1}{p^i}\right] + \sum_{i=1}^{\infty}\left[\frac{n}{p^i}\right]$$
$$\therefore \ [(m+n-1)!\text{ に含まれる素因数 } p \text{ の個数}]$$
$$\geq [(m-1)!\text{ に含まれる素因数 } p \text{ の個数}]$$
$$+ [n!\text{ に含まれる素因数 } p \text{ の個数}]$$

が成立する．これは，各素因数 p について言えるので $\dfrac{(m+n-1)!}{(m-1)!n!} \in \mathbb{N}$ となり，これより $n!\mid m(m-1)\cdots(m+n-1)$ であることがわかる．

> **演習 A20**　k と m は正の整数とする.
> (1) m が奇数のとき, $k^m + 2^m$ は $k+2$ で割り切れることを示せ.
> (2) m が偶数のとき, $k^m + 2^m$ が $k+2$ で割り切れれば, $k+2$ は 2^{m+1} の約数になることを示せ. 〔お茶の水女大〕

Comment
n が奇数のとき
$$a^n + b^n = (a+b)(a^{n-1} - a^{n-2}b + a^{n-3}b^2 - \cdots + b^{n-1})$$
となります.

解答例

(1) n が奇数であるから
$$k^m + 2^m = (k+2)(k^{m-1} - 2k^{m-2} + 2^2 k^{m-3} - \cdots + 2^{m-1})$$
ここで, $k^{m-1} - 2k^{m-2} + 2^2 k^{m-3} - \cdots + 2^{m-1}$ は整数であるから, $k^m + 2^m$ は $k+2$ で割り切れる. ∎

(2) m は正の偶数だから, $m \geq 2$ である.
$$\therefore \ k^m + 2^m = k(k^{m-1} + 2^{m-1}) - 2^{m-1}k + 2^m$$
$$= k(k^{m-1} + 2^{m-1}) - 2^{m-1}(k+2) + 2^{m+1}$$
すなわち
$$2^{m+1} = (k^m + 2^m) - k(k^{m-1} + 2^{m-1}) + 2^{m-1}(k+2) \quad \cdots\cdots\cdots ①$$
$m-1$ は奇数であるから, (1) の結果より $k^{m-1} + 2^{m-1}$ は $k+2$ で割り切れる. したがって, $k^m + 2^m$ が $k+2$ で割り切れれば, ①の右辺が $k+2$ で割り切れ,
$$k+2 \mid 2^{m+1}$$
よって, $k+2$ は 2^{m+1} の約数である. ∎

演習編 A　約数・倍数に関する問題

> **演習 A21**　a, b は正の整数で，$a+2$ は b で割り切れ，$b+1$ は a で割り切れる．このような a, b の組をすべて求めよ．　〔津田塾大〕

***C**omment*　むずかしいといえばむずかしいのですが，特別なことは何もありません．不等式によって，しぼり込むことがポイントです．

解答例

$\begin{cases} a+2 = kb \\ b+1 = la \end{cases}$ $(k, l \in \mathbb{N})$ とおく．$(k, l) = (1, 1)$ とすると，$a+2 = a-1$ となって，これは明らかに不合理である．すなわち $(k, l) \neq (1, 1)$ だから，$kl \neq 1$ である．したがって，

$$\begin{pmatrix} 1 & -k \\ -l & 1 \end{pmatrix} \begin{pmatrix} a \\ b \end{pmatrix} = \begin{pmatrix} -2 \\ -1 \end{pmatrix} \qquad \therefore \begin{pmatrix} a \\ b \end{pmatrix} = \frac{1}{kl-1} \begin{pmatrix} k+2 \\ 2l+1 \end{pmatrix} \quad \cdots\cdots ①$$

$a = \dfrac{k+2}{kl-1} \geq 1$ より $k+2 \geq kl-1 \iff k+3 \geq kl$

$\qquad \therefore l \leq \dfrac{k+3}{k} = 1 + \dfrac{3}{k} \leq 1+3 = 4 \qquad \therefore 1 \leq l \leq 4$

$b = \dfrac{2l+1}{kl-1} \geq 1$ より $2l+1 \geq kl-1 \iff 2l+2 \geq kl$

$\qquad \therefore k \leq \dfrac{2l+2}{l} = 2 + \dfrac{2}{l} \leq 2+2 = 4 \qquad \therefore 1 \leq k \leq 4$

$k = 1$ のとき　①より　$a = \dfrac{3}{l-1},\ b = \dfrac{2l+1}{l-1}$

　　a, b は自然数であるから，$l = 2, 4$

$k = 2$ のとき　①より　$a = \dfrac{4}{2l-1},\ b = \dfrac{2l+1}{2l-1}$

　　a, b は自然数であるから，$l = 1$

$k = 3$ のとき，同様にして，$l = 2$

$k = 4$ のとき，同様にして，$l = 1$

以上のことから

$\qquad (a, b) = (3, 5),\ (1, 3),\ (4, 3),\ (1, 1),\ (2, 1)$　∎

演習 A22 a, b, c は，$1 < a < b < c$ を満たす整数とし，$(ab-1)(bc-1)(ca-1)$ は，abc で割り切れるとする．
(1) $ab + bc + ca - 1$ は，abc で割り切れることを示せ．
(2) a, b, c を求めよ． 〔大阪歯大〕

Comment (1)は $(ab-1)(bc-1)(ca-1)$ と展開してみればわかります．(2)は不等式を活用します．なお，この問題は東工大でも出題されています．

[解答例]
(1)　　　$(ab-1)(bc-1)(ca-1)$
　　　　$= a^2b^2c^2 - abc(a+b+c) + (ab+bc+ca) - 1$
　　　　$= abc\{abc - (a+b+c)\} + (ab+bc+ca-1)$
　　$\therefore\ ab+bc+ca-1$
　　　　$= (ab-1)(bc-1)(ca-1) - abc\{abc-(a+b+c)\}$
仮定より，$(ab-1)(bc-1)(ca-1)$ は abc で割り切れるので，
　　$ab+bc+ca-1$ は abc で割り切れる． ■

(2) (1)の結果より
　　　　$abc \leqq ab+bc+ca-1 < ab+bc+ca$
　　$\therefore\ abc < ab+bc+ca$ ………①
$1 < a < b < c$ であるから
　　　　$abc < cb+bc+cb = 3bc$　$\therefore\ 1 < a < 3$　$\therefore\ a = 2$ ………②
このとき，①より，$2bc < 2b+bc+2c$
　　$\therefore\ bc < 2b+2c < 4c$　($\because\ b < c$)　　$\therefore\ b < 4$
したがって，$2 = a < b < 4$ より　$b = 3$ ………③
②，③より　$\begin{cases} ab+bc+ca-1 = 5c+5 \\ abc = 6c \end{cases}$
　　$\therefore\ 6c \leqq 5c+5$　　$\therefore\ c \leqq 5$
したがって，$3 = b < c \leqq 5$ より　$c = 4, 5$
$c = 4$ のとき，$ab+bc+ca-1 = 25$, $abc = 24$ となり不適．
$c = 5$ のとき，$ab+bc+ca-1 = 30$, $abc = 30$ となり適する．
以上から　　$(a, b, c) = (2, 3, 5)$ ■

演習編 A　約数・倍数に関する問題

演習 A23　自然数 a, b, c が $3a = b^3$, $5a = c^2$ を満たし，d^6 が a を割り切るような自然数 d は $d = 1$ に限るとする．
(1) a は 3 と 5 で割り切れることを示せ．
(2) a の素因数は 3 と 5 以外にないことを示せ．
(3) a を求めよ．　〔東工大〕

Comment　b が 3 で割り切れ，c が 5 で割り切れることを見抜いてください．d^6 が a を割り切るような自然数 d は $d = 1$ に限るというのも大切な条件です．

解答例

(1)　　$3a = b^3$ ……①　　$5a = c^2$ ……②

①から b^3 は 3 で割り切れ，3 は素数であるから，b も 3 で割り切れる．そこで
$$b = 3b' \quad (b' \in \mathbb{N})$$
とおき，これを①に代入すると
$$3a = (3b')^3 \qquad \therefore \ a = 3 \cdot 3b'^3 \qquad \cdots\cdots ③$$
同様に②より c^2 は 5 で割り切れ，5 は素数であるから，c も 5 で割り切れる．そこで
$$c = 5c' \quad (c' \in \mathbb{N})$$
とおき，これを②に代入すると
$$5a = (5c')^2 \qquad \therefore \ a = 5c'^2 \qquad \cdots\cdots ④$$
よって，③，④より a は 3 と 5 で割り切れることが示された．　∎

(2)　a が 3 と 5 以外の素因数 p をもつとし，
$$a = p^\alpha k \quad (\alpha \geq 1, \ k は p で割り切れない自然数)$$
とおく．このとき①，②より
$$b^3 = 3a = 3p^\alpha k \qquad \cdots\cdots ⑤$$
$$c^2 = 5a = 5p^\alpha k \qquad \cdots\cdots ⑥$$
⑤より b は p で割り切れるので
$$b = p^\beta l \quad (\beta \geq 1, \ l は p で割り切れない自然数)$$
とおき，これを⑤に代入すると
$$(p^\beta l)^3 = 3p^\alpha k \qquad \therefore \ p^{3\beta} l^3 = 3p^\alpha k$$
$$\therefore \ 3\beta = \alpha \ (p の指数を比較する)$$

142

すなわち，a は 3 の倍数である．

　同様にして，⑥より a は 2 の倍数でもある．

　3 と 2 は互いに素であるから，a は 6 の倍数となる．すなわち，$a \geqq 6$ となって，a は p^6 で割り切れる．

　しかるに仮定より d^6 が a を割り切るような自然数 d は $d=1$ に限られるので，これは不合理である．

　よって，題意は示された． ∎

(3) (2)の結果と，「d^6 が a を割り切る自然数 d は $d=1$ に限る」ことより
$$a = 3^x \cdot 5^y \quad (1 \leqq x \leqq 5, \ 1 \leqq y \leqq 5)$$
とおけて，①，②より
$$\begin{cases} b^3 = 3^{x+1} \cdot 5^y \\ c^2 = 3^x \cdot 5^{y+1} \end{cases}$$
したがって，上の 2 式の両辺の指数を比較して
$$\begin{cases} x+1 \text{ は } 3 \text{ の倍数}, \ x \text{ は } 2 \text{ の倍数} \\ y \text{ は } 3 \text{ の倍数}, \ y+1 \text{ は } 2 \text{ の倍数} \end{cases}$$
である．よって，$1 \leqq x \leqq 5, \ 1 \leqq y \leqq 5$ より
$$x = 2, \ y = 3$$
$$\therefore \quad a = 3^2 \cdot 5^3 = \mathbf{1125}$$
∎

演習偏A　約数・倍数に関する問題

> **演習 A24**　a, b を正の整数とする．
> (1) $c = a+b$, $d = a^2 - ab + b^2$ とおくとき，不等式 $1 < \dfrac{c^2}{d} \leq 4$ が成り立つことを示せ．
> (2) $a^3 + b^3$ が素数の整数乗になる a, b をすべて求めよ．　　〔東工大〕

Comment　(1)は単純計算です．(2)は $a^3 + b^3 = (a+b)(a^2 - ab + b^2)$ として(1)の不等式を利用します．

解答例

(1) $d = a^2 - ab + b^2 = \left(a - \dfrac{b}{2}\right)^2 + \dfrac{3}{4}b^2 > 0$ だから

$$d < c^2 \leq 4d$$

を示しておけばよい．

$$c^2 - d = (a+b)^2 - (a^2 - ab + b^2) = 3ab > 0$$
$$4d - c^2 = 4(a^2 - ab + b^2) - (a+b)^2 = 3(a-b)^2 \geq 0$$

よって，題意の不等式が成り立つことが示された．　■

(2) $a^3 + b^3 = (a+b)(a^2 - ab + b^2)$ が素数の整数乗になるので

$$a + b = p^k, \quad a^2 - ab + b^2 = p^l \quad (p：素数,\ k, l：非負整数)$$

とおけて，(1)の不等式より

$$1 < p^{2k-l} \leq 4$$

$p^{2k-l} > 1$ であるから $2k - l \geq 1$ であり，したがって

$$p = 2\ (2k - l = 1, 2) \quad \text{または} \quad p = 3\ (2k - l = 1)$$

(i) $p = 2,\ 2k - l = 1$ のとき

$$a + b = 2^k, \quad a^2 - ab + b^2 = 2^{2k-1}$$
$$\therefore\ 3ab = (a+b)^2 - (a^2 - ab + b^2) = 2^{2k-1}$$

これは 2^{2k-1} が 3 の倍数であることを示しているので不合理．

(ii) $p = 2,\ 2k - l = 2$ のとき

$$a + b = 2^k\ \cdots\cdots ①, \quad a^2 - ab + b^2 = 2^{2k-2}$$
$$\therefore\ 3ab = (a+b)^2 - (a^2 - ab + b^2) = 3 \cdot 2^{2k-2}$$
$$\therefore\ ab = 2^{2k-2}\ \cdots\cdots ②$$

144

①,②より $(a, b)=(2^{k-1}, 2^{k-1})$ $(k \geq 1)$

(iii) $p=3$, $2k-l=1$ のとき

$$a+b=3^k \quad \cdots\cdots ③ \qquad a^2-ab+b^2=3^{2k-1}$$

∴ $3ab=(a+b)^2-(a^2-ab+b^2)=2 \cdot 3^{2k-1}$

∴ $ab=2 \cdot 3^{2k-2} \quad \cdots\cdots ④$

③,④より $(a, b)=(3^{k-1}, 2 \cdot 3^{k-1}), (2 \cdot 3^{k-1}, 3^{k-1})$ $(k \geq 1)$

以上(i)〜(iii)より

$$(a, b)=(2^m, 2^m), (3^m, 2 \cdot 3^m), (2 \cdot 3^m, 3^m) \qquad ■$$

(ただし,m は任意の非負整数)

演習偏 A　約数・倍数に関する問題

演習 A25　x, y を正の整数として $a = 5x + 4y$, $b = 6x + 5y$ とおくとき，次の (1), (2) を証明せよ．

(1) a, b の最大公約数と，x, y の最大公約数は相等しい．

(2) $\dfrac{4}{5} < r < \dfrac{5}{6}$ を満たすどんな有理数 r も，x, y を適当に選べば，$r = \dfrac{a}{b}$ と表される．

〔岐阜大〕

Comment　x, y について解いてみると見通しがたちます．

[解答例]

(1)　(A) $\begin{cases} a = 5x + 4y \\ b = 6x + 5y \end{cases} \iff$ (B) $\begin{cases} x = 5a - 4b \\ y = -6a + 5b \end{cases}$

$d_1 = (a, b)$, $d_2 = (x, y)$ とおくと，

(B) から，d_1 は x, y の公約数　∴　$d_1 \leq d_2$ 　…………①

(A) から，d_2 は a, b の公約数　∴　$d_2 \leq d_1$ 　…………②

よって，①，② から　$d_1 = d_2$　∎

(2)　r を既約分数で表して，$r = \dfrac{c}{d}$ $(c, d \in \mathbb{N})$ とすると，$\dfrac{4}{5} < \dfrac{c}{d} < \dfrac{5}{6}$ であるから，

$5c - 4d > 0, \quad -6c + 5d > 0$

であり，これらの 2 数は自然数である．そこで，正の整数 x, y を

$x = 5c - 4d, \quad y = -6c + 5d$ 　…………③

のように定めると，a, b の定め方から，

$a = 5x + 4y = 5(5c - 4d) + 4(-6c + 5d) = c$

$b = 6x + 5y = 6(5c - 4d) + 5(-6c + 5d) = d$

となる（これは実は (1) の (A), (B) より明らか）ので，

$r = \dfrac{c}{d} = \dfrac{a}{b}$

となる．すなわち，不等式を満たす任意の有理数 $r = \dfrac{c}{d}$ に対して x, y を③のように選んでおけば，$r = \dfrac{a}{b}$ と表される．　∎

> **演習 A26** x と y は互いに素な自然数とし,M, N を $M = 11x + 2y$,$N = 18x + 5y$ とする.
> (1) M が 19 で割り切れるならば,N も 19 で割り切れることを示せ.また,このとき M と N の最大公約数は 19 であることを示せ.
> (2) $M + x$ と $N + y$ の最大公約数は 2, 6, 18 のいずれかであることを示せ.
> 〔大阪市大〕

Comment まず,x, y について解いてみてください."19" の意味がそれとなくわかるはずです.

[解答例]

(1) $\begin{pmatrix} M \\ N \end{pmatrix} = \begin{pmatrix} 11 & 2 \\ 18 & 5 \end{pmatrix} \begin{pmatrix} x \\ y \end{pmatrix} \iff \begin{pmatrix} x \\ y \end{pmatrix} = \dfrac{1}{19} \begin{pmatrix} 5 & -2 \\ -18 & 11 \end{pmatrix} \begin{pmatrix} M \\ N \end{pmatrix}$

∴ $19x = 5M - 2N$ ………① , $19y = -18M + 11N$ ………②

①より $2N = 5M - 19x$ だから,$19 | M$ ならば,$19 | 2N$.
$(19, 2) = 1$ であるから,$19 | N$ ∎

また,$M = 19m,\ N = 19n\ (m, n \in \mathbb{N})$ とおくと,

①より,$x = 5m - 2n$ ………③,②より,$y = -18m + 11n$ ………④

したがって,$(m, n) \neq 1$ とすると,③,④から $(x, y) \neq 1$ となり,これは x と y が互いに素である仮定に反する.よって,$(m, n) = 1$ となるので,$(M, N) = 19$ ∎

(2) $M + x = 12x + 2y = 2(6x + y)$,$N + y = 18x + 6y = 2(9x + 3y)$ であるから,2 はこの 2 数の公約数である.したがって,この 2 数の最大公約数は $2g\ (g \in \mathbb{N})$ とおける.すなわち,$(6x + y, 9x + 3y) = g$ である.

ここで,$6x + y = ga$,$9x + 3y = gb$ (a と b は互いに素な自然数)とおくと,

$\quad 9x = g(3a - b)$ …………⑤
$\quad 9y = g(-9a + 6b)$ …………⑥

x と y が互いに素であるから,g は 9 の約数である.すなわち,$g = 1, 3, 9$.
よって,$M + x$ と $N + y$ の最大公約数は,2, 6, 18 のいずれかである. ∎

《参考》 たとえば,

$(x, y) = (1, 1)$ のとき,$(6x + y,\ 9x + 3y) = (7, 12)$ で,$g = 1$
$(x, y) = (2, 3)$ のとき,$(6x + y,\ 9x + 3y) = (15, 27)$ で,$g = 3$
$(x, y) = (4, 3)$ のとき,$(6x + y,\ 9x + 3y) = (27, 45)$ で,$g = 9$

演習編 A 約数・倍数に関する問題

演習 A27 関数 $f(x) = ax^2 + bx + c$ (a, b, c は実数) に対し, $f(1), f(2), f(3)$ がすべて整数である.
(1) $2a$, $a+b$ はともに整数であることを示せ.
(2) n が自然数であるならば, $f(n)$ は整数であることを示せ.

〔学芸大〕

Comment $f(1) = k$, $f(2) = l$, $f(3) = m$ ($k, l, m \in \mathbb{Z}$) とおくと見通しがよくなります.

解答例

(1) $f(1), f(2), f(3)$ はすべて整数であるから,

$$a + b + c = k \quad \cdots\cdots ①$$
$$4a + 2b + c = l \quad \cdots\cdots ②$$
$$9a + 3b + c = m \quad \cdots\cdots ③$$

ただし, $k, l, m \in \mathbb{Z}$ とする.

②−①から, $3a + b = l - k$ $\quad \cdots\cdots ④$

③−②から, $5a + b = m - l$ $\quad \cdots\cdots ⑤$

⑤−④から, $2a = m - 2l + k \; (\in \mathbb{Z})$ $\quad \cdots\cdots ⑥$

④−⑥から, $a + b = 3l - 2k - m \; (\in \mathbb{Z})$

よって, 題意は示された. ■

(2) ①と(1)の結果とから, $c = k - (a+b) \in \mathbb{Z}$ であるので

$$f(n) = an^2 + bn + c = a(n^2 - n) + (a+b)n + c$$
$$= 2a \cdot \frac{n(n-1)}{2} + (a+b)n + c \in \mathbb{Z} \quad (\because 2a \in \mathbb{Z})$$

よって, $f(n)$ は整数である. ■

《参考》 数学的帰納法でも証明できる. ある n で $f(n) \in \mathbb{Z}$ とすると,

$$f(n+1) = a(n+1)^2 + b(n+1) + c = f(n) + 2an + (a+b)$$

であるから, (1)の結果から $f(n+1) \in \mathbb{Z}$.

> **演習 A28** $f(x) = ax^3 + bx^2 + cx + d$ は有理数を係数とする多項式であって，任意の整数 n に対し，$f(n)$ は常に整数になるとする．このとき，$f(x)$ の係数の 6 倍は整数であることを証明せよ． 〔学習院大〕

Comment 任意の整数 n に対して，$f(n)$ は常に整数ですから，$f(0)$ も $f(1)$ も $f(-1)$ も整数です．

解答例

$f(0) = p$, $f(1) = q$, $f(-1) = r$, $f(2) = s$ (p, q, r, s は整数) とおくと

$$\begin{cases} d = p & \cdots\cdots① \\ a + b + c + d = q & \cdots\cdots② \\ -a + b - c + d = r & \cdots\cdots③ \\ 8a + 4b + 2c + d = s & \cdots\cdots④ \end{cases}$$

$$\therefore \begin{cases} 6a = 3p - 3q - r + s \in \mathbb{Z} \\ 2b = -2p + q + r \in \mathbb{Z} \\ 6c = -3p + 6q - 2r - s \in \mathbb{Z} \\ d = p \in \mathbb{Z} \end{cases}$$

よって，$f(x)$ の係数 a, b, c, d の 6 倍は整数である． ∎

注 ①より $d \in \mathbb{Z}$ で，このとき②，③より

$$\begin{cases} a + b + c = q - d \in \mathbb{Z} \\ -a + b - c = r - d \in \mathbb{Z} \end{cases}$$

これらを辺々加えると $2b \in \mathbb{Z}$ であることがわかり，このとき，②，④より

$$\begin{cases} 2a + 2c = 2q - 2b - 2d \in \mathbb{Z} \\ 8a + 2c = s - 4b - d \in \mathbb{Z} \end{cases}$$

だから，これより $6a \in \mathbb{Z}$, $6c \in \mathbb{Z}$ であることがわかる．

演習偏 A　約数・倍数に関する問題

演習 A29

(1) 多項式 $f(x) = x^3 + ax^2 + bx + c$ (a, b, c は実数)を考える．$f(-1)$, $f(0)$, $f(1)$ がすべて整数ならば，すべての整数 n に対し，$f(n)$ は整数であることを示せ．

(2) $f(1996)$, $f(1997)$, $f(1998)$ がすべて整数の場合はどうか．

〔名大〕

Comment　$g(x) = f(x) - x^3$ とおくと，少しは楽になります．

解答例

(1) $g(x) = f(x) - x^3 = ax^2 + bx + c$ とおく．x^3 はすべての整数 x に対して整数であるから

$$\begin{bmatrix} f(-1), f(0), f(1) \text{ がすべて整数ならば,} \\ \text{すべての } n \text{ に対し, } f(n) \text{ は整数である.} \end{bmatrix}$$

$$\iff \begin{bmatrix} g(-1), g(0), g(1) \text{ がすべて整数ならば,} \\ \text{すべての } n \text{ に対し, } g(n) \text{ は整数である.} \end{bmatrix}$$

が成り立つ．

そこでいま，$g(-1) = p$, $g(0) = q$, $g(1) = r$ (p, q, r は整数)とおくと

$$\begin{cases} a - b + c = p \\ c = q \\ a + b + c = r \end{cases}$$

これらを a, b, c について解くと

$$a = \frac{p+r}{2} - q, \quad b = \frac{r-p}{2}, \quad c = q$$

$$\therefore g(x) = \left(\frac{p+r}{2} - q\right)x^2 + \frac{r-p}{2}x + q$$

$$= p \cdot \frac{(x-1)x}{2} + q(-x^2 + 1) + r \cdot \frac{x(x+1)}{2}$$

ここで，x が整数のとき，$(x-1)x$, $x(x+1)$ は連続する 2 整数の積だから，これらは偶数である．したがって，すべての整数 n に対して

$$\frac{(n-1)n}{2}, \quad \frac{n(n+1)}{2} \text{ はともに整数}$$

である．よって，すべての整数 n に対し，$g(n)$ は整数となる．すなわち，題意は示された．■

150

(2) $g(x)$ を (1) と同様に定め
$$h(x) = g(x+1997)$$
$$\qquad = a(x+1997)^2 + b(x+1997) + c$$
とおく．このとき，$h(x)$ は実数 d, e, f を用いて
$$h(x) = dx^2 + ex + f$$
とかける．したがって
$$g(1996) = h(-1) = s$$
$$g(1997) = h(0) = t \qquad (s, t, u \text{ は整数})$$
$$g(1998) = h(1) = u$$
とおくと，(1) とまったく同様にして
$$h(x) = s \cdot \frac{(x-1)x}{2} + t(-x^2+1) + u \cdot \frac{x(x+1)}{2}$$
となる．したがって，すべての整数 n に対して，
$$h(n) = g(n+1997)$$
は整数となる．すなわち，すべての整数 n に対して $g(n)$ は整数となるので，$f(n) = n^3 + g(n)$ は整数となる． ■

《参考》 一般に，$g(x) = ax^2 + bx + c$ に対し，互いに相異なる値 α, β, γ について
$$g(\alpha) = p, \quad g(\beta) = q, \quad g(\gamma) = r \qquad \cdots\cdots(*)$$
が成り立つとき，$g(x)$ は
$$g(x) = p \cdot \frac{(x-\beta)(x-\gamma)}{(\alpha-\beta)(\alpha-\gamma)} + q \cdot \frac{(x-\gamma)(x-\alpha)}{(\beta-\gamma)(\beta-\alpha)} + r \cdot \frac{(x-\alpha)(x-\beta)}{(\gamma-\alpha)(\gamma-\beta)} \quad \cdots\cdots(**)$$
とかける．実際，上の式で x を α, β, γ とすると，$(*)$ が成り立っていることは直ちに了解できるであろう．また $(**)$ を "ラグランジュの補間公式" という．
とくに，$\alpha = n-1, \beta = n, \gamma = n+1$ とすると
$$g(x) = p \cdot \frac{(x-n)(x-n-1)}{2}$$
$$\qquad + q \cdot \frac{(x-n-1)(x-n+1)}{-1} + r \cdot \frac{(x-n+1)(x-n)}{2}$$
となり，上式の第1項と第3項の $(x-n)(x-n-1)$ および $(x-n+1)(x-n)$ は x が整数のとき連続する2整数の積であるからこれらはともに偶数である．したがって，$g(x)$ が連続する3整数に対して整数値をとれば，$g(x)$ は，すべての整数に対して整数値をとることがいえる．

演習偏 A 約数・倍数に関する問題

> **演習 A30**　n を正の整数とするとき，次の問いに答えよ．
> (1) $\sqrt{n}$ は整数または無理数であることを示せ．ただし，2つの整数 p と q が互いに素ならば，p^2 と q^2 も互いに素であることは既知とする．
> (2) $\sqrt{n^2+1}$ は無理数であることを示せ．　　　　　〔京都産大〕

Comment　(1)は，n が平方数のときと，そうでないときとに場合分けして議論します．

解答例

(1) n が平方数 ($=m^2$, $m \in \mathbb{N}$) のときは整数である．そこで，n が平方数でないとき，無理数であることを背理法で示す．$\sqrt{n}$ が有理数になると仮定し

$$\sqrt{n} = \frac{p}{q} \quad (p \text{ と } q \text{ は互いに素な整数})$$

とおくと

$$nq^2 = p^2 \quad \cdots\cdots\cdots ①$$

ここで，p^2 と q^2 は互いに素であるから，n は p^2 で割り切れる．すなわち，$n = kp^2$ ($k \in \mathbb{N}$) とおけて，これを①に代入すると

$$kp^2 \cdot q^2 = p^2 \quad \therefore \quad kq^2 = 1 \quad \therefore \quad k = 1$$

したがって，$n = p^2$ となり，これは n が平方数でない仮定に反する．よって，$\sqrt{n}$ は無理数であることが証明され，題意は示された．■

注　n が平方数でないとき，①の両辺を素因数分解すると，左辺の素数の個数は奇数，右辺の素数は偶数で，これは矛盾である．

(2) $\sqrt{n^2+1}$ が無理数でないとすると，(1)よりこれは整数である．そこで，$\sqrt{n^2+1} = m$ ($m \in \mathbb{N}$) とおくと

$$n^2 + 1 = m^2 \quad \therefore \quad (m+n)(m-n) = 1$$

$$\therefore \quad \begin{cases} m+n = 1 \\ m-n = 1 \end{cases} \quad \therefore \quad \begin{cases} m = 1 \\ n = 0 \end{cases}$$

となり，これは n が正の整数であることに反する．
よって，$\sqrt{n^2+1}$ は無理数である．■

演習編 B

整数解を求める問題（30題）

演習 B1 2つの自然数 a, b $(a<b)$ が $ab+2a+2b=31$ を満たすとき，$a=\boxed{\text{ア}}$，$b=\boxed{\text{イ}}$ である．また，x の方程式 $x^2-(k+11)x-2k+9=0$ （k は定数）の2つの解がともに自然数ならば，$k=\boxed{\text{ウ}}$ である．

〔千葉工大〕

Comment $xy+px+qy=r$ $(p, q, r \in \mathbb{Z})$ を
$$(x+q)(y+p)=r+pq$$
と変形するのが定石です．

解答例
$$ab+2a+2b=31 \iff (a+2)(b+2)=35$$
$0<a<b$ だから，$2<a+2<b+2$
$$\therefore \quad a+2=5, \quad b+2=7$$
$$\therefore \quad a=3, \quad b=5 \quad (\text{ア}, \text{イ})$$

また，$x^2-(k+11)x-2k+9=0$ の自然数解を α, β $(\alpha \leqq \beta)$ とすると，
$$\alpha+\beta=k+11 \quad \cdots\cdots\text{①} \qquad \alpha\beta=-2k+9 \quad \cdots\cdots\text{②}$$
①から $k=\alpha+\beta-11$ で，これを②に代入すると
$$\alpha\beta=-2(\alpha+\beta-11)+9$$
$$\therefore \quad \alpha\beta+2\alpha+2\beta=31$$
上の結果より
$$(\alpha, \beta)=(3, 5)$$
よって，$k=\alpha+\beta-11=3+5-11=-3$ （ウ）

演習 B2 整数解を求める問題

$2xy+3y+x=0$ を満たす整数 x, y の組 (x, y) は ア 組あり，そのうち $xy<0$ を満足するものは $(x, y)=$ イ である．〔福岡大〕

Comment xy の係数が 1 ではなく，2 となっているところをどう処理していくかがポイントです．

[解答例]

$$2xy+3y+x=0 \iff xy+\frac{3}{2}y+\frac{1}{2}x=0$$

$$\therefore \left(x+\frac{3}{2}\right)\left(y+\frac{1}{2}\right)=\frac{3}{4}$$

両辺を 4 倍して

$$(2x+3)(2y+1)=3$$

$2x+3, \ 2y+1$ は整数であるから

$$(2x+3, \ 2y+1)=(1, \ 3), \ (3, \ 1), \ (-1, \ -3), \ (-3, \ -1)$$

$$\therefore (x, \ y)=(-1, \ 1), \ (0, \ 0), \ (-2, \ -2), \ (-3, \ -1)$$

よって，4 組（ア）

また，$xy<0$ を満足するものは，$(-1, \ 1)$（イ）

《参考》 与式より $y=\dfrac{-x}{2x+3}$（x は整数だから，$2x+3 \neq 0$）

$x=0$ のとき，$y=0$ だから，$x \neq 0$ とすると，$y \in \mathbb{Z}$ であるためには

$$|-x| \geq |2x+3| \iff 3x^2+12x+9 \leq 0$$

$$\therefore (x+1)(x+3) \leq 0$$

$$\therefore -3 \leq x \leq -1$$

が必要である．これより解を見つけることもできる．

なお，見通しの立つ人は $2xy+3y+x=0$ をはじめから 2 倍して処理してもよい．

演習 B3
(1) $4x^2+10x-y^2-y+6$ を因数分解せよ．
(2) $4x^2+10x-y^2-y=0$ を満たす整数の組 (x, y) をすべて求めよ．

〔日本女大〕

Comment　(2)は，いうまでもなく(1)の結果を利用します．

[解答例]

(1) 　　　　$4x^2+10x-y^2-y+6$
　　　$=4x^2+10x-(y^2+y-6)=4x^2+10x-(y-2)(y+3)$
　　　$=(2x-y+2)(2x+y+3)$　　■

(2) (1)の結果から
$$4x^2+10x-y^2-y=0 \iff (2x-y+2)(2x+y+3)=6$$
$$\therefore \begin{pmatrix}2x-y+2\\2x+y+3\end{pmatrix}=\begin{pmatrix}1\\6\end{pmatrix}, \begin{pmatrix}2\\3\end{pmatrix}, \begin{pmatrix}3\\2\end{pmatrix}, \begin{pmatrix}6\\1\end{pmatrix}, \begin{pmatrix}-1\\-6\end{pmatrix}, \begin{pmatrix}-2\\-3\end{pmatrix}, \begin{pmatrix}-3\\-2\end{pmatrix}, \begin{pmatrix}-6\\-1\end{pmatrix}$$

ここで，$(2x-y+2)+(2x+y+3)=4(x+1)+1$ に注意すると，
$$\begin{pmatrix}2x-y+2\\2x+y+3\end{pmatrix}=\begin{pmatrix}2\\3\end{pmatrix}, \begin{pmatrix}3\\2\end{pmatrix}, \begin{pmatrix}-1\\-6\end{pmatrix}, \begin{pmatrix}-6\\-1\end{pmatrix}$$
$$\therefore \begin{pmatrix}x\\y\end{pmatrix}=\begin{pmatrix}0\\0\end{pmatrix}, \begin{pmatrix}0\\-1\end{pmatrix}, \begin{pmatrix}-3\\-3\end{pmatrix}, \begin{pmatrix}-3\\2\end{pmatrix}$$
　　■

注　$(2x-y+2)+(2x+y+3)$ を 4 で割った余りは 1 になる．

演習偏 B　整数解を求める問題

演習 B4　$x^2+xy+y^2=12$ を満たす正の整数の組 (x, y) をすべて求めよ．

〔駒沢大〕

Comment　判別式を利用してもよいのですが，x^2+xy+y^2 は x, y の対称式ですから，ここは $0<x\leqq y$ として処理してみましょう．

[解答例]

$0<x\leqq y$ としておく．
$$12=x^2+xy+y^2\geqq 3x^2$$
$\therefore\ x^2\leqq 4$
$\therefore\ x=1,\ 2$

$x=1$ のとき，　$1+y+y^2=12\iff y^2+y-11=0$
これを満たす正の整数 y は存在しない．

$x=2$ のとき，　$4+2y+y^2=12\iff (y-2)(y+4)=0$
$\therefore\ y=2$

したがって，$y<x$ のとき正の整数解は存在しないので
$$(x,\ y)=(2,\ 2)$$
■

演習 B5　$x^2 - xy + 2y^2 - 5x + 3 = 0$ の整数解を求めよ．

Comment　これは定石通り，判別式で処理してみます．

[解答例]

x について整理すると
$$x^2 - (y+5)x + 2y^2 + 3 = 0$$
これを満たす実数 x が存在しなければならないので，$D(y)$ を判別式とすると
$$D(y) = (y+5)^2 - 4(2y^2 + 3) \geq 0$$
$$\therefore\ 7y^2 - 10y - 13 \leq 0$$
$$\therefore\ 49y^2 - 70y - 91 \leq 0$$
$$\therefore\ (7y-5)^2 \leq 116$$
これを満たす整数 y は，$y = 0, 1, 2$
ここで，$D(0) = 13$，$D(1) = 16$，$D(2) = 5$ であるから，$D(y)$ が完全平方数になるのは $y = 1$ のときである．したがって，
$$x = \frac{y + 5 \pm \sqrt{D(y)}}{2}$$
より，$x = 1, 5$
$$\therefore\ (x, y) = (1, 1),\ (5, 1)$$　∎

演習 B6　整数解を求める問題

> 演習 B6　　$abcd = a+b+c+d$ を満たす正の整数 a, b, c, d をすべて求めよ．
> 〔東京女大〕

Comment　与式は，a, b, c, d について対称ですから
$$1 \leq a \leq b \leq c \leq d$$
と仮定して議論をはじめるのが定石です．

[解答例]

$$abcd = a+b+c+d \quad \cdots\cdots① $$

$1 \leq a \leq b \leq c \leq d$ と仮定すると，①から
$$abcd = a+b+c+d \leq 4d$$
$$\therefore \ abc \leq 4 \quad \cdots\cdots②$$

$a \geq 2$ とすると，$abc \geq 2 \cdot 2 \cdot 2 = 8$ で②を満たさない．

$\therefore \ a = 1$

$\therefore \ bcd = 1+b+c+d \leq 4d$

$\therefore \ bc \leq 4 \quad \therefore \ b = 1, 2$

(1) $b = 1$ のとき

①より　$cd = 2+c+d \iff (c-1)(d-1) = 3$

$0 \leq c-1 \leq d-1$ より $(c-1, d-1) = (1, 3)$

$\therefore \ (c, d) = (2, 4)$

(2) $b = 2$ のとき

①より　$2cd = 3+c+d \iff (2c-1)(2d-1) = 7$

これを満たす正の整数 c, d は存在しない．

以上のことから

$(a, b, c, d) = (1, 1, 2, 4), \ (1, 1, 4, 2), \ (1, 2, 1, 4),$
$(1, 4, 1, 2), \ (1, 2, 4, 1), \ (1, 4, 2, 1),$
$(2, 1, 1, 4), \ (4, 1, 1, 2), \ (2, 1, 4, 1),$
$(4, 1, 2, 1), \ (2, 4, 1, 1), \ (4, 2, 1, 1)$　■

> **演習 B7** 2以上の整数 n に対して方程式 $x_1+x_2+\cdots+x_n=x_1x_2\cdots x_n$ の正の整数解 $(x_1, x_2, \cdots, x_n)$ を考える．ただし，たとえば $(1, 2, 3)$ と $(3, 2, 1)$ は異なる解とみなす．このとき，次の問に答えよ．
> (1) $n=2$ および $n=3$ のときの解を求めよ．
> (2) 解が1つしかないような n をすべて求めよ．
> (3) 任意の n に対して解は少なくとも1つ存在し，かつ有限個しかないことを示せ． 〔東工大〕

Comment (3)の後半は，$1 \leq x_1 \leq x_2 \leq \cdots \leq x_n$ と仮定して，x_n に最大値があることを示してください．

[解答例]

(1) $n=2$ のとき，$x_1+x_2=x_1x_2 \iff (x_1-1)(x_2-1)=1$
∴ $(x_1, x_2) = (2, 2)$ ■

$n=3$ のとき，$x_1+x_2+x_3=x_1x_2x_3$ で，$x_1 \leq x_2 \leq x_3$ とすると，$x_1x_2x_3 \leq 3x_3$
∴ $x_1x_2 \leq 3$

これより，$(x_1, x_2) = (1, 1), (1, 2), (1, 3)$ であるが，適するものを求めて
$(x_1, x_2, x_3) = (1, 2, 3)$

よって，$(x_1, x_2, x_3) = (1,2,3), (1,3,2), (2,1,3), (2,3,1), (3,1,2), (3,2,1)$ ■

(2) 解が1つしかないとき，$x_1 = x_2 = \cdots = x_n = x$ とおくと，$nx = x^n$
∴ $x^{n-1} = n$ ……①

ここで，$n \geq 2$ であるから $x \geq 2$ となる．

(i) $x=2$ のとき，
$n=2$ のとき，①は成立する．
$n \geq 3$ のとき，$2^{n-1} = (1+1)^{n-1} = 1 + {}_{n+1}C_1 + {}_{n-1}C_2 + \cdots > 1 + (n-1) = n$
だから成立しない．

(ii) $x \geq 3$ のとき，
$x^{n-1} > 2^{n-1} \geq n$ だから①は成立しない．

以上のことから，$n=2$ ■

(3) (i) 解が少なくとも1つ存在すること

$n=2$ のとき，(1) より $(x_1, x_2)=(2, 2)$

$n \geqq 3$ のとき，$(x_1, x_2, \cdots, x_{n-2}, x_{n-1}, x_n)=(1, 1, \cdots, 1, 2, n)$ が解の1つである．

(ii) 有限個しかないこと

$$1 \leqq x_1 \leqq x_2 \leqq \cdots \leqq x_n \qquad \cdots\cdots\cdots\cdots ②$$

として，x_n に最大値があることを示しておけば，題意が示されたことになる．

② と方程式より，

$$x_1 x_2 \cdots x_{n-1} x_n = x_1 + x_2 + \cdots + x_n \leqq n x_n$$

$$\therefore \quad x_1 x_2 \cdots x_{n-2} x_{n-1} \leqq n$$

$$\therefore \quad 1 \cdot 1 \cdot \cdots \cdot 1 \cdot x_{n-1} \leqq n \quad \therefore \quad x_{n-1} \leqq n$$

$$\therefore \quad x_i \leqq n \ (i=1, 2, \cdots, n-1)$$

したがって，$x_1 x_2 \cdots x_{n-1} x_n = x_1 + x_2 + \cdots x_{n-1} + x_n$ より，

$$(x_1 x_2 \cdots x_{n-1} - 1) x_n = x_1 + x_2 + \cdots + x_{n-1}$$

ここで，$x_1 x_2 \cdots x_{n-1} = 1$ とすると，$x_1 = x_2 = \cdots = x_{n-1} = 1$ だから，$x_n = (n-1) + x_n \ (n \geqq 2)$ となり矛盾．

よって，$x_1 x_2 \cdots x_{n-1} \neq 1$ であり，このとき

$$x_n = \frac{x_1 + x_2 + \cdots + x_{n-1}}{x_1 x_2 \cdots x_{n-1} - 1} \leqq x_1 + x_2 + \cdots + x_{n-1} \leqq (n-1) n$$

よって，解は有限個しかない． ∎

演習 B8
(1) 方程式 $5x-11y=1$ を満たす自然数の組 (x, y) のうち，x の値が 0 に近い方から 9 番目の組 (x, y) を求めよ．
(2) 方程式 $37x+23y=1$ を満たす整数の組 (x, y) のうち，y の値が 40 に最も近い組 (x, y) を求めよ． 〔東京農大〕

Comment (2)は $37=23\cdot1+14$，$23=14\cdot1+9$ に注意してください．

[解答例]
(1) $5x-11y=1 \iff 5(x+2)=11(y+1)$
5 と 11 は互いに素であるから，$x+2=11k$，$y+1=5k$
$\therefore\ (x, y)=(11k-2, 5k-1)\ (k=1, 2, 3, \cdots)$
よって，求める組は $k=9$ のときで，$(x, y)=(\mathbf{97,\ 44})$ ■

(2) $37x+23y=1 \iff 14x+23(x+y)=1$ ……①
ここで，$a=x+y$ とおくと，
  ① $\iff 14x+23a=1 \iff 9a+14(x+a)=1$ ……②
さらに，$b=x+a$ とおくと，
  ② $\iff 9a+14b=1 \iff 9(a+3)+14(b-2)=0$
9 と 14 は互いに素であるから，$a+3=14k$，$b-2=-9k\ (k\in\mathbb{Z})$
$\therefore\ a=14k-3,\ b=-9k+2$
$\therefore\ x+y=14k-3,\ x+(14k-3)=-9k+2$
$\therefore\ x=-23k+5,\ y=37k-8$
よって，y の値が 40 に最も近い (x, y) は $k=1$ のときで，
  $(x, y)=(\mathbf{-18,\ 29})$ ■

161

演習偏 B　整数解を求める問題

> **演習 B9**　$157x + 68y = 3$ の整数解を，ユークリッドの互除法を利用して求めよ．

***C**omment*　わからなければ，「理論編」の定理 2.1 の《参考》を見てください．

解答例

$$157 = 68 \times 2 + 21 \quad \cdots\cdots\cdots ①$$
$$68 = 21 \times 3 + 5 \quad \cdots\cdots\cdots ②$$
$$21 = 5 \times 4 + 1 \quad \cdots\cdots\cdots ③$$

①，②から

$$21 = 157 - 68 \times 2 \quad \cdots\cdots\cdots ④$$
$$5 = 68 - 21 \times 3 \quad \cdots\cdots\cdots ⑤$$

③および④，⑤から

$$\begin{aligned}
1 &= 21 - 5 \times 4 \\
&= 21 - (68 - 21 \times 3) \times 4 = 21 \times 13 - 68 \times 4 \\
&= (157 - 68 \times 2) \times 13 - 68 \times 4 = 157 \times 13 - 68 \times 30
\end{aligned}$$

$$\therefore \quad 157 \times 13 + 68 \times (-30) = 1$$
$$\therefore \quad 157 \times 39 + 68 \times (-90) = 3$$

したがって，

$$157x + 68y = 3 \iff 157(x - 39) = -68(y + 90)$$

ここで，①〜③より，

$$(157,\ 68) = (68,\ 21) = (21,\ 5) = (5,\ 1) = 1$$

であるから，157 と 68 は互いに素である．よって，

$$(x,\ y) = (39 + 68k,\ -90 - 157k) \quad (k \in \mathbb{Z}) \quad ■$$

演習 B10
(1) $4m+6n=7$ を満たす整数 m, n は存在しないことを示せ．
(2) $3m+5n=2$ を満たすすべての整数の組 (m, n) を求めよ．

以下，a, b は互いに素な正の整数とする．

(3) k を整数とするとき，ak を b で割った余りを $r(k)$ で表す．k, l を $b-1$ 以下の正の整数とするとき，$k \neq l$ ならば $r(k) \neq r(l)$ であることを示せ．
(4) $am+bn=1$ を満たす整数 m, n が存在することを示せ．

〔大阪女大〕

Comment (4)は，(3)の結果を利用します．ちょっとむずかしいでしょうか．

解答例

(1) $4m+6n=7 \iff 2(2m+3n)=7$ で，左辺は偶数，右辺は奇数となるから，整数 m, n は存在しない．■

(2) $3 \cdot (-1) + 5 \cdot 1 = 2$ であるから，
$$3m+5n=2 \iff 3(m+1)+5(n-1)=0 \iff 3(m+1)=-5(n-1)$$
$(3, 5)=1$ であるから，$\begin{pmatrix} m+1 \\ n-1 \end{pmatrix} = \begin{pmatrix} 5k \\ -3k \end{pmatrix}$ $\therefore \begin{cases} m=5k-1 \\ n=-3k+1 \end{cases}$ $(k \in \mathbb{Z})$ ■

(3) 仮定から $\begin{cases} ak = bq_k + r(k) \\ al = bq_l + r(l) \end{cases}$ ただし，$\begin{cases} 1 \leq k \leq b-1 \\ 1 \leq l \leq b-1 \end{cases}$，$q_k, q_l \in \mathbb{Z}$ とする．

いま，$1 \leq k < l \leq b-1$ かつ $r(k)=r(l)$ と仮定する．このとき，2式の差を考えて，
$$a(l-k) = b(q_l - q_k)$$
a, b は互いに素な正の整数であるから，$b \mid l-k$．

一方，$1 \leq k < l \leq b-1$ であるから，$1 \leq l-k \leq b-2$ となり，これは明らかに矛盾．よって，$k \neq l$ ならば $r(k) \neq r(l)$．■

(4) $1 \leq k \leq b-1$ なる整数 k に対して，$r(k)$ を (3) のように定めると，$b \nmid ak$ であるから，(3)の考察より $r(1), r(2), \cdots, r(b-1)$ は全て互いに異なる．すなわち，
$$\{r(1), r(2), \cdots, r(b-1)\} = \{1, 2, \cdots, b-1\}$$
したがって，$\exists i \in \{1, 2, \cdots, b-1\}; r(i)=1$．すなわち
$$ai = bq_i + r(i) = bq_i + 1 \qquad \therefore \quad ai + b(-q_i) = 1$$
よって，$am+bn=1$ を満たす整数 m, n が存在する．■

演習編 B　整数解を求める問題

> **演習 B11**　$14x + 21y + 6z = 1$ を満たす整数解を求めよ．

Comment　与式を $7(2x + 3y) + 6z = 1$ と変形すると，少しは見通しがつくはずです．

[解答例]

$(14, 21, 6) = 1$ であるから，この方程式は解を持つ．
$$14x + 21y + 6z = 1 \iff 7(2x + 3y) + 6z = 1$$
に注意して，$2x + 3y = u$ とおくと与方程式は
$$7u + 6z = 1$$
となり，これを理論編の定理 2.2 (19 頁) の方法で解くと
$$u = 1 + 6s, \quad z = -1 - 7s \quad (s \in \mathbb{Z})$$
さらに，$2x + 3y = 1 + 6s$ の解の 1 組は $x = -1 - 6s$, $y = 1 + 6s$ であり，$(2, 3) = 1$ であるから，
$$x = -1 - 6s + 3t, \quad y = 1 + 6s - 2t \quad (t \in \mathbb{Z})$$
$$\therefore \begin{cases} x = -1 - 6s + 3t \\ y = 1 + 6s - 2t \\ z = -1 - 7s \end{cases} \quad (s, t \in \mathbb{Z}) \qquad \cdots\cdots (*) \quad \blacksquare$$

《参考》　上の問題を**オイラーの解法**と呼ばれている次のような方法で解いてみよう．

与えられている方程式の係数の絶対値が最小のものは 6 であるから，14, 21 を 6 を用いて
$$14 = 6 \times 2 + 2, \quad 21 = 6 \times 4 - 3$$
と考えれば，
$$14x + 21y + 6z = 1 \iff 6(2x + 4y + z) + 2x - 3y = 1$$
そこで，
$$2x + 4y + z = a \qquad \cdots\cdots ①$$
とおけば，$6a + 2x - 3y = 1$ $\qquad \cdots\cdots ②$

再び絶対値最小の係数 2 に着目すると，② は

164

$$2(x-y+3a)-y=1$$

ここで，　　$x-y+3a=b$　　　　　　　　　　　…………③

とおくと $2b-y=1$ で，これより $y=-1+2b$

これと③とから，
$$x=b+y-3a=b+(-1+2b)-3a$$
$$=-1-3a+3b$$

さらに，①とから，
$$z=a-2x-4y$$
$$=a-2(-1-3a+3b)-4(-1+2b)$$
$$=6+7a-14b$$

以上から，$\begin{cases} x=-1-3a+3b \\ y=-1+2b \\ z=6+7a-14b \end{cases}$　　$(a, b \in \mathbb{Z})$　　　　…………(**)

言うまでもないことであるが，解の集合(*)と(**)は一致する．実際 (x, y, z) が (*) の形の解であれば，a, b を
$$\begin{pmatrix} a \\ b \end{pmatrix} = \begin{pmatrix} 5 & -2 \\ 3 & -1 \end{pmatrix} \begin{pmatrix} s \\ t \end{pmatrix} + \begin{pmatrix} 1 \\ 1 \end{pmatrix}$$
のように定めれば，その解は(**)の形でかけ，逆に (x, y, z) が(**)の形の解であれば，s, t を
$$\begin{pmatrix} s \\ t \end{pmatrix} = \begin{pmatrix} -1 & 2 \\ -3 & 5 \end{pmatrix} \begin{pmatrix} a \\ b \end{pmatrix} - \begin{pmatrix} 1 \\ 2 \end{pmatrix}$$
で定めると，その解は(*)の形でかける．

演習偏 B　整数解を求める問題

演習 B12　$\dfrac{5}{x}+\dfrac{6}{y}=1$ を満たす正の整数 $x,\ y$ の組 $(x,\ y)$ の個数を求めよ.

〔京都産大〕

C*omment*　分母をはらってみれば，$xy+px+qy=0$ の形になります．

[解答例]

$\dfrac{5}{x}+\dfrac{6}{y}=1$ の両辺に xy をかけて

$$5y+6x=xy \iff xy-6x-5y=0$$

$$\therefore\ (x-5)(y-6)=30 \quad \cdots\cdots\cdots\text{①}$$

また，$y=\dfrac{30}{x-5}+6=\dfrac{6x}{x-5}>0.$　　$y>0$ より $x-5>0$

$$\therefore\ y-6>0\ (\because\ \text{①})$$

したがって，①より

$$(x-5,\ y-6)=(1,\ 30),\ (2,\ 15),\ (3,\ 10),$$
$$(5,\ 6),\ (6,\ 5),\ (10,\ 3),\ (15,\ 2),\ (30,\ 1)$$

よって，与式を満たす正の整数 $(x,\ y)$ の個数は　8　■

演習 B13 p を素数とする．$\dfrac{1}{x}+\dfrac{1}{y}=\dfrac{1}{p}$ を満たす整数の組 (x, y) をすべて求めよ．

〔甲南大〕

Comment 両辺に pxy をかけてみます．p が素数であることにも注意して下さい．

[解答例]

$$\dfrac{1}{x}+\dfrac{1}{y}=\dfrac{1}{p} \quad \cdots\cdots\cdots ①$$

①の両辺に pxy をかけて

$$py + px = xy \iff xy - px - py = 0$$

$$\therefore\ (x-p)(y-p) = p^2$$

p は素数であるから

$$(x-p,\ y-p) = (1,\ p^2),\ (p,\ p),\ (p^2,\ 1),$$
$$(-1,\ -p^2),\ (-p,\ -p),\ (-p^2,\ -1)$$

$x \neq 0,\ y \neq 0$ だから，$(x-p,\ y-p) \neq (-p,\ -p)$

よって，

$$(x, y) = (1+p,\ p+p^2),\ (2p,\ 2p),\ (p+p^2,\ 1+p),$$
$$(p-1,\ p-p^2),\ (p-p^2,\ p-1)$$

∎

演習偏 B　整数解を求める問題

演習 B14　x, y, z は自然数で，$x \leqq y \leqq z$ とする．

(1) $\dfrac{1}{x} + \dfrac{1}{y} + \dfrac{1}{z} = 1$ を満たす x, y, z の値をすべて求めよ．

(2) x, y, z が不等式 $\dfrac{1}{x} + \dfrac{1}{y} + \dfrac{1}{z} < 1$ を満たすとき，$\dfrac{1}{x} + \dfrac{1}{y} + \dfrac{1}{z}$ の最大値および最大値を与える x, y, z の値を求めよ．　〔都立大〕

Comment　$x \leqq y \leqq z$ のとき $\dfrac{1}{x} \geqq \dfrac{1}{y} \geqq \dfrac{1}{z}$ が成り立ちます．

[解答例]

(1) $1 \leqq x \leqq y \leqq z$ だから $\dfrac{1}{x} \geqq \dfrac{1}{y} \geqq \dfrac{1}{z}$

$\therefore\ 1 = \dfrac{1}{x} + \dfrac{1}{y} + \dfrac{1}{z} \leqq \dfrac{3}{x}$　　$\therefore\ x \geqq 3$

明らかに $x \neq 1$ であるから $x = 2, 3$

(i) $x = 2$ のとき

$\dfrac{1}{2} = \dfrac{1}{y} + \dfrac{1}{z} \leqq \dfrac{2}{y}$　　$\therefore\ y \leqq 4$

明らかに $y \neq 2$ であるから，$y = 3, 4$

$\therefore\ (y, z) = (3, 6), (4, 4)$

(ii) $x = 3$ のとき

$\dfrac{2}{3} = \dfrac{1}{y} + \dfrac{1}{z} \leqq \dfrac{2}{y}$　　$\therefore\ y \leqq 3$

$\therefore\ (y, z) = (3, 3)$

以上(i), (ii)から

$(x, y, z) = (2, 3, 6), (2, 4, 4), (3, 3, 3)$　■

(2) (1)のように $x \leqq y \leqq z$ と仮定しておいてよい．また，

$F(x, y, z) = \dfrac{1}{x} + \dfrac{1}{y} + \dfrac{1}{z}$ とおく．(1)の結果を考慮すると

(i) $x = 2$ の場合

(イ) $y = 3$ のとき，$z \geqq 7$ だから

$F(x, y, z) = \dfrac{1}{2} + \dfrac{1}{3} + \dfrac{1}{z} \leqq \dfrac{1}{2} + \dfrac{1}{3} + \dfrac{1}{7} = \dfrac{41}{42}$

(ロ) $y = 4$ のとき，$z \geqq 5$ だから

$$F(x, y, z) = \frac{1}{2} + \frac{1}{4} + \frac{1}{z} \leq \frac{1}{2} + \frac{1}{4} + \frac{1}{5} = \frac{19}{20} < \frac{41}{42}$$

（ハ）$y \geq 5$ のとき，$z \geq 5$ だから

$$F(x, y, z) = \frac{1}{2} + \frac{1}{y} + \frac{1}{z} \leq \frac{1}{2} + \frac{1}{5} + \frac{1}{5} = \frac{9}{10} < \frac{41}{42}$$

（ⅱ）$x = 3$ の場合

（イ）$y = 3$ のとき，$z \geq 4$ だから

$$F(x, y, z) = \frac{1}{3} + \frac{1}{3} + \frac{1}{z} \leq \frac{1}{3} + \frac{1}{3} + \frac{1}{4} = \frac{11}{12} < \frac{41}{42}$$

（ロ）$y \geq 4$ のとき，$z \geq 4$ だから

$$F(x, y, z) = \frac{1}{3} + \frac{1}{y} + \frac{1}{z} \leq \frac{1}{3} + \frac{1}{4} + \frac{1}{4} = \frac{5}{6} < \frac{41}{42}$$

（ⅲ）$x \geq 4$ の場合

$y \geq 4$, $z \geq 4$ だから，

$$F(x, y, z) = \frac{1}{x} + \frac{1}{y} + \frac{1}{z} \leq \frac{1}{4} + \frac{1}{4} + \frac{1}{4} = \frac{3}{4} < \frac{41}{42}$$

以上のことから

$$\max F(x, y, z) = \frac{41}{42}, \quad (x, y, z) = (2, 3, 6) \qquad ∎$$

注 n を自然数とすると

$$\frac{1}{n} - \frac{1}{n+1} = \frac{1}{n(n+1)} > 0 \qquad \therefore \quad \frac{1}{n} > \frac{1}{n+1}$$

したがって，n が大きくなればなるほど $\frac{1}{n}$ と $\frac{1}{n+1}$ との差は小さくなるゆえに，$F(x, y, z) < 1$ であって，$F(x, y, z)$ を最大とする x, y, z は(1)で求めた3組の解のうち，最も大きい自然数6を7に変えたもの，すなわち

$$\max F(x, y, z) = F(2, 3, 7) = \frac{41}{42}$$

と予想できる．しかし，これから直ちに最大値が $\frac{41}{42}$ と結論するのは論理の飛躍であろう．なぜなら，これだけでは

$$\frac{41}{42} < F(x_0, y_0, z_0) < 1$$

となる (x_0, y_0, z_0) の存在が完全には否定されていないからである．

演習偏 B 整数解を求める問題

演習 B15 方程式 $\dfrac{1}{n_1}+\dfrac{1}{n_2}+\dfrac{1}{n_3}+\dfrac{1}{n_4}=1$ を満たす正整数の組 (n_1, n_2, n_3, n_4) (ただし, $n_1 \leqq n_2 \leqq n_3 \leqq n_4$) を調べたい.

まず, n_1 の最小値は ア で, 最大値は イ である.
$n_1 =$ ア のとき, n_2 の最小値は ウ で, 最大値は エ である. $(n_1, n_2) = ($ ア $, $ ウ $+1)$ のとき, 条件を満たす (n_3, n_4) の組は オ 組あり, $(n_1, n_2) = ($ ア $, $ ウ $+1)$ のときは カ 組ある.

こうして数えていくと, 結局, 全部で キ 組の解があることがわかる. 〔上智大〕

Comment 直接的には, n_i ($i = 1, 2, 3, 4$) の値が大きくなると, 方程式を満たす n_i は存在しないことに注意したい.

解答例

$$\dfrac{1}{n_1}+\dfrac{1}{n_2}+\dfrac{1}{n_3}+\dfrac{1}{n_4}=1 \quad \cdots\cdots\text{①}$$

①より $1 = \dfrac{1}{n_1}+\dfrac{1}{n_2}+\dfrac{1}{n_3}+\dfrac{1}{n_4} > \dfrac{1}{n_1}$ ∴ $n_1 > 1$ ∴ $n_1 \geqq 2$

また, $\dfrac{1}{n_1} \geqq \dfrac{1}{n_2} \geqq \dfrac{1}{n_3} \geqq \dfrac{1}{n_4}$ であるから

$$1 = \dfrac{1}{n_1}+\dfrac{1}{n_2}+\dfrac{1}{n_3}+\dfrac{1}{n_4} \leqq \dfrac{4}{n_1} \quad ∴\ n_1 \leqq 4$$

∴ $2 \leqq n_1 \leqq 4$ ∴ $n_1 = 2, 3, 4$

∴ n_1 の最小値:2, n_1 の最大値:4 (ア, イ) ∎

(1) $n_1 = 2$ のとき

$$\dfrac{1}{2} = \dfrac{1}{n_2}+\dfrac{1}{n_3}+\dfrac{1}{n_4} > \dfrac{1}{n_2} \quad ∴\ n_2 > 2 \quad ∴\ n_2 \geqq 3$$

また, $\dfrac{1}{2} = \dfrac{1}{n_2}+\dfrac{1}{n_3}+\dfrac{1}{n_4} \leqq \dfrac{3}{n_2}$ ∴ $n_2 \leqq 6$

∴ $3 \leqq n_2 \leqq 6$ ∴ $n_2 = 3, 4, 5, 6$

∴ n_2 の最小値:3, n_2 の最大値:6 (ウ, エ) ∎

(i) $(n_1, n_2) = (2, 3)$ のとき

$$\frac{1}{6} = \frac{1}{n_3} + \frac{1}{n_4} \iff (n_3-6)(n_4-6) = 36$$

∴ $(n_3, n_4) = (7, 42), (8, 24), (9, 18), (10, 15), (12, 12)$

∴ **5**(組)　(オ)

(ⅱ) $(n_1, n_2) = (2, 4)$ のとき

$$\frac{1}{4} = \frac{1}{n_3} + \frac{1}{n_4} \iff (n_3-4)(n_4-4) = 16$$

∴ $(n_3, n_4) = (5, 20), (6, 12), (8, 8)$　∴ **3**(組)　(カ)

(ⅲ) $(n_1, n_2) = (2, 5)$ のとき

$$\frac{3}{10} = \frac{1}{n_3} + \frac{1}{n_4} \leqq \frac{2}{n_3} \qquad ∴ \quad n_3 \leqq \frac{20}{3}$$

∴ $(n_3, n_4) = (5, 10)$　　∴ 1(組)

(ⅳ) $(n_1, n_2) = (2, 6)$ のとき

$$\frac{1}{3} = \frac{1}{n_3} + \frac{1}{n_4} \leqq \frac{2}{n_2} \qquad ∴ \quad n_3 \leqq 6$$

∴ $(n_3, n_4) = (6, 6)$　　∴ 1(組)

(2) $n_1 = 3$ のとき

$$\frac{2}{3} = \frac{1}{n_2} + \frac{1}{n_3} + \frac{1}{n_4} \leqq \frac{3}{n_2} \qquad ∴ \quad n_2 \leqq \frac{9}{2}$$

∴ $n_2 = 3, 4$

(ⅰ) $(n_1, n_2) = (3, 3)$ のとき

$$\frac{1}{3} = \frac{1}{n_3} + \frac{1}{n_4} \iff (n_1-3)(n_2-3) = 9$$

∴ $(n_1, n_2) = (4, 12), (6, 6)$　　∴ 2(組)

(ⅱ) $(n_1, n_2) = (3, 4)$ のとき

$$\frac{5}{12} = \frac{1}{n_3} + \frac{1}{n_4} \leqq \frac{2}{n_3} \qquad ∴ \quad n_3 \leqq \frac{24}{5}$$

∴ $(n_3, n_4) = (4, 6)$　　∴ 1(組)

(3) $n_1 = 4$ のとき

$$\frac{3}{4} = \frac{1}{n_2} + \frac{1}{n_3} + \frac{1}{n_4} \leqq \frac{3}{n_2} \qquad ∴ \quad n_2 \leqq 4$$

∴ $n_2 = 4$　　∴ $(n_3, n_4) = (4, 4)$　　∴ 1(組)

(1)～(3)より，解は全部で $5+3+1+1+2+1+1 = $ **14** (組)　(キ)

演習偏 B　整数解を求める問題

演習 B16

(1) $\dfrac{1}{x} + \dfrac{1}{y} = \dfrac{1}{2}$ を満たす自然数 x, y の組 (x, y) をすべて求めよ．

(2) n を自然数，r を正の有理数とする．このとき，$\sum_{k=1}^{n} \dfrac{1}{x_k} = r$ を満たす自然数 x_k の組 $(x_1, \cdots, x_n)$ の個数は有限であることを示せ．

〔東工大〕

Comment　(2)は，自然数 n に関する数学的帰納法で証明してみましょう．

解答例

(1) $1 \leqq x \leqq y$ とすると，$0 < \dfrac{1}{y} \leqq \dfrac{1}{x} \leqq 1$．　∴ $\dfrac{1}{2} = \dfrac{1}{x} + \dfrac{1}{y} \leqq \dfrac{2}{x}$　∴ $x \leqq 4$

また，$\dfrac{1}{2} = \dfrac{1}{x} + \dfrac{1}{y} > \dfrac{1}{x}$　　∴ $x > 2$　　　∴ $x = 3, 4$

よって，$x > y$ の時も考慮して，$(x, y) = (3, 6), (4, 4), (6, 3)$　　∎

《参考》　$\dfrac{1}{x} + \dfrac{1}{y} = \dfrac{1}{2} \iff \dfrac{x+y}{xy} = \dfrac{1}{2} \iff (x-2)(y-2) = 4$ より (x, y) を定めてもよい．

(2)　$1 \leqq x_1 \leqq x_2 \leqq \cdots \leqq x_n$ と仮定して，$\sum_{k=1}^{n} \dfrac{1}{x_k} = r$ を満たす自然数 x_k の組 $(x_1, \cdots, x_n)$ の個数が有限であることを示しておけばよい．これを n に関する数学的帰納法で示す．

（ⅰ）$n = 1$ のとき，$\dfrac{1}{x_1} = r$ （r は正の有理数）を満たす自然数はただ一つ存在するかまたは存在しないかのいずれかであるので，解の個数は有限である．

（ⅱ）1 以上のある n で成り立つと仮定する．このとき，

$$1 \leqq x_1 \leqq x_2 \leqq \cdots \leqq x_n \leqq x_{n+1}$$

とし，$\sum_{k=1}^{n+1} \dfrac{1}{x_k} = r$ を満たす自然数解の組 $(x_1, \cdots, x_n, x_{n+1})$ の個数が有限であることを示しておけばよい．$1 \leqq x_1 \leqq x_2 \leqq \cdots \leqq x_n \leqq x_{n+1}$ より，

$\dfrac{1}{x_{n+1}} \leqq \dfrac{1}{x_n} \leqq \cdots \leqq \dfrac{1}{x_1}$ であるから

$$r = \sum_{k=1}^{n+1} \dfrac{1}{x_k} \leqq \dfrac{n+1}{x_1} \qquad \therefore\ 1 \leqq x_1 \leqq \dfrac{n+1}{r} \qquad \cdots\cdots\cdots ①$$

①を満たす自然数 x_1 は有限個しか存在せず,また帰納法の仮定より

$$\sum_{k=2}^{n+1} \dfrac{1}{x_k} = r - \dfrac{1}{x_1} \quad \left(r - \dfrac{1}{x_1} \in \mathbb{Q}_+\right)$$

を満たす自然数解 $(x_2, x_3, \cdots, x_n, x_{n+1})$ の個数も有限である.よって,$\sum_{k=1}^{n+1} \dfrac{1}{x_k} = r$ を満たす自然数解の組 $(x_1, \cdots, x_n, x_{n+1})$ の個数も有限となるので,$n+1$ の時も成り立つ.

以上(ⅰ),(ⅱ)から題意は証明された. ∎

注 $\mathbb{Q}_+$ は正の有理数全体の集合を表す.

演習編 B 整数解を求める問題

演習 B17 a, b を整数とする。x, y の連立方程式 $\begin{cases} ax+3by=1 \\ bx+ay=0 \end{cases}$ が整数の解をもつような組 (a, b) のうちで，$a \geq 0$，$0 \leq b \leq 5$ を満たすものをすべて求めよ。 〔東工大〕

Comment まず，$a^2-3b^2 \neq 0$ であることを見抜いてください．

[解答例]

$$\begin{cases} ax+3by=1 \\ bx+ay=0 \end{cases} \iff \begin{pmatrix} a & 3b \\ b & a \end{pmatrix}\begin{pmatrix} x \\ y \end{pmatrix} = \begin{pmatrix} 1 \\ 0 \end{pmatrix}$$

ここで，$a^2-3b^2=0$ とすると，$a^2=3b^2$（左辺は平方数であり，右辺はそうではない）となり，この式を満たす整数は $(a, b)=(0, 0)$ 以外にはありえないが，これは $ax+3by=1$ に反する．したがって，$a^2-3b^2 \neq 0$ となり，これより

$$\begin{pmatrix} x \\ y \end{pmatrix} = \frac{1}{a^2-3b^2}\begin{pmatrix} a & -3b \\ -b & a \end{pmatrix}\begin{pmatrix} 1 \\ 0 \end{pmatrix}$$

いま，$k=a^2-3b^2$ $(k \in \mathbb{Z}, k \neq 0)$ ……① とおくと，

$$\begin{cases} x=\dfrac{a}{k} \\ y=-\dfrac{b}{k} \end{cases} \iff \begin{cases} a=kx \\ b=-ky \end{cases}$$

で，これを①に代入すると，

$$k=(kx)^2-3(-ky)^2 \iff k(x^2-3y^2)=1$$

であるから，k は 1 の約数である．すなわち，$k=\pm 1$．

(ⅰ) $k=1$ すなわち $a^2=3b^2+1$ のとき，
$b=0, 1, 2, 3, 4, 5$ とすると，$a^2=1, 4, 13, 28, 49, 76$ となるので，この中より適するもの（平方数）を選んで，$(a, b)=(1, 0), (2, 1), (7, 4)$ となる．

(ⅱ) $k=-1$ すなわち $a^2=3b^2-1=3(b^2-1)+2$ のとき，
このときは，$a^2 \equiv 2 \pmod{3}$ となり，整数の平方剰余を考えればこれはありえない．

以上のことから，

$$(a, b)=(1, 0), (2, 1), (7, 4) \qquad \blacksquare$$

演習 B18 a を実数とする. 2つの式 $\begin{cases} 2x+ay=0 \\ (a+2)x-y=4 \end{cases}$ を同時に満たす整数 x, y があるとき, a の値を求めよ. 〔信州大〕

Comment x, y について解いてみればいいだけの話です.

[解答例]

$$\begin{cases} 2x+ay=0 \\ (a+2)x-y=4 \end{cases} \text{より} \quad \begin{pmatrix} 2 & a \\ a+2 & -1 \end{pmatrix}\begin{pmatrix} x \\ y \end{pmatrix}=\begin{pmatrix} 0 \\ 4 \end{pmatrix}$$

ここで

$$\begin{vmatrix} 2 & a \\ a+2 & -1 \end{vmatrix} = -2-a(a+2) = -\{(a+1)^2+1\} \neq 0$$

であるから

$$\begin{pmatrix} x \\ y \end{pmatrix} = \frac{1}{a^2+2a+2}\begin{pmatrix} 1 & a \\ a+2 & -2 \end{pmatrix}\begin{pmatrix} 0 \\ 4 \end{pmatrix}$$

$$\therefore \quad x = \frac{4a}{a^2+2a+2}, \quad y = \frac{-8}{a^2+2a+2}$$

$a^2+2a+2 = (a+1)^2+1 > 0$ で, y は整数だから

$\quad a^2+2a+2 = 1, 2, 4, 8$

$\quad \therefore \quad (a+1)^2 = 0, 1, 3, 7$

$\quad \therefore \quad a = -1, \ -1\pm 1, \ -1\pm\sqrt{3}, \ -1\pm\sqrt{7}$

$x = \dfrac{4a}{a^2+2a+2}$ が整数になるものをとって

$\quad a = -1, \ 0, \ -2$ ∎

演習 B19

x, y を整数として $x^3 + y^3 = 91$ を満たす x, y の組をすべて求めよ．

〔明治大〕

Comment $x^3 + y^3 = (x+y)(x^2-xy+y^2)$, $91 = 1 \times 91 = 7 \times 13$ がポイントです．

[解答例]

$$x^3 + y^3 = 91 \iff (x+y)(x^2-xy+y^2) = 91$$

ここで，$x^2 - xy + y^2 = \left(x - \dfrac{y}{2}\right)^2 + \dfrac{3}{4}y^2 \geq 0$ であるから，$91 = 1 \cdot 91 = 7 \cdot 13$ とから，

$$\begin{pmatrix} x+y \\ x^2-xy+y^2 \end{pmatrix} = \begin{pmatrix} 1 \\ 91 \end{pmatrix}, \begin{pmatrix} 7 \\ 13 \end{pmatrix}, \begin{pmatrix} 13 \\ 7 \end{pmatrix}, \begin{pmatrix} 91 \\ 1 \end{pmatrix} \quad \cdots\cdots (*)$$

ここで，$x+y = m$, $x^2 - xy + y^2 = n$ とおくと，$xy = \dfrac{m^2 - n}{3}$ であるから，x, y の実数条件より

$$m^2 - 4 \cdot \dfrac{m^2 - n}{3} \geq 0 \qquad \therefore \quad m^2 \leq 4n$$

$(*)$ でこれを満たすものは，$\begin{pmatrix} x+y \\ x^2-xy+y^2 \end{pmatrix} = \begin{pmatrix} 1 \\ 91 \end{pmatrix}, \begin{pmatrix} 7 \\ 13 \end{pmatrix}$

（ⅰ）$x+y = 1$, $x^2 - xy + y^2 = 91$ のとき，

y を消去して，$x^2 - x - 30 = 0 \iff (x-6)(x+5) = 0$

$\therefore \quad (x, y) = (6, -5), (-5, 6)$

（ⅱ）$x+y = 7$, $x^2 - xy + y^2 = 13$ のとき，

y を消去して，$x^2 - 7x + 12 = 0 \iff (x-3)(x-4) = 0$

$\therefore \quad (x, y) = (3, 4), (4, 3)$

以上（ⅰ），（ⅱ）より

$$(x, y) = (6, -5), (-5, 6), (3, 4), (4, 3) \qquad \blacksquare$$

> **演習 B20** 次の問に答えよ．
> (1) $a+b \geqq a^2-ab+b^2$ を満たす正の整数の組 (a, b) をすべて求めよ．
> (2) $a^3+b^3=p^3$ を満たす素数 p と正の整数 a, b は存在しないことを示せ．
> 〔早大〕

Comment
ほとんどの正の整数 a, b に対して，
$$a+b < a^2-ab+b^2$$
が成り立ちますが，(1)は例外的に
$$a+b \geqq a^2-ab+b^2$$
となる a, b は何だろう，ときいているのです．

(2)は当然 $a^3+b^3=(a+b)(a^2-ab+b^2)$ として，(1)を利用します．

解答例

(1) $a+b \geqq a^2-ab+b^2 \iff a^2-(b+1)a+b^2-b \leqq 0$ ……①

①を満たす実数 a が存在する条件は
$$(b+1)^2 - 4(b^2-b) \geqq 0 \iff (b-1)^2 \leqq \frac{4}{3}$$
$\therefore\ b=1, 2$ （$\because\ b$ は正の整数）

$b=1$ のとき，①より $a(a-2) \leqq 0$ $\therefore\ a=1, 2$

$b=2$ のとき，①より $(a-1)(a-2) \leqq 0$ $\therefore\ a=1, 2$

$\therefore\ (a, b) = (1, 1), (2, 1), (1, 2), (2, 2)$ ∎

(2) $a^3+b^3=p^3$ ……(∗)

(∗)を満たす素数 p と正の整数 a, b が存在したとして矛盾を導く．

$(*) \iff (a+b)(a^2-ab+b^2) = p^3$

(ⅰ) $a+b \geqq a^2-ab+b^2$ のとき；

(1)の結果より $(a,b)=(1,1), (2,1), (1,2), (2,2)$ で，このとき $a^3+b^3 = 2, 9, 16$.

$\therefore\ p^3 = 2, 9, 16$

ところが，p は素数であるからこれは明らかに不合理．

(ⅱ) $a+b < a^2-ab+b^2$ のとき；

$a+b \geqq 2$ であり，p は素数であるから
$$a+b = p \ \cdots\text{①} \qquad a^2-ab+b^2 = p^2 \ \cdots\text{②}$$

②から $(a+b)^2 - 3ab = p^2$ で，これに①を代入して $ab = 0$. ところが，a, b は正の整数であるから，これは不合理．

以上(ⅰ), (ⅱ)から題意は示された． ∎

演習偏 B　整数解を求める問題

> 演習 B21
> (1) 等式 $(x^2-ny^2)(z^2-nt^2)=(xz+nyt)^2-n(xt+yz)^2$ を示せ．
> (2) $x^2-2y^2=-1$ の自然数解 (x,y) が無限組であることを示し，$x>100$ となる解を 1 組求めよ．　　　〔お茶の水女大〕

Comment　いうまでもなく，(2) は (1) の結果を利用します．

解答例

(1) 　　$(x^2-ny^2)(x^2-nt^2)=(xz+nyt)^2-n(xt+yz)^2$ 　……①
　　（①の右辺）$=x^2z^2+2nxyzt+n^2y^2t^2-n(x^2t^2+2xyzt+y^2z^2)$
　　　　　　　$=x^2z^2+n^2y^2t^2-nx^2t^2-ny^2z^2$
　　　　　　　$=x^2(z^2-nt^2)-ny^2(z^2-nt^2)$
　　　　　　　$=(x^2-ny^2)(z^2-nt^2)$
　　　　　　　$=$（①の左辺）

よって，等式①は示された． ■

(2) ①で $n=2$, $z=3$, $t=2$ とおくと，$z^2-nt^2=1$ だから
　　　$x^2-2y^2=(3x+4y)^2-2(2x+3y)^2$ 　……②
$x^2-2y^2=-1$ ……③ のとき，②より
　　　$(3x+4y)^2-2(2x+3y)^2=-1$
だから，$(x,y)=(x_1,y_1)$ が③の解ならば
　　　$(x,y)=(3x_1+4y_1,\ 2x_1+3y_1)$
も③の解である．
　したがって，$(x_1,y_1)=(1,1)$（これは③の解）とし，
$$\begin{cases} x_{n+1}=3x_n+4y_n \\ y_{n+1}=2x_n+3y_n \end{cases} (n=1,2,\cdots)$$
とすると，$(x_n,y_n)\ (n=1,2,\cdots)$ はすべて③の解である．また，$x_n<x_{n+1}$，$y_n<y_{n+1}$ であるから数列 $\{x_n\}$, $\{y_n\}$ は増加数列である．よって，自然数解 (x,y) は無限個ある．
　上で述べたことより，$(x_2,y_2)=(7,5)$, $(x_3,y_3)=(41,29)$, $(x_4,y_4)=(239,169)$ であるから，$x>100$ となる解は
　　　$(x,y)=(239,\ 169)$ ■

演習 B22 k は 0 または正の整数とする．方程式 $x^2-y^2=k$ の解 (a,b) で，a,b がともに奇数であるものを奇数解と呼ぶ．
(1) 方程式 $x^2-y^2=k$ が奇数解をもてば，k は 8 の倍数であることを示せ．
(2) 方程式 $x^2-y^2=k$ が奇数解をもつための必要十分条件を求めよ．

〔京大〕

Comment 連続する 2 整数の積は偶数，というのがポイントになりそうです．

[解答例]

(1) $x=2m-1,\ y=2n-1\ (m,n\in\mathbb{Z})$ とおくと
$$k=(2m-1)^2-(2n-1)^2$$
$$=(4m^2-4m+1)-(4n^2-4n+1)$$
$$=4m(m-1)-4n(n-1)$$
$$=4\{m(m-1)-n(n-1)\}$$

連続する 2 整数の積は 2 の倍数であるから，k は 8 の倍数である．■

(2) k が 8 の倍数，すなわち $k=8l\ (l\in\mathbb{N}\cup\{0\})$ とすると，
$$x^2-y^2=8l$$
$$\therefore\ (x-y)(x+y)=8l$$

したがって，$x-y,\ x+y$ は $8l$ の約数であり，x,y が奇数のとき，これらはともに偶数であることを考慮すると，たとえば
$$x-y=2,\quad x+y=4l$$
とおけて，このとき
$$x=2l+1,\quad y=2l-1$$
すなわち，k が 8 の倍数であれば奇数解が存在する．
よって，(1)の結果より求める必要十分条件は

k が 8 の倍数であること ■

179

演習偏 B　整数解を求める問題

演習 B23

$A = \{m + n\sqrt{3} \mid m, n \text{ は整数}\}$ とする．

(1) 集合 A を定義域とする関数 f を $f(m + n\sqrt{3}) = m^2 - 3n^2$ と定める．このとき，A の 2 元 x, y に対し $f(xy) = f(x)f(y)$ が成り立つことを示せ．

(2) 0 でない整数 k が与えられたときに，方程式 $m^2 - 3n^2 = k$ が，整数解 (m, n) を 1 つでももつならば，この方程式は解を無限にもつことを示せ．ただし，(1) の f について $f(2 + \sqrt{3}) = 1$ となることを用いよ．
更に，$k = 4$ のときは解があるかどうか，もしあるならば 3 組求めよ．

〔津田塾大〕

Comment　B21 の類題です．誘導にしたがって，考えてみてください．

解答例

(1) $x = m_1 + n_1\sqrt{3}$，$y = m_2 + n_2\sqrt{3}$　$(m_1, m_2, n_1, n_2 \in \mathbb{Z})$ とおくと

$$xy = (m_1 + n_1\sqrt{3})(m_2 + n_2\sqrt{3})$$
$$= (m_1 m_2 + 3 n_1 n_2) + (m_1 n_2 + n_1 m_2)\sqrt{3}$$
$$\therefore f(xy) = (m_1 m_2 + 3 n_1 n_2)^2 - 3(m_1 n_2 + n_1 m_2)^2$$
$$= m_1^2(m_2^2 - 3n_2^2) - 3n_1^2(m_2^2 - 3n_2^2)$$
$$= (m_1^2 - 3n_1^2)(m_2^2 - 3n_2^2)$$
$$= f(x)f(y) \qquad ■$$

(2) $\quad m^2 - 3n^2 = k \quad (k \neq 0,\ k \in \mathbb{Z}) \qquad \cdots\cdots (*)$

$(*)$ の解の 1 つを (m_0, n_0) とすると

$$m_0^2 - 3n_0^2 = k \iff f(m_0 + n_0\sqrt{3}) = k$$

$f(2 + \sqrt{3}) = 1$ より，$f(m_0 + n_0\sqrt{3})f(2 + \sqrt{3}) = k$

したがって，(1) より $f((m_0 + n_0\sqrt{3})(2 + \sqrt{3})) = k$

$\therefore\ f((2m_0 + 3n_0) + (m_0 + 2n_0)\sqrt{3}) = k$

$\therefore\ (m, n) = (2m_0 + 3n_0,\ m_0 + 2n_0)$ も $(*)$ の解

以下，同様にして考えていけば，解が無限にあることがわかる．　■

さらに，$k = 4$ のとき $m^2 - 3n^2 = 4$ で，$(m, n) = (2, 0)$ は解である．したがって，上のようにして解を作ると

$$(m, n) = (2, 0),\ (4, 2),\ (14, 8) \qquad ■$$

> **演習 B24**　次の条件を満たす組 (x, y, z) を考える.
> 条件(A)：x, y, z は正の整数で，$x^2+y^2+z^2 = xyz$ および $x \leq y \leq z$ を満たす.
> (1) 条件(A)を満たす組 (x, y, z) で，$y \leq 3$ となるものをすべて求めよ.
> (2) 組 (a, b, c) が条件(A)を満たすとする．このとき，組 (b, c, z) が条件(A)を満たすような z が存在することを示せ．
> (3) 条件(A)を満たす組 (x, y, z) は，無数に存在することを示せ．
>
> 〔東大〕

Comment　(2)は, (3)のためのヒントです.

解答例

(1)
$$\begin{cases} x^2+y^2+z^2 = xyz & \cdots\cdots① \\ x \leq y \leq z & \cdots\cdots② \end{cases}$$

x, y, z は正の整数(自然数)だから，$y \leq 3$ のとき
$$y = 1, 2, 3$$

(ⅰ) $y=1$ のとき；

②より，$x=1$ であるから，①より
$$2+z^2 = z \qquad \therefore\ \left(z-\frac{1}{2}\right)^2 + \frac{7}{4} = 0$$

これを満たす自然数 z は存在しない.

(ⅱ) $y=2$ のとき；

①より，$x^2+4+z^2 = 2xz$
$$\therefore\ (z-x)^2+4 = 0$$

これを満たす自然数 x, z は存在しない.

(ⅲ) $y=3$ のとき；

①より，$x^2+9+z^2 = 3xz$ $\cdots\cdots③$
$$\therefore\ \left(z-\frac{3}{2}x\right)^2 = \frac{5}{4}x^2 - 9$$

$$\therefore\ \frac{5}{4}x^2 - 9 \geq 0 \qquad \therefore\ x^2 \geq \frac{36}{5} = 7.2$$

一方, $y = 3$ と②より $x \leq 3$ $\therefore$ $x = 3$
このとき③より
$$z^2 - 9z + 18 = 0 \iff (z-3)(z-6) = 0$$
$\therefore$ $z = 3, 6$
以上(i)〜(iii)より
$$(x, y, z) = (3, 3, 3), (3, 3, 6) \qquad \blacksquare$$

(2) (a, b, c) が条件(A)を満たすから
$$\begin{cases} a^2 + b^2 + c^2 = abc & \cdots\cdots ④ \\ a \leq b \leq c \text{ (ただし, (1)の考察より } b \geq 3) & \cdots\cdots ⑤ \end{cases}$$
いま, (b, c, z) が①を満たすとすると
$$b^2 + c^2 + z^2 = bcz \qquad \cdots\cdots ⑥$$
⑥-④を考えて, $z^2 - a^2 = bc(z - a)$
$\therefore$ $(z - a)(z + a - bc) = 0$
そこで, $z = bc - a$ と定めると, $b \geq 3$ だから
$$z - c = (bc - a) - c \geq 3c - a - c = c + (c - a) > 0 \quad (\because \ c \geq a)$$
$\therefore$ $z = bc - a > c$ $\qquad \cdots\cdots ⑦$
よって, 条件(A)を満たすような z が存在する.

(3) 3つの自然数の組 (a_n, b_n, c_n) $(n \geq 1)$ を
$$\begin{cases} a_1 = b_1 = c_1 = 3 \\ a_{n+1} = b_n \\ b_{n+1} = c_n \\ c_{n+1} = b_n c_n - a_n \end{cases} (n \geq 1)$$
によって順次定めていくと, (2)の結果より組 (a_n, b_n, c_n) $(n \geq 1)$ はすべて条件(A)を満たし, ⑦より数列 $\{c_n\}$ $(n \geq 1)$ は
$$c_1 < c_2 < \cdots < c_n < c_{n+1} < \cdots$$
となるので, これらの組はすべて異なる.
よって, 条件(A)を満たす組 (x, y, z) は, 無数に存在する. $\qquad \blacksquare$

> 演習 B25
> (1) a, b を整数とする。$a^2 + b^2$ が 3 で割り切れるならば、a と b はともに 3 で割り切れることを示せ。
> (2) $x^2 + y^2 = 3$ を満たす有理数 x, y は存在しないことを証明せよ。
>
> 〔都立大〕

*C*omment
(1)は合同式を用いて解答を作ってみます。

[解答例]

(1) 「$a^2 + b^2 \equiv 0 \pmod{3} \implies a \equiv 0$ かつ $b \equiv 0 \pmod{3}$」
を背理法で示す。
「$a \equiv 0$ かつ $b \equiv 0 \pmod{3}$」が成り立たないとすると

$$a \not\equiv 0 \pmod{3} \text{ または } b \not\equiv 0 \pmod{3}$$
$$\therefore a^2 \equiv 1 \pmod{3} \text{ または } b^2 \equiv 1 \pmod{3}$$

したがって、法 3 の平方剰余は 0 または 1 だから

$$a^2 + b^2 \equiv 1 \text{ または } 2 \pmod{3}$$

となり、これは仮定に反する。よって題意は示された。 ■

(2) $x^2 + y^2 = 3$ を満たす有理数 x, y が存在したとし、

$x = \dfrac{p}{q}$ (p と q は互いに素な整数) とおくと

$$\left(\dfrac{p}{q}\right)^2 + y^2 = 3 \qquad \therefore \ p^2 + (qy)^2 = 3q^2$$
$$\therefore \ (qy)^2 = 3q^2 - p^2 \ (\in \mathbb{Z})$$

有理数 qy の平方が整数であるから、qy も整数である。そこで $qy = r \ (r \in \mathbb{Z})$ とおくと

$$r^2 = 3q^2 - p^2 \qquad \therefore \ p^2 + r^2 = 3q^2$$

(1) より、$p = 3k, \ r = 3l \ (k, l \in \mathbb{Z})$ とおけて

$$(3k)^2 + (3l)^2 = 3q^2 \qquad \therefore \ q^2 = 3(k^2 + l^2)$$

したがって、q^2 は 3 の倍数だから、q も 3 の倍数である。これは p と q が互いに素であることに反する。

よって、$x^2 + y^2 = 3$ を満たす有理数は存在しない。 ■

183

演習 B26

n が 3 以上の整数のとき，$x^n + 2y^n = 4z^n$ を満たす整数 x, y, z は $x = y = z = 0$ 以外に存在しないことを証明せよ． 〔千葉大〕

Comment　$(x, y, z) = (0, 0, 0)$ 以外に解が存在したとして，矛盾を導く，というのが基本方針でしょう．

|解答例|

$$x^n + 2y^n = 4z^n \quad (n \geq 3) \qquad \cdots\cdots ①$$

$(x, y, z) = (0, 0, 0)$ 以外の解が存在したとする．このとき
① より $x^n = 2(2z^n - y^n)$
$\quad \therefore \ 2 \mid x^n \quad \therefore \ 2 \mid x$

そこで，$x = 2x' \ (x' \in \mathbb{Z})$ とおく，これを①に代入して 2 で割ると

$$2^{n-1}x'^n + y^n = 2z^n \qquad \cdots\cdots ②$$

$\quad \therefore \ y^n = 2(z^n - 2^{n-2}x'^n)$
$\quad \therefore \ 2 \mid y^n \quad \therefore \ 2 \mid y$

そこで，$y = 2y' \ (y' \in \mathbb{Z})$ とおき，これを②に代入して 2 で割ると

$$2^{n-2}x'^n + 2^{n-1}y'^n = z^n \qquad \cdots\cdots ③$$

$\quad \therefore \ z^n = 2(2^{n-3}x'^n + 2^{n-2}y'^n)$
$\quad \therefore \ 2 \mid z^n \quad \therefore \ 2 \mid z$

そこで，$z = 2z' \ (z' \in \mathbb{Z})$ とおき，これを③に代入して 2^{n-2} で割ると

$$x'^n + 2y'^n = 4z'^n \qquad \cdots\cdots ④$$

したがって，①を満たす整数 x, y, z はいずれも偶数であり，$x = 2x'$，$y = 2y'$，$z = 2z'$ とおいて得られる④も①と同じ形の方程式だから，x', y', z' も偶数となる．

いま，x, y, z のうち 0 でないものを，素因数分解したときの最小冪指数を p とし

$$x = 2^p \cdot a, \quad y = 2^p \cdot b, \quad z = 2^p \cdot c \ (a, b, c \text{ のうち少なくとも 1 つは奇数})$$

とおく．このとき上の議論を繰り返すと

$$a^n + 2b^n = 4c^n$$

がいえ，a, b, c はすべて偶数となる．ところが，a, b, c のうち少なくとも 1 つは奇数であったので，これは不合理である．よって，$x = y = z = 0$ 以外に整数解は存在しない． ∎

演習 B27 $7x \equiv 4 \pmod{10}$ を解け．

Comment $7x \equiv 4 \pmod{10}$ は $7x - 4 = 10y\ (y \in \mathbb{Z})$ と言い直すことができます．

|解答例|

$$7x - 4 = 10y \iff 7x - 10y = 4$$

という不定方程式を考えると，

$$7(x - 2) = 10(y - 1)$$

であるから，一般解は，

$$x = 2 + 10t, \quad y = 1 + 7t \ (t \in \mathbb{Z})$$

$$\therefore\ x \equiv 2 \pmod{10} \qquad \blacksquare$$

《参考》 $3 \cdot 7 \equiv 1 \pmod{10}$ であるから，$7x \equiv 4 \pmod{10}$ の両辺に 3 をかけて，$x \equiv 12 \equiv 2 \pmod{10}$ と求めてもよい．

オイラーの関数を用いれば，(55 頁の(II)を参照せよ) $10 = 2 \times 5$ だから，

$$\varphi(10) = 10\left(1 - \frac{1}{2}\right)\left(1 - \frac{1}{5}\right) = 4$$

したがって，$x \equiv 4 \cdot 7^{4-1} = 4 \cdot 7^3 = 1372 \equiv 2 \pmod{10}$ のようになる．

また，次のような合同式の変形によっても解を得ることができる．すなわち，$10x \equiv 0 \pmod{10}$ であるから，これと与えられた合同式を辺々引いて，

$$3x \equiv -4 \pmod{10}$$

$$\therefore\ 3x \equiv -4 + 10 = 6 \pmod{10}$$

$$\therefore\ 3x \equiv 6 \pmod{10}$$

$(3, 10) = 1$ であるから理論編の定理 4.3 により，上式の両辺を 3 で割ることができて，

$$x \equiv 2 \pmod{10}$$

となる．もっとも，こんなことをしなくても，$14 (= 7 \times 2)$ と 4 とは明らかに 10 を法にして合同だから，これより直ちに解を得ることが出来る．

> **演習 B28**　$573x \equiv 45 \pmod{2952}$ を解け．

Comment　与式を変形すると
$$573x - 45 = 2952y \quad (y \in \mathbb{Z})$$
となりますが，これを満たす (x, y) を見つけることはなかなかむずかしいですね．そこで，どうするか．

|解答例|

　連分数展開による方法を用いる．まず，573 と 2952 の最大公約数をユークリッドの互除法によって求める．

$$2952 = 573 \times 5 + 87,$$
$$573 = 87 \times 6 + 51,$$
$$87 = 51 \times 1 + 36,$$
$$51 = 36 \times 1 + 15,$$
$$36 = 15 \times 2 + 6,$$
$$15 = 6 \times 2 + 3,$$
$$6 = 3 \times 2$$

6	573	2952	5
	522	2865	
1	51	87	1
	36	51	
2	15	36	2
	12	30	
	3	6	2
		6	
		0	

であるから，$(573, 2952) = 3$，$3 \mid 45$ となり，3 つの解があるはず．そこで，両辺を 3 で割って

$$191x \equiv 15 \pmod{984}, \quad (191, 984) = 1$$

として，この合同式を解く．上の各割り算の両辺を 3 で割ったものを考えて，

$$\frac{984}{191} = 5 + \frac{29}{191} = 5 + \cfrac{1}{6 + \cfrac{17}{29}}$$

$$= 5 + \cfrac{1}{6 + \cfrac{1}{1 + \cfrac{12}{17}}} = 5 + \cfrac{1}{6 + \cfrac{1}{1 + \cfrac{1}{1 + \cfrac{5}{12}}}}$$

さらに，$\dfrac{12}{5} = 1 + \dfrac{2}{5} = 2 + \cfrac{1}{2 + \cfrac{1}{2}}$ であるから，

$$\frac{984}{191} = 5 + \frac{1}{6} + \frac{1}{1} + \frac{1}{1} + \frac{1}{2} + \frac{1}{2} + \frac{1}{2}$$

したがって，$P_0=1$, $Q_0=0$, $P_1=5$, $Q_1=1$ として，理論編の定理 3.2（27 頁）の漸化式を用いて

$$P_2 = q_2 P_1 + P_0 = 6 \cdot 5 + 1 = 31$$
$$P_3 = q_3 P_2 + P_1 = 1 \cdot 31 + 5 = 36$$
$$P_4 = q_4 P_3 + P_2 = 1 \cdot 36 + 31 = 67$$
$$P_5 = q_5 P_4 + P_3 = 2 \cdot 67 + 36 = 170$$
$$P_6 = q_6 P_5 + P_4 = 2 \cdot 170 + 67 = 407$$

であるから，理論編 55 頁の（I）により

$$x \equiv (-1)^6 \cdot 407 \cdot 15 \equiv 6105 \equiv 201 \pmod{984}$$

よって，求める解は

$$x \equiv 201, \quad x \equiv 201 + 984 \cdot 1 = \mathbf{1185},$$
$$x \equiv 201 + 984 \cdot 2 = \mathbf{2169} \pmod{2952}$$

■

演習偏 B　整数解を求める問題

演習 B29　次の高次合同式を解け.
(1) $x^3 - 5x + 4 \equiv 0 \pmod{5}$
(2) $x^4 + 6x^3 - 8x^2 + 13x + 5 \equiv 0 \pmod{7}$

Comment　高次合同式の問題です．受験生には少々難しいでしょうか．(1)は, x に $\pm 2, \pm 1, 0$ を代入してみればいいだけの話です．

解答例

(1)　$f(x) = x^3 - 5x + 4$ とおくと,
$$f(-2) = 6, \ f(-1) = 8, \ f(0) = 4, \ f(1) = 0, \ f(2) = 2$$
であるから, 求める解は,
$$x \equiv 1 \pmod 5$$

(2)　$f(x) = x^4 + 6x^3 - 8x^2 + 13x + 5$ とおくと,
$$f(1) = 1 + 6 - 8 + 13 + 5 = 17 \not\equiv 0 \pmod 7$$
$$f(2) = 16 + 48 - 32 + 26 + 5 = 63 \equiv 0 \pmod 7$$
であるから,
$$f(x) = (x-2)(x^3 + 8x^2 + 8x + 29) + 7 \cdot 9$$
とかける．また, $g(x) = x^3 + 8x^2 + 8x + 29$ とおくと,
$$g(-1) = -1 + 8 - 8 + 29 = 28 \equiv 0 \pmod 7$$
であるから,
$$g(x) = (x+1)(x^2 + 7x + 1) + 7 \cdot 4$$
とかける．したがって,
$$f(x) = (x-2)(x+1)(x^2 + 7x + 1) + 7h_1(x)$$
(ただし, $h_1(x)$ は x の 1 次式)

とおける．ここで,
$$x^2 + 7x + 1 \equiv 0 \pmod 7 \iff x^2 + 1 \equiv 0 \pmod 7$$
で, これを満たす x は存在しない (実際に $x = 0, \pm 1, \pm 2, \pm 3$ を代入してみよ!)．よって, 求める解は,
$$x \equiv 2, 6 \pmod 7$$

《参考》
$$x^4+6x^3-8x^2+13x+5 \equiv 0 \pmod 7$$
$$7x^3-7x^2+14x+7 \equiv 0 \pmod 7 \text{ (各項の係数がすべて 7 の倍数)}$$
であるから,これらを辺々引いて
$$x^4-x^3-x^2-x-2 \equiv 0 \pmod 7$$
$$\iff (x+1)(x-2)(x^2+1) \equiv 0 \pmod 7$$
$$\therefore \quad x \equiv -1 \equiv 6 \pmod 7 \text{ または } x \equiv 2 \pmod 7$$
$$\text{または } x^2 \equiv -1 \equiv 6 \pmod 7$$
ところが,任意の整数 n に対して,
$$n^2 \equiv 0 \text{ または } 1 \text{ または } 2 \text{ または } 4 \pmod 7$$
であるから,第 3 の合同式を満たす解は存在しない.
よって,$x \equiv 2, 6 \pmod 7$ となる.

演習偏 B　整数解を求める問題

演習 B30　$x^3 + 3x + 1 \equiv 0 \pmod{75}$ を解け.

Comment　$75 = 3 \cdot 5^2$ に着目します.

|解答例|

$f(x) = x^3 + 3x + 1$ とおく. $75 = 3 \times 5^2$ であるから,
$$f(x) \equiv 0 \pmod{75} \iff \begin{cases} f(x) \equiv 0 \pmod 3 \\ f(x) \equiv 0 \pmod{25} \end{cases}$$

したがって $f(x) \equiv 0 \pmod{75}$ の解は, 「$f(x) \equiv 0 \pmod 3$ かつ $f(x) \equiv 0 \pmod 5$」を満たすことが必要で,

$f(-1) = -3$, $f(0) = 1$, $f(1) = 5$ から,
$$x \equiv -1 \pmod 3$$

$f(-2) = -13$, $f(-1) = -3$, $f(0) = 1$, $f(1) = 5$, $f(2) = 15$ から,
$$x \equiv 1, 2 \pmod 5$$

すなわち, $x \equiv -4 \pmod{15}$ または $x \equiv 2 \pmod{15}$ であることが必要である.

(ⅰ) $x \equiv -4 \pmod{15}$ のとき, $x = 15s - 4$ $(s \in \mathbb{Z})$ とおくと,
$$f(x) \equiv 0 \pmod{25} \iff f(x) = f(15s - 4) = (15s - 4)^3 + 3(15s - 4) + 1$$
$$\equiv 17 \cdot 45s - 75 \equiv 15 \cdot 51s \pmod{25}$$
$$\therefore\ f(x) \equiv 0 \pmod{25} \iff 51s \equiv 0 \pmod 5$$
$$\therefore\ s \equiv 0 \pmod 5 \qquad \therefore\ x \equiv -4 \pmod{75}$$

(ⅱ) $x \equiv 2 \pmod{15}$ のとき, $x = 15t + 2$ $(t \in \mathbb{Z})$ とおくと,
$$f(x) \equiv 0 \pmod{25} \iff f(x) = f(15t + 2)$$
$$= (15t + 2)^3 + 3(15t + 2) + 1$$
$$\equiv 5 \cdot 45t + 15 \equiv 15(15t + 1) \pmod{25}$$
$$\therefore\ f(x) \equiv 0 \pmod{25} \iff 15t + 1 \equiv 0 \pmod 5$$

ところが, これを満たす t は存在しない.

以上から, 求める解は　　$x \equiv -4 \pmod{75}$　　■

演習編 C

剰余に関する問題（30題）

> **演習 C1**　完全平方数は，$3k$ または $3k+1$ $(k \in \mathbb{Z})$ のいずれかの形にかけることを証明せよ．

Comment　やさしい問題です．整数全体を，3で割った時の余りに着目して分類します．

解答例

3 を法として考えると，すべての整数は $3n-1$, $3n$, $3n+1$ $(n \in \mathbb{Z})$ の形にかけるから，

$$(3n)^2 = 3 \cdot 3n^2, \quad (3n \pm 1)^2 = 3(3n^2 \pm 2n) + 1 \text{（複号同順）}$$

となり，題意は示された．　■

注　本問より，完全平方数を 3 で割ったときの剰余が 2 になることは絶対にないことがわかった．

演習編 C 剰余に関する問題

演習 C2 5で割れば3余り，平方して7で割れば2余るような2桁の数をすべてあげよ．
〔埼玉医大〕

Comment 5で割れば3余るので，求める整数は $5k+3$ $(k \in \mathbb{Z})$ とおけます．これを実際に平方してみると，答えが見えてくるはずです．

[解答例]

条件を満たす2桁の整数を N とすると，仮定から

$$\begin{cases} N = 5k+3 & (k \in \mathbb{Z}, \ 2 \leq k \leq 19) \\ N^2 = 7l+2 & (l \in \mathbb{Z}) \end{cases} \quad \cdots\cdots① \\ \quad \cdots\cdots②$$

とおける．①より

$$N^2 = (5k+3)^2 = 25k^2 + 30k + 9$$
$$= 7(3k^2 + 4k + 1) + 4k^2 + 2k + 2$$

したがって

$$4k^2 + 2k = 2k(2k+1)$$

が7の倍数になるように k の値を定めておけばよい．

∴ $k = 3, 7, 10, 14, 17$

よって，①より

$$N = 18, 38, 53, 73, 88 \qquad ■$$

演習 C3 3で割れば1余り, 5で割れば3余り, 7で割れば4余る正の整数のうち, 最小のものを求めよ.

***C**omment* この種の問題は小学生の頃によく考えたのではないでしょうか. 楽しんでください.

[解答例]

求める数を N とすると題意から,
$$N = 3x+1 = 5y+3 = 7z+4$$
$$\therefore\ 3x-5y = 2\ \cdots\cdots ① \qquad 5y-7z = 1\ \cdots\cdots ②$$
①の解の1つは「視察」から, $x=4,\ y=2$ であるので,
$$x = 5m+4, \quad y = 3m+2\ (m \in \mathbb{Z}) \qquad\qquad\cdots\cdots\cdots ③$$
これを②に代入して,
$$5(3m+2) - 7z = 1 \iff z = \frac{15m+9}{7} = 2m+1 + \frac{m+2}{7}$$
z も整数でなければならないので
$$m+2 = 7n \iff m = 7n-2\ (n \in \mathbb{Z})$$
したがって, ③とから
$$\begin{cases} x = 5(7n-2)+4 = 35n-6 \\ y = 3(7n-2)+2 = 21n-4 \\ z = 2(7n-2)+1+n = 15n-3 \end{cases}$$
よって, $N = 3(35n-6)+1 = 105n-17$ となるので, $n=1$ のとき求める数が得られて,
$$N = 105 - 17 = 88$$
■

《参考》 勘の鋭い小学生ならば,
$$N + 17 = (3x+1) + 17 = 3(x+6)$$
$$N + 17 = (5y+3) + 17 = 5(y+4)$$
$$N + 17 = (7z+4) + 17 = 7(z+3)$$
から, $N+17$ が $3 \times 5 \times 7 = 105$ の倍数であると直ちに見抜いて, 求める答え「88」を得るかもしれない. 後生恐るべし.

演習偏 C　剰余に関する問題

　この種の問題を**百五減算**（ひゃくごげんざん）というが，平山諦著『東西数学物語』(恒星社) には，「百五減算はわが国で奈良・平安朝の昔からあったもののようである．その名前は古くから伝わっている．おそらく孫子算経から出たものであろう．今日伝わっている孫子算経は，唐の李淳風の注釈となっているから，唐以前に成立したものである．孫子 (兵法の孫子ではない) という人の作った算経という意味である」と出ている．
　そして，百五減算の孫子算経の次のような原文が紹介してある．

　　「今有物，不知其数，三三数之，賸二，五五数之，賸三，七七数之，問物幾何．(いま物あり，その数を知らず，三三 (三つずつ) これを数うれば，二あます．五五これを数うれば，三あます．七七これを数うれば，二あます．もの幾何 (いくばく) なるかを問う．)」

　この問題を孫子はどのように解いたか．以下現代風に解説してみる．
　物の個数を N とし，N を 3, 5, 7 で割ったときの商をそれぞれ x, y, z，余り (原文の "賸 (ショウ)" は "剰余" の意味) をそれぞれ a, b, c とすると，

　　　　$N = 3x + a$　…………①　　　$N = 5y + b$　…………②
　　　　$N = 7z + c$　…………③

①×70 ＋ ②×21 ＋ ③×15 を考えて，

　　　　$106N = 105(2x + y + z) + 70a + 21b + 15c$
　　　　∴　$N = 70a + 21b + 15c - 105(N - 2x - y - z)$

ここで，$N - 2x - y - z \in \mathbb{Z}$ であるから，N は $70a + 21b + 15c$ から 105 を減じたものであることが分かる．
　$a = 1, b = 3, c = 4$ のときは，

　　　　$70a + 21b + 15c = 70 + 53 + 60 = 193$

で，これより 105 を引いて 88 を得る．これが本問の答えであった．

演習 C4　11 で割ると 7 余り，5 で割ると 3 余る自然数がある．この自然数を 11×5 で割ったときの余りを求めよ． 〔摂南大〕

Comment　直感的に答えがすぐにわかってしまう人もいるかもしれませんね．

[解答例]

条件を満たす自然数を N とすると，仮定より
$$\begin{cases} N = 11a + 7 \ (a \in \mathbb{Z}) \\ N = 5b + 3 \ (b \in \mathbb{Z}) \end{cases}$$
とおける．このとき
$$11a + 7 = 5b + 3$$
両辺に 2 を加えて，
$$11a + 9 = 5(b + 1)$$
$$\iff a + 4 + 5(2a + 1) = 5(b + 1)$$
$$\iff a + 4 = 5(b - 2a)$$
したがって，$a + 4$ は 5 の倍数であるから
$$a = 5k + 1 \ (k \in \mathbb{Z})$$
とおける．
$$\therefore \ N = 11a + 7 = 11(5k + 1) + 7 = 55k + 18$$
よって，求める余りは，　　　　　　　**18**　　　　　　　　　　　■

《参考》　$N = 55q + r \ (q \in \mathbb{Z}, \ 0 \leqq r < 55)$ とおくと条件より
　　　　r を 11 で割ると 7 余る
　　　　r を 5 で割ると 3 余る
ので，$r = 18 \ (= 11 \times 1 + 7 = 5 \times 3 + 3)$ とただちにわかる．

演習偏 C 剰余に関する問題

演習 C5 n を自然数とする．2^n-1 を 3 で割ると，n が奇数のときは 1 余り，n が偶数のときは割り切れることを示せ． 〔東京女大〕

Comment $2^n=(3-1)^n$ と考えてもいいですし，a^n-b^n の因数分解を利用する方法もあります．

[解答例]

$$2^n-1=(3-1)^n-1=\sum_{k=0}^{n}{}_nC_k 3^{n-k}\cdot(-1)^k=3K+(-1)^n-1 \quad (K\in\mathbb{Z})$$

であるから，
（ⅰ）n が奇数のとき；
$$2^n-1=3K-2=3(K-1)+1 \qquad \therefore\ 余り=1$$
（ⅱ）n が偶数のとき；
$$2^n-1=3K \qquad \therefore\ 余り=0$$

よって，題意は示された．　■

《参考》 m が偶数のとき，$2^m=(-2)^m$ に注意すると，
$$2^m-1=(-2)^m-1=(-2-1)\{(-2)^{m-1}+(-2)^{m-2}+\cdots+(-2)+1\}$$
$$=-3\{(-2)^{m-1}+(-2)^{m-2}+\cdots+(-2)+1\}$$
であるから，2^m-1 は 3 で割り切れる．これを用いると，
（ⅰ）n が奇数のとき；$2^n-1=2^n-2+1=2(2^{n-1}-1)+1$ となり余りは 1．
（ⅱ）n が偶数のとき；2^n-1 は 3 で割り切れるから，余りは 0．

> **演習 C₆** 次の数を 8 で割り，余りを求めよ．ただし，n は自然数である．
> (1) $3^{2n}-1$ (2) $3^{2n-1}+1$ (3) 3^n 〔自治医大〕

***C**omment* $9=8+1$ と考えるのがポイントです．二項定理を利用しても，合同式を用いてもできます．

解答例

(1) $$3^{2n}-1 = 9^n-1 = (8+1)^n-1$$
$$= \sum_{r=0}^{n-1} {}_nC_r 8^{n-r} + 1 - 1 = \sum_{r=0}^{n-1} {}_nC_r 8^{n-r}$$
∴ 余り $= 0$ ■

(2) $$3^{2n-1}+1 = 3 \cdot 3^{2n-2}+1$$
$$= 3 \cdot 9^{n-1}+1$$
$$= 3(8+1)^{n-1}+1$$
$$= 3(8K+1)+1 \quad (K \in \mathbb{Z})$$
$$= 8 \cdot 3K + 4$$
∴ 余り $= 4$ ■

(3) (ⅰ) $n=2m-1 \ (m=1,2,\cdots)$ のとき
$$3^n = 3^{2m-1} = 3 \cdot 3^{2m-2} = 3 \cdot 9^{m-1}$$
$$= 3(8+1)^{m-1} = 3(8K+1) \quad (k \in \mathbb{Z})$$
$$= 8 \cdot 3K + 3$$
∴ 余り $= 3$ ■

(ⅱ) $n=2m \ (m=1,2,\cdots)$ のとき
$$3^n = 3^{2m} = 9^m = (8+1)^m$$
$$= 8K+1 \quad (k \in \mathbb{Z})$$
∴ 余り $= 1$ ■

《**参考**》 (3)は(1),(2)の結果より明らか．すなわち
 (ⅰ)の場合は(2)より 余り $= 4-1 = 3$
 (ⅱ)の場合は(1)より 余り $= 0+1 = 1$

演習偏 C 剰余に関する問題

演習 C7
(1) n が自然数のとき，$10^n-(-1)^n$ は 11 で割り切れることを示せ．
(2) 37273 のように，各桁の数字を逆順に並べ替えたとき，もとの数と同じになる自然数を回文数とよぶ．5 桁の回文数 $abcba$ が 11 で割り切れるための必要十分条件は，$2a-2b+c$ が 11 で割り切れることであることを示せ．
(3) 11 で割り切れる 5 桁の回文数のうちで最大のものと最小のものを求めよ．

〔津田塾大〕

Comment $11=10-(-1)$ と考えるのがポイントです．

解答例

(1) $10^n-(-1)^n$
$= \{10-(-1)\}\{10^{n-1}+10^{n-2}(-1)+\cdots+10(-1)^{n-2}+(-1)^{n-1}\}$

であるから $10^n-(-1)^n$ は $10-(-1)=11$ で割り切れる． ■

(2) $abcba$
$= a\times 10^4+b\times 10^3+c\times 10^2+b\times 10+a$
$= a\times\{10^4-(-1)^4\}+b\times\{10^3-(-1)^3\}+c\times\{10^2-(-1)^2\}$
$\quad +b\times\{10-(-1)\}+a+a\times(-1)^4+b\times(-1)^3+c\times(-1)^2+b\times(-1)$
$= a\times\{10^4-(-1)^4\}+b\times\{10^3-(-1)^3\}+c\times\{10^2-(-1)^2\}$
$\quad +b\times\{10-(-1)\}+2a-2b+c$

よって，(1)の結果より，回文数 $abcba$ が 11 で割り切れるための必要十分条件は
$2a-2b+c$ が 11 で割り切れること
であるので，題意は示された． ■

(3) 5 桁の回文数のうちで最大のものは，$a=9$，$b=9$ としたもの（したがって，(2)より $c=0$）であるから

99099 ■

最小のものは，$a=1$，$b=0$ としたもの（したがって，(2)より $c=9$）であるから

10901 ■

演習 C8 整数 a は，十進法で $a_n\, a_{n-1} \cdots a_1\, a_0$ と表されている（各 a_k は 0 から 9 までの数字，ただし最高位の数字 $a_n \neq 0$）．

(1) a が十進整数 99 で割り切れるためには，$\beta = a_0 + a_1 + \cdots + a_{n-1} + a_n$ が 9 で割り切れ，かつ $\gamma = a_0 - a_1 + \cdots + (-1)^{n-1} a_{n-1} + (-1)^n a_n$ が 11 で割り切れることが必要十分であることを示せ．

(2) β を 9 で割ったときの余りが 6，γ を 11 で割ったときの余りが 3 であるとき，a を 99 で割ったときの余りを求めよ．　〔立教大〕

Comment $99 = 9 \times 11 = (10-1)(10+1)$（9 と 11 は互いに素）と考えてみましょう．(2) は (1) の結果を利用します．

解答例

(1)
$$a = a_n 10^n + a_{n-1} 10^{n-1} + \cdots + a_1 10 + a_0$$
$$= a_n(10^n - 1) + a_{n-1}(10^{n-1} - 1) + \cdots + a_1(10 - 1)$$
$$+ a_0 + a_1 + \cdots + a_{n-1} + a_n$$

ここで，$k = 1, 2, \cdots, n$ に対して
$$10^k - 1 = (10 - 1)(10^{k-1} + 10^{k-2} + \cdots + 10 + 1)$$
であるから，$10^k - 1$ は 9 で割り切れる．したがって
$$9 \mid a \iff 9 \mid a_0 + a_1 + \cdots + a_{n-1} + a_n = \beta$$

また，
$$a = a_n 10^n + a_{n-1} 10^{n-1} + \cdots + a_1 10 + a_0$$
$$= a_n\{10^n - (-1)^n\} + a_{n-1}\{10^{n-1} - (-1)^{n-1}\} + \cdots + a_1\{10 - (-1)\}$$
$$+ a_0 - a_1 + \cdots + (-1)^{n-1} a_{n-1} + (-1)^n a_n$$

ここで，$k = 1, 2, \cdots, n$ に対して
$$10^k - (-1)^k = \{10 - (-1)\}\{10^{k-1} + 10^{k-2} \cdot (-1) + \cdots + 10 \cdot (-1)^{k-2} + (-1)^{k-1}\}$$
であるから，$10^k - (-1)^k$ は 11 で割り切れる．したがって
$$11 \mid a \iff 11 \mid a_0 - a_1 + \cdots + (-1)^{n-1} a_{n-1} + (-1)^n a_n = \gamma$$

9 と 11 は互いに素だから，題意は示された．　■

(2) (1) の考察より $a = 9K + \beta = 11L + \gamma$　$(K, L \in \mathbb{Z})$ とおけるので

演習編 **C** 剰余に関する問題

$$9\,|\,\beta-6 \iff 9\,|\,\alpha-6 \iff \alpha = 9A+6$$
$$11\,|\,\gamma-3 \iff 11\,|\,\alpha-3 \iff \alpha = 11B+3 \quad (A, B \in \mathbb{Z}) \quad \cdots\cdots\cdots ①$$
$$\therefore \ 9A+6 = 11B+3 \qquad \therefore \ 11B = 3(3A+1) \quad \cdots\cdots\cdots ②$$

3 と 11 は互いに素であるから，$B = 3C$ ($C \in \mathbb{Z}$) とおけて，②より
$$33C = 3(3A+1) \qquad \therefore \ 11C = 3A+1$$

両辺に 11 を加えて $\qquad 11(C+1) = 3(A+4)$

11 と 3 は互いに素であるから
$$A+4 = 11D \qquad \therefore \ A = 11D-4 \quad (D \in \mathbb{Z})$$
$$\therefore \ \alpha = 9A+6 = 9(11D-4)+6 \quad (\because \ ①)$$
$$= 99D-30 = 99(D-1)+69$$

よって，α を 99 で割った余りは $\qquad 69 \qquad\qquad\qquad\blacksquare$

《参考》 $9\cdot 7 - 11\cdot 6 = -3$ であるから
$$9A+6 = 11B+3 \iff 9A - 11B = -3$$
$$\therefore \ 9(A-7) - 11(B-6) = 0$$
$$\therefore \ 9(A-7) = 11(B-6)$$

9 と 11 は互いに素であるから，
$$A-7 = 11E \iff A = 11E+7 \quad (E \in \mathbb{Z})$$

とおけて，①より
$$\alpha = 9(11E+7)+6$$
$$= 99E + 69$$

よって，余りは 69 である．

演習 C9   2個の正の整数 a および b を正の整数 d で割ったとき,同じ余りが得られたとする.このとき,a, b が法 d で合同であるといい,$a \equiv b \pmod{d}$ で示す.

(1) $a \equiv a' \pmod{d}$ かつ $b \equiv b' \pmod{d}$ ならば,$a + b \equiv a' + b' \pmod{d}$ であることを証明せよ.

(2) $10^k \equiv 1 \pmod{9}$,(ただし,$k = 1, 2, \cdots$)であるので,$A = 348092159$ とすると,A を 9 で割ったときの余りは幾らか.

(3) $P^{2r} - 1$ と $P^{2r+1} + 1$ は,ともに $P + 1$ を因数にもつから,$P^{2r} \equiv 1 \pmod{P+1}$,$P^{2r+1} \equiv -1 \pmod{P+1}$ である.これを利用して,5桁の整数 $A = 37\boxed{x}\boxed{y}8$ が,11の倍数であるとき

(ⅰ) x と y の関係式を示せ.

(ⅱ) x と y に当てはまる数を入れよ.   〔明治大〕

***C**omment*   これは 25 年以上前の入試問題です.合同式に慣れてください.

|解答例|

(1) 講義編の定理 4.2 を参照せよ.

(2) $A = 3 \cdot 10^8 + 4 \cdot 10^7 + 8 \cdot 10^6 + 0 \cdot 10^5 + 9 \cdot 10^4 + 2 \cdot 10^3 + 1 \cdot 10^2 + 5 \cdot 10 + 9$

$\equiv 3 + 4 + 8 + 0 + 9 + 2 + 1 + 5 + 9 = 41 \pmod{9}$

∴ $A \equiv 41 \pmod{9}$

$41 = 9 \cdot 4 + 5$ だから $A \equiv 5 \pmod{9}$

∴ A を 9 で割った余りは   **5**   ■

(3) (ⅰ) 問題文の指摘から

$10^{2r} \equiv 1 \pmod{11}$, $10^{2r+1} \equiv -1 \pmod{11}$ $(r = 0, 1, 2, \cdots)$

∴ $A = 3 \cdot 10^4 + 7 \cdot 10^3 + x \cdot 10^2 + y \cdot 10 + 8$

$\equiv 3 \cdot 1 + 7 \cdot (-1) + x \cdot 1 + y \cdot (-1) + 8$

$= x - y + 4 \pmod{11}$

∴ $A \equiv x - y + 4 \pmod{11}$

∴ $A \equiv 0 \pmod{11} \iff x - y + 4 \equiv 0 \pmod{11}$

ここで，$0 \leqq x \leqq 9$, $0 \leqq y \leqq 9$ であるから

$\qquad -5 \leqq x-y+4 \leqq 13$

$\qquad \therefore \quad x-y+4=0 \quad$ または $\quad x-y+4=11$

$\qquad \therefore \quad y=x+4 \quad$ または $\quad y=x-7$ ■

(ii) (i)の結果より

$(x,\ y) = (0,\ 4),\ (1,\ 5),\ (2,\ 6),\ (3,\ 7),\ (4,\ 8),\ (5,\ 9),\ (7,\ 0),\ (8,\ 1),\ (9,\ 2)$ ■

演習 C10 自然数 m を7で割ったときの余りを $\overline{m}$ で表すことにする．

(1) 負でないすべての整数 n に対し，等式 $\overline{5^{n+6}}=\overline{5^n}$ が成立することを証明せよ．

(2) n が負でない整数のとき，$\overline{5^n}$ の値を求めよ．

(3) $\overline{12192^4}$ を7で割ったときの余りを求めよ． 〔釧路公立大〕

C *omment* $a \equiv \overline{a} \pmod 7$, $b \equiv \overline{b} \pmod 7$ のとき
$$a \cdot b \equiv \overline{a} \cdot \overline{b} \pmod 7$$
が成り立ち，もちろん $ab \equiv \overline{ab} \pmod 7$ ですから
$$\overline{ab} = \overline{a} \cdot \overline{b}$$
が成り立ちます．

|解答例|

(1) $\overline{5^{n+6}} = \overline{5^n} \cdot \overline{5^6}$ $(n=0,1,2,\cdots)$ であり
$$5^6 = (7-2)^6 = 7K + (-2)^6 = 7(K+9)+1 \quad (K \in \mathbb{Z})$$
$\therefore\ \overline{5^6} = 1$ ・・・・・・・・・・・①
$\therefore\ \overline{5^{n+6}} = \overline{5^n}$ $(n=0,1,2,\cdots)$ ■

(2) $n = 6k+r$ $(k \in \mathbb{Z},\ 0 \le r \le 5)$ とすると，①より
$$\overline{5^n} = \overline{5^{6k+r}} = \overline{5^{6k}} \cdot \overline{5^r} = \overline{5^r}$$ ・・・・・・・・・・・②

したがって，②より

$$\begin{cases} n=6k \text{ のとき，} \overline{5^n} = \overline{5^0} = 1 \\ n=6k+1 \text{ のとき，} \overline{5^n} = \overline{5^1} = 5 \\ n=6k+2 \text{ のとき，} \overline{5^n} = \overline{5^2} = 4 \\ n=6k+3 \text{ のとき，} \overline{5^n} = \overline{5^3} = \overline{5^2} \cdot \overline{5} = 6 \\ n=6k+4 \text{ のとき，} \overline{5^n} = \overline{5^4} = \overline{5^3} \cdot \overline{5} = 2 \\ n=6k+5 \text{ のとき，} \overline{5^n} = \overline{5^5} = \overline{5^4} \cdot \overline{5} = 3 \end{cases}$$ ■

(3) $12192 = 7 \cdot 1741 + 5$ であるから，(2)の結果より
$$\overline{12192^4} = \overline{5^4} = 2$$ ■

203

演習偏 C 剰余に関する問題

演習 C11
(1) n を整数とする．n を 5 で割った余りが 3 であるとき，n^2 を 5 で割った余りを求めよ．
(2) p を整数とする．方程式 $x^2+4x-5p+2=0$ を満足する整数 x は存在しないことを証明せよ．　　　　　　　　　　　〔関西学院大〕

Comment　平方数を 5 で割ったときの余りを調べてみることがポイントになります．

[解答例]

(1) $n \equiv 3 \pmod 5$ のとき，$n^2 \equiv 9 \equiv 4 \pmod 5$　よって余りは 4．　■

(2) 整数 n に対して，n^2 を 5 で割ったときの余りを調べると

$$n \equiv 0 \pmod 5 \Rightarrow n^2 \equiv 0 \pmod 5$$
$$n \equiv \pm 1 \pmod 5 \Rightarrow n^2 \equiv 1 \pmod 5$$
$$n \equiv \pm 2 \pmod 5 \Rightarrow n^2 \equiv 4 \pmod 5$$

であるから，

$$\text{その余りは } 0, 1, 4 \text{ のいずれか} \quad \cdots\cdots(*)$$

になる．

　いま，方程式を満足する整数が存在したとして，それを m とすると，
$$m^2+4m-5p+2=0 \iff (m+2)^2=5p-2 \iff (m+2)^2=5(p-1)+3$$
すなわち，$(m+2)^2 \equiv 3 \pmod 5$ となる．これは $(*)$ に矛盾する．よって，題意の方程式を満たす整数 x は存在しない．　■

演習 C12 正の整数 x, y, z が
$$x^2+y^2=z^2 \quad \cdots\cdots(*)$$
を満たすとき、この中には少なくとも1つ3の倍数があることを示せ。

Comment $(*)$ は「ピタゴラスの方程式」と呼ばれるもので、この種の問題は大学入試でもしばしば取り上げられます.

|解答例|

背理法で示す.
$$n \not\equiv 0 \pmod 3 \Rightarrow n^2 \equiv 1 \pmod 3$$
である.

いま, x, y, z の中に3の倍数が全く存在しないと仮定する. すると, $x^2 \equiv 1 \pmod 3$, $y^2 \equiv 1 \pmod 3$ であるから
$$x^2+y^2 \equiv 2 \pmod 3$$
一方, z は3の倍数でないから,
$$z^2 \equiv 1 \pmod 3$$
となり, これは明らかに不合理である.

よって, 題意は示された. ∎

注 $(*)$ を満たす x, y, z の中には, 3の倍数のみならず, 4の倍数, 5の倍数も少なくとも1つ存在することが上と同様に証明できる. 誤解してならないのは, これは x, y, z のそれぞれが 3, 4, 5 の倍数という意味ではない. たとえば $11^2+60^2=61^2$ の場合, 60 が 3, 4, 5 の倍数になっている.

演習編 C 剰余に関する問題

演習 C13 a, b, c は $a^2 - 3b^2 = c^2$ を満たす整数とするとき,次のことを証明せよ.

(1) a, b の少なくとも一方は偶数である.
(2) a, b が共に偶数なら,少なくとも一方は 4 の倍数である.
(3) a が奇数なら,b は 4 の倍数である. 〔東北大〕

Comment (3)が少し難しいかもしれません.(2)の結果より,b は偶数になります.

解答例

(1) 背理法で示す.すなわち,$a = 2k+1$, $b = 2l+1$ $(k, l \in \mathbb{Z})$ と仮定する.このとき,$a^2 \equiv 1 \pmod 4$,$b^2 \equiv 1 \pmod 4$ だから
$$a^2 - 3b^2 \equiv 1 - 3\cdot 1 \equiv 2 \pmod 4 \qquad \therefore\ c^2 \equiv 2 \pmod 4$$
一方,c を奇偶に分けて考えると,$c^2 \equiv 0, 1 \pmod 4$,すなわち $c^2 \not\equiv 2 \pmod 4$.これは明らかに矛盾だから,題意は示された. ■

(2) $a = 2k$, $b = 2l$ $(k, l \in \mathbb{Z})$ とおくと,$c^2 = (2k)^2 - 3(2l)^2 = 4(k^2 - 3l^2)$
したがって,c は偶数で $c = 2m$ $(m \in \mathbb{Z})$ とおいて,上式に代入すると,
$$4m^2 = 4(k^2 - 3l^2) \qquad \therefore\ k^2 - 3l^2 = m^2$$
(1)の結果から,k, l のうち少なくとも一方は偶数であるから,a, b のうち少なくとも一方は 4 の倍数である. ■

(3) a が奇数ならば,(2)の結果から b は偶数である.そこで,
$$a = 2k+1,\ b = 2l \quad (k, l \in \mathbb{Z})$$
とおくと,$c^2 = a^2 - 3b^2 \equiv 1 \pmod 4$ であるから c は奇数である.したがって,
$$c = 2m+1\ (m \in \mathbb{Z})$$
とおくと,$a^2 - 3b^2 = c^2$ より,
$$(2k+1)^2 - 3(2l)^2 = (2m+1)^2 \iff k^2 + k - 3l^2 = m^2 - m$$
$$\therefore\ 3l^2 = k(k+1) - m(m+1)$$
連続する 2 整数の積は偶数であるから,$3l^2$ は偶数である.
$$\therefore\ 2 \mid 3l^2 \qquad \therefore\ 2 \mid l^2 \qquad \therefore\ 2 \mid l$$
よって,b は 4 の倍数である. ■

> **演習 C14** 正の整数 a, b, c, d が等式 $a^2+b^2+c^2=d^2$ を満たすとする.
> (1) d が 3 の倍数でないならば, a, b, c の中に 3 の倍数がちょうど 2 つあることを示せ.
> (2) d が 2 の倍数でも 3 の倍数でもないならば, a, b, c のうち少なくとも 1 つは 6 の倍数であることを示せ. 〔一橋大〕

Comment 合同式を用いて考えると簡単です.

解答例

(1) $d \not\equiv 0 \pmod 3$ のとき, $d^2 \equiv 1 \pmod 3$

また, a, b, c の中の 3 の倍数の個数を X とすると

$$X = 0 \Rightarrow a^2+b^2+c^2 \equiv 1+1+1 \equiv 0 \pmod 3$$
$$X = 1 \Rightarrow a^2+b^2+c^2 \equiv 0+1+1 = 2 \pmod 3$$
$$X = 2 \Rightarrow a^2+b^2+c^2 \equiv 0+0+1 = 1 \pmod 3$$
$$X = 3 \Rightarrow a^2+b^2+c^2 \equiv 0+0+0 = 0 \pmod 3$$

よって, $a^2+b^2+c^2=d^2$ が成り立つとき, a, b, c の中に 3 の倍数がちょうど 2 つあり, 題意は示された. ∎

(2) $d \not\equiv 0 \pmod 2$ のとき, $d^2 \equiv 1 \pmod 4$

また, a, b, c の中の 2 の倍数の個数を Y とすると

$$Y = 0 \Rightarrow a^2+b^2+c^2 \equiv 1+1+1 = 3 \pmod 4$$
$$Y = 1 \Rightarrow a^2+b^2+c^2 \equiv 0+1+1 = 2 \pmod 4$$
$$Y = 2 \Rightarrow a^2+b^2+c^2 \equiv 0+0+1 = 1 \pmod 4$$
$$Y = 3 \Rightarrow a^2+b^2+c^2 \equiv 0+0+0 = 0 \pmod 4$$

したがって, $a^2+b^2+c^2=d^2$ が成り立つとき, a, b, c の中に 2 の倍数がちょうど 2 つある.

よって, (1)の結果とから, d が 2 の倍数でも 3 の倍数でもないならば

　a, b, c の中に 2 の倍数が 2 つある

　a, b, c の中に 3 の倍数が 2 つある

ことがわかり, その結果, a, b, c のうち少なくとも 1 つは 2 の倍数かつ 3 の倍数となる. すなわち, a, b, c のうち少なくとも 1 つは 6 の倍数である. ∎

演習偏 C 剰余に関する問題

演習 C15
(1) 整数 a が 3 の倍数でなければ a^2 を 3 で割った余りは 1 であることを示せ．
(2) a^2-2b^2 が 3 の倍数であるような整数 a, b はともに 3 の倍数であることを示せ．
(3) $a^2-2b^2+3c^2-6d^2=0$ を満たす整数 a, b, c, d は $a=b=c=d=0$ のみであることを示せ．　〔明治大〕

Comment 　(3) は a, b, c, d が 3 で何回も割り切れてしまう，というのがポイントです．B26 を参照してください．

[解答例]
(1) $a \not\equiv 0 \pmod{3}$ のとき，$a \equiv \pm 1 \pmod{3}$
　　$\therefore\ a^2 \equiv 1 \pmod{3}$ ■
(2) $a^2-2b^2 = a^2+b^2-3b^2$ であるから
　　$a^2-2b^2 \equiv a^2+b^2 \pmod{3}$
「$a \equiv 0$ かつ $b \equiv 0 \pmod{3}$」でないとすると
　　$a \not\equiv 0 \pmod{3}$ または $b \not\equiv 0 \pmod{3}$
　　$\therefore\ a^2 \equiv 1 \pmod{3}$ または $b^2 \equiv 1 \pmod{3}$
したがって，$a^2+b^2 \equiv 1$ または $2 \pmod{3}$
　　$\therefore\ a^2-2b^2 \equiv 1$ または $2 \pmod{3}$
これは仮定に反する．よって，題意は示された． ■
(3)　　$a^2-2b^2+3c^2-6d^2 = 0$ ………①
①より　$a^2-2b^2 = 3(-c^2+2d^2)$ ………②
②と(2)より　$a = 3a'$, $b = 3b'$ ($a', b' \in \mathbb{Z}$)
とおけて，これらを②に代入して整理すると
　　$c^2-2d^2 = 3(-a'^2+2b'^2)$ ………③
③と(2)より　$c = 3c'$, $d = 3d'$ ($c', d' \in \mathbb{Z}$)
とおけて，これらを③に代入して整理すると
　　$a'^2-2b'^2+3c'^2-6d'^2 = 0$ ………④
④は①と同じ形の式であるから，以下同じ議論を繰り返すと，任意の自然数 n に対して
　　$3^n | a$, $3^n | b$, $3^n | c$, $3^n | d$
が成り立つ．これは，a, b, c, d が 0 以外には成り立たない．
　　$\therefore\ a = b = c = d = 0$ ■

208

演習 C16 相異なる自然数 a, b, c があり，どの2つの和も残りの数で割ると1余るとする．$a<b<c$ として次の問に答えよ．

(1) $a+b$ を c で割ったときの商はいくらか．
(2) $a+c$ を b で割ったときの商はいくらか．
(3) a, b, c を求めよ． 〔早大〕

Comment 定理1.1がポイントです．(1)は，$a+b$ の中に c が何回とれるかを考えればいいだけです．

解答

(1) $\quad 1 \leqq a < b < c$ ……①

①より $\quad a \geqq 1, \ b \geqq 2$ だから $a+b \geqq 3$

①より $\quad a+b < c+c = 2c$ ($a+b$ の中に c は2回はとれない！)

よって，**商は1**で，このとき $a+b = c+1$ ……②

注 商が0とすると，$a+b=1$ となって不合理．

(2) ②より $\quad a = -b+c+1$

$\quad \therefore \ a+c = (-b+c+1)+c > -b+b+1+b = b+1$

また，②より $\quad c = a+b-1$

$\quad \therefore \ a+c = a+(a+b-1) < 2a+b < 2b+b = 3b$

$\quad \therefore \ b+1 < a+c < 3b$

よって，**商は2**で，このとき $a+c = 2b+1$ ……③

(3) $b \geqq a+1, \ c \geqq a+2$ であるから

$\quad b+c \geqq (a+1)+(a+2) = 2a+3$

また，②，③より $b=2a-2, \ c=3a-3$ だから

$\quad b+c = 5a-5 < 5a$

$\quad \therefore \ 2a+3 \leqq b+c < 5a$

よって，商は3または4である．

(i) $b+c = 3a+1$ のとき
$\quad 5a-5 = 3a+1 \quad \therefore \ a=3$
$\quad \therefore \ (a, b, c) = (3, 4, 6)$

(ii) $b+c = 4a+1$ のとき
$\quad 5a-5 = 4a+1 \quad \therefore \ a=6$
$\quad \therefore \ (a, b, c) = (6, 10, 15)$

演習偏 C 剰余に関する問題

> **演習 C17** 正の整数 n を 8 で割った余りを $r(n)$ とおく。正の整数の組 (a, b) は、条件 $0 < a - r(a) < \frac{4}{3}r(b)$, $0 < b - r(ab) < \frac{4}{3}r(ab)$ を満たすとする。
> (1) $a - r(a)$ と $r(b)$ を求めよ。
> (2) a と b を求めよ。
> 〔一橋大〕

Comment $r(n)$ の定義から、$n - r(n)$ は 8 で割り切れます。

[解答例]

$$\begin{cases} 0 < a - r(a) < \frac{4}{3}r(b) & \cdots\cdots① \\ 0 < b - r(b) < \frac{4}{3}r(ab) & \cdots\cdots② \end{cases}$$

(1) $a - r(a)$ は 8 で割り切れ、①より $a - r(a) \neq 0$ だから

$$8 \leq a - r(a) < \frac{4}{3}r(b) \quad \cdots\cdots③$$

$$\therefore \ \frac{4}{3}r(b) > 8 \qquad \therefore \ r(b) > 6$$

よって、$\quad 0 \leq r(b) \leq 7$ より $\boldsymbol{r(b) = 7}$ $\cdots\cdots④$ ■

このとき、③より $8 \leq a - r(a) < \frac{28}{3} = 9 + \frac{1}{3}$

$a - r(a)$ は 8 で割り切れるので、$\boldsymbol{a - r(a) = 8}$ $\cdots\cdots⑤$ ■

(2) (1) とまったく同様にして、②より

$r(ab) = 7 \cdots\cdots⑥ \qquad b - r(b) = 8 \cdots\cdots⑦$

④、⑦から $b = r(b) + 8 = 7 + 8 = 15$

このとき、⑤より $a = 8 + r(a)$ だから

$ab = 15a = 15(8 + r(a)) = 8(15 + r(a)) + 7r(a)$

したがって、⑥より

$7r(a) \equiv 7 \pmod 8$

7 と 8 は互いに素であるから $r(a) \equiv 1 \pmod 8$

$0 \leq r(a) \leq 7 \ (r(a) \in \mathbb{Z})$ だから $r(a) = 1$

よって、⑤より $a = 8 + r(a) = 9$

$$\therefore \ \boldsymbol{a = 9, \ b = 15}$$ ■

> **練習 C18** 正の整数 m, n が不等式 $\sqrt{n} \leq \dfrac{m}{2} < \sqrt{n+1}$ を満たしているとする．次のことを証明せよ．
> (1) $m^2 - 4n$ は 0 または 1 である．
> (2) $m < \sqrt{n} + \sqrt{n+1} < m+1$　　　　　　　　　　　　　〔阪大〕

Comment m が奇数ならば $m^2 \equiv 1 \pmod 4$，m が偶数ならば $m^2 \equiv 0 \pmod 4$ となります．これが(1)の鍵になります．

|解答例|

$$\sqrt{n} \leq \dfrac{m}{2} < \sqrt{n+1} \quad (m, n \in \mathbb{Z}) \quad\cdots\cdots(*)$$

(1) $(*)$より $4n \leq m^2 < 4n+4$
$$\therefore\ 0 \leq m^2 - 4n < 4$$

ここで，$r = m^2 - 4n$ とおくと $0 \leq r < 4$ であるから，r は $m^2 (= 4n+r)$ を 4 で割ったときの余りにほかならない．

一方
$$\begin{cases} m \text{ が整数} \implies m^2 \equiv 0 \pmod 4 \\ m \text{ が奇数} \implies m^2 \equiv 1 \pmod 4 \end{cases}$$

よって，$r = 0$ または 1 となり，題意は証明された．　■

(2) (1)より $\sqrt{4n} \leq m \leq \sqrt{4n+1}$ であるから
$$(\sqrt{n} + \sqrt{n+1})^2 - m^2 \geq (\sqrt{n} + \sqrt{n+1})^2 - (\sqrt{4n+1})^2$$
$$= 2\sqrt{n(n+1)} - 2n$$
$$= 2\sqrt{n}\,(\sqrt{n+1} - \sqrt{n}) > 0$$
$$\therefore\ m < \sqrt{n} + \sqrt{n+1} \quad\cdots\cdots①$$
$$(m+1)^2 - (\sqrt{n} + \sqrt{n+1})^2 \geq (\sqrt{4n}+1)^2 - (2n+1+2\sqrt{n(n+1)})$$
$$= 2\sqrt{n}\,(\sqrt{n} + 2 - \sqrt{n+1})$$
$$> 2\sqrt{n}\,(\sqrt{n} + 1 - \sqrt{n+1}) > 0$$
$$(\because\ (\sqrt{n}+1)^2 - (\sqrt{n+1})^2 = 2\sqrt{n} > 0)$$
$$\therefore\ \sqrt{n} = \sqrt{n+1} < n+1 \quad\cdots\cdots②$$

①，②より題意の不等式は示された．　■

演習偏 C 剰余に関する問題

演習 C19 1以上の整数全体の集合をSとし，その部分集合 $\{3m+7n \mid m, n \in S\}$ を考えると，それはある整数 k 以上のすべての整数を含むことを示し，かつそのような k の最小値を求めよ． 〔横浜市大〕

Comment $n = 1, 2, 3$ とおいてみると，"発見"があるはずです．

解答例

$A = \{3m+7n \mid m, n \in S\}$ とおく．

$3m+7n$ において

$n = 1$ とおくと，$3m+7 = 3(m+2)+1 \geqq 3 \cdot 3 + 1 = 10$

$n = 2$ とおくと，$3m+14 = 3(m+4)+2 \geqq 3 \cdot 5 + 2 = 17$

$n = 3$ とおくと，$3m+21 = 3(m+7) \geqq 3 \cdot 8 = 24$

したがって集合 A は

3で割って1余る10以上のすべての整数

3で割って2余る17以上のすべての整数

3で割って0余る24以上のすべての整数

を含む，すなわち集合 A は24以上のすべての整数を含む．ところで，

$23 = 3 \cdot 3 + 7 \cdot 2 \in A$

$22 = 3 \cdot 5 + 7 \cdot 1 \in A$

であるが，3の倍数である21は A の要素ではない．

実際，$21 \in A$ とすると

$3m+7n = 21 \iff 7n = 3(7-m)$

を満たす $m, n \in S$ が存在する．3と7は互いに素であるから，n は3の倍数である．すなわち $n \geqq 3$ である．$m, n \in S$ より

$21 = 3m+7n \geqq 3m+7 \cdot 3 \geqq 3 \cdot 1 + 21 = 24$

となり，これは不合理である．

$\therefore \ 21 \notin A$

以上のことから，k の最小値は **22**

212

> **演習 C20** 自然数 x, y を用いて $3x+59y$ の形で表せる自然数を $\langle 3, 59 \rangle$ - 数ということにする．
> (1) 178, 179, 180 はそれぞれ $\langle 3, 59 \rangle$ - 数であることを示せ．
> (2) 178 以上の自然数はすべて $\langle 3, 59 \rangle$ - 数であることを示せ．
> (3) 177 は $\langle 3, 59 \rangle$ - 数でないことを示せ． 〔津田塾大〕

Comment $3x+59y$ $(x, y \in \mathbb{N})$ において

$y=1$ とおくと， $3x+59 = 3(x+19)+2$
$y=2$ とおくと， $3x+118 = 3(x+39)+1$ …………(∗)
$y=3$ とおくと， $3x+177 = 3(x+59)$

のようになります．

[解答例]

(1) $178 = 3 \times 59+1$ だから， $178 = 3 \cdot 20+59 \cdot 2$
$179 = 3 \times 59+2$ だから， $179 = 3 \cdot 40+59 \cdot 1$
$180 = 3 \cdot 60$ だから， $180 = 3 \cdot 1+59 \cdot 3$

よって，178, 179, 180 は $\langle 3, 59 \rangle$ - 数である． ∎

注 $178 = 3 \times 59+1$ だから，(∗) で $x+39=59$，すなわち $x=20$ とすればよい．

(2) 178 以上の自然数は 0 以上の整数 n を用いて $178+3n, 179+3n, 180+3n$ のいずれかで表され，(1)の結果より

$178+3n = 3 \cdot 20+59 \cdot 2+3n = 3(20+n)+59 \cdot 2$
$179+3n = 3 \cdot 40+59 \cdot 1+3n = 3(40+n)+59 \cdot 1$
$180+3n = 3 \cdot 1+59 \cdot 3+3n = 3(1+n)+59 \cdot 3$

のようになる．これらはすべて $3x+59y$ $(x, y \in \mathbb{N})$ の形であるから，題意は示された． ∎

(3) 177 が $\langle 3, 59 \rangle$ - 数であるとすると，

$3x+59y = 177$ $(x, y \in \mathbb{N})$ …………①

のように表される．①より

$177 = 3x+59y \geqq 3 \cdot 1+59y$ ∴ $174 \geqq 59y$

演習偏 C 剰余に関する問題

$$\therefore\ y \leqq \frac{174}{59} = 2.94\cdots$$

したがって，$y = 1, 2$ でなければならないが

$y = 1$ のとき，$177 = 3x + 59$ 　　　$\therefore\ x = \frac{118}{3} = 39 + \frac{1}{3} \notin \mathbb{N}$

$y = 2$ のとき，$177 = 3x + 108$ 　　$\therefore\ x = \frac{59}{3} = 19 + \frac{2}{3} \notin \mathbb{N}$

よって，177 は $\langle 3,\ 59 \rangle$ - 数ではない． ■

演習 C21

p, q を整数とし，$f(x) = x^2 + px + q$ とおく．

(1) 有理数 a が方程式 $f(x) = 0$ の1つの解ならば，a は整数であることを示せ．

(2) $f(1)$ も $f(2)$ も2で割り切れないとき，方程式 $f(x) = 0$ は整数の解をもたないことを示せ． 〔愛媛大〕

Comment (1)は，簡単でしょう．(2)は p, q がともに奇数になることに着目します．

[解答例]

(1) $p = 0$ ならば a は明らかに整数だから，$p \neq 0$ としておく．$a = \dfrac{m}{n}$（m と n は互いに素な整数，$m \neq 0$, $n > 0$）とおくと，$f(a) = 0$ より

$$\left(\frac{m}{n}\right)^2 + p\left(\frac{m}{n}\right) + q = 0 \iff m^2 + pmn + qn^2 = 0$$

$$\therefore\ m^2 = n(-pn - qn)$$

したがって，n は m^2 の約数である．ところが，m と n は互いに素だから，m^2 と n も互いに素である．

$$\therefore\ n = 1 \quad (\because\ n > 0)$$

よって，a は整数である． ■

(2) $f(1) = 1 + p + q$, $f(2) = 4 + 2p + q$ がともに奇数であるから

$$\begin{cases} p + q : 偶数 \\ 2p + q : 奇数 \end{cases} \therefore \begin{cases} p : 奇数 \\ q : 奇数 \end{cases}$$

いま，$f(x) = 0$ が整数解 a をもつとすると

$$a^2 + pa + q = 0 \qquad \therefore\ q = -a(a + p)$$

ここで a が奇数とすると，p が奇数だから $a + p$ は偶数となり，これは q が奇数であることに反する．a が偶数としてもやはり，q が奇数であることに反する．

よって，$f(x) = 0$ は整数解をもたない． ■

演習編 C 剰余に関する問題

> **演習 C22**　整数 a, b を係数とする 2 次式 $f(x) = x^2 + ax + b$ を考える．$f(\alpha) = 0$ となるような有理数 α が存在するとき，以下のことを証明せよ．
> (1) α は整数である．
> (2) 任意の整数 l と任意の自然数 n に対して，n 個の整数
> $$f(l), f(l+1), \cdots, f(l+n-1)$$
> のうち少なくとも 1 つは n で割り切れる．　　　　〔阪大〕

Comment　(2) は，連続する n 個の整数の中には，n で割り切れるものが存在する，というところに着目します．

解答例

(1) $b = 0$ のときは明らかであるから，$b \neq 0$ としておく．
$$\alpha = \frac{p}{q} \ (p \text{ と } q \text{ は互いに素な整数で，} p \neq 0, \ q > 0 \text{ とする})$$
とおくと，$f(\alpha) = 0$ より
$$\left(\frac{p}{q}\right)^2 + a\left(\frac{p}{q}\right) + b = 0 \iff p^2 = q(-ap - bq)$$
p と q は互いに素であるから，p^2 と q も互いに素．したがって，上式から $q = 1$．よって，題意は示された．　■

(2) $f(x) = 0$ の α（(1) よりこれは整数）以外の解を β とすると，解と整数の関係より
$$\alpha + \beta = -a \quad \therefore \ \beta = -a - \alpha$$
であるから β も整数である．
因数定理により $f(x) = (x - \alpha)(x - \beta)$ だから
$$\begin{cases} f(l) = (l - \alpha)(l - \beta) \\ f(l+1) = (l+1-\alpha)(l+1-\beta) \\ \cdots\cdots\cdots\cdots\cdots\cdots\cdots\cdots\cdots \\ f(l+n-1) = (l+n-1-\alpha)(l+n-1-\beta) \end{cases}$$
ここで，$l - \alpha, l+1-\alpha, \cdots, l+n-1-\alpha$ は連続する n 個の整数だから，この中には n で割り切れるものが存在する．また $m - \beta \ (m = l, l+1, \cdots, l+n-1)$ はすべて整数である．よって，

$$f(l),\ f(l+1),\ \cdots,\ f(l+n-1)$$
のうち少なくとも 1 つは n で割り切れる． ■

《参考》 合同式を用いて示すと以下のようになる．

a を n で割った余りを r とすると
$$a \equiv r \pmod{n} \qquad \therefore\ f(a) \equiv f(r) \pmod{n}$$
$f(a)=0$ だから $f(r) \equiv 0 \pmod{n}$ …………①

一方，$l,\ l+1,\ \cdots,\ l+n-1$ は連続する n 個の整数であるから，この中には n で割ったときの余りが r であるものが存在する．いまそれを $l+k\ (0 \leqq k \leqq n-1)$ とすると
$$l+k \equiv r \pmod{n}$$
$$\therefore\ f(l+k) \equiv f(r) \pmod{n} \qquad \text{…………②}$$

①，②より $f(l+k) \equiv 0 \pmod{n}$ となり，題意は示された．

演習偏 C 剰余に関する問題

> **演習 C23** 整数を係数とする n 次の整式
> $$f(x) = x^n + a_1 x^{n-1} + \cdots + a_{n-1} x + a_n \quad (n > 1)$$
> について，次の(1), (2)を証明せよ．
> (1) 有理数 α が方程式 $f(x) = 0$ の1つの解ならば，α は整数である．
> (2) ある自然数 $k(>1)$ に対して，k 個の整数 $f(1), f(2), \cdots, f(k)$ のどれもが k で割り切れなければ，方程式 $f(x) = 0$ は有理数の解をもたない． 〔九大〕

Comment (2)は背理法で示します．

■解答例■

(1) $\alpha \neq 0$ としてよい（なぜなら，$\alpha = 0 \Rightarrow \alpha \in \mathbb{Z}$）．このとき，$a_n \neq 0$．いま
$$\alpha = \frac{p}{q} \ (p \text{ と } q \text{ は互いに素な整数で}, \ p \neq 0, \ q > 0 \text{ とする})$$
とおくと $f\left(\dfrac{p}{q}\right) = 0$ から，$\left(\dfrac{p}{q}\right)^n + a_1 \left(\dfrac{p}{q}\right)^{n-1} + \cdots + a_{n-1} \left(\dfrac{p}{q}\right) + a_n = 0$

∴ $p^n + a_1 p^{n-1} q + \cdots + a_{n-1} p q^{n-1} + a_n q^n = 0$

∴ $p^n = q(-a_1 p^{n-1} - \cdots - a_{n-1} p q^{n-2} - a_n q^{n-1})$

したがって，q は p^n の約数である．すなわち，q 自身は p^n と q の公約数である．一方，p と q は互いに素であるから，p^n と q も互いに素である．すなわち，p^n と q の最大公約数は1である．したがって，$q = 1$ となり，$\alpha(=p)$ は整数である． ∎

(2) 背理法で示す．$f(x) = 0$ が有理数の解をもつとする．(1)よりそれは整数で，いまそれを α とする．α を k で割った余りを r とすると
$$\alpha \equiv r \pmod{k} \quad (\text{ただし}, \ 0 \leq r \leq k-1)$$
∴ $f(\alpha) \equiv f(r) \pmod{k}$

ここで，$f(\alpha) = 0$ だから $f(r) \equiv 0 \pmod{k}$．すなわち，
$$f(0), f(1), \cdots, f(k-1)$$
のどれかは，k で割り切れることになる．つまり $f(0) \equiv f(k) \pmod{k}$ に注意すると
$$f(1), \cdots, f(k-1), f(k)$$
のどれかは，k で割り切れることになるので，これは仮定に反する．

よって，方程式 $f(x) = 0$ は有理数の解をもたない． ∎

演習 C24 正の実数 x の小数部分(x から x を超えない最大の整数を引いたもの)を $\{x\}$ で表すとき,次の (1), (2) を証明せよ.

(1) m が正の整数のとき $\left\{\dfrac{1}{m}\right\}, \left\{\dfrac{2}{m}\right\}, \cdots, \left\{\dfrac{n}{m}\right\}, \cdots$ の中には相異なる数は有限個しかない.

(2) a が無理数のとき $\{a\}, \{2a\}, \cdots, \{na\}, \cdots$ はすべて相異なる.

〔茨城大〕

Comment (1) は正の整数 k を m で割ったときの商と q,余りを r を考えます.
(2) は背理法です.

解答例

(1) 正の整数 k を m で割ったときの商を q,余りを r とすると
$$k = mq + q \quad (0 \leqq r \leqq m-1)$$
$$\therefore \ \frac{k}{m} = q + \frac{r}{m} \qquad \therefore \ \left\{\frac{k}{m}\right\} = \left\{\frac{r}{m}\right\}$$

ここで,r は 0 から $m-1$ までの有限個の値しかとらないので,
$$\left\{\frac{1}{m}\right\}, \left\{\frac{2}{m}\right\}, \cdots, \left\{\frac{n}{m}\right\}, \cdots$$

の中には相異なる数は有限個しかない. ■

(2) $\{a\}, \{2a\}, \cdots, \{na\}, \cdots$ の中に同じものがあるとする.すなわち
$$\{ia\} = \{ja\} \quad (1 \leqq i < j)$$

とする.このとき,ja と ia の小数部分が一致するので
$$ja - ia = l \quad (l \in \mathbb{N})$$
$$\therefore \ a = \frac{l}{j-i}$$

これは a が無理数であることに反する.よって,題意は示された. ■

演習偏 C　剰余に関する問題

演習 C25

N を正の整数とする．$2N$ 個の項からなる数列
$$\{a_1, a_2, \cdots, a_N, b_1, b_2, \cdots, b_N\}$$
を
$$\{b_1, a_1, b_2, a_2, \cdots\cdots, b_N, a_N\}$$
という数列に並べ替える操作を「シャッフル」と呼ぶことにする．並べ替えた数列は b_1 を初項とし，b_i の次に a_i，a_i の次に b_{i+1} が来るようなものになる．また，数列 $\{1, 2, \cdots, 2N\}$ をシャッフルしたときに得られる数列において，数 k が現れる位置を $f(k)$ で表す．

たとえば，$N=3$ のとき，$\{1, 2, 3, 4, 5, 6\}$ をシャッフルすると $\{4, 1, 5, 2, 6, 3\}$ となるので，$f(1)=2, f(2)=4, f(3)=6, f(4)=1, f(5)=3, f(6)=5$ である．

(1) 数列 $\{1, 2, 3, 4, 5, 6, 7, 8\}$ を 3 回シャッフルしたときに得られる数列を求めよ．

(2) $1 \leq k \leq 2N$ を満たす任意の整数 k に対し，$f(k)-2k$ は $2N+1$ で割り切れることを示せ．

(3) n を正の整数とし，$N=2^{n-1}$ のときを考える．数列 $\{1, 2, 3, \cdots, 2N\}$ を $2n$ 回シャッフルすると，$\{1, 2, 3, \cdots, 2N\}$ に戻ることを証明せよ．

〔東大〕

Comment　具体的に調べてみることが大切です．i 回シャッフルしたときに，数 k の位置が $f^i(k)$ $(i=0, 1, 2, \cdots)$ となります．ただし，$f^0(k)=k$ と定めておきます．以下，これを $N=3$，$k=2$ として，少し観察してみます．

$$\{1, ②, 3, 4, 5, 6\} : f^0(2)=2$$
$$\xrightarrow{\text{1回シャッフル}} \{4, 1, 5, ②, 6, 3\} : f^1(2)=4$$
$$\xrightarrow{\text{2回シャッフル}} \{②, 4, 6, 1, 3, 5\} : f^2(2)=f(4)=1$$
$$\xrightarrow{\text{3回シャッフル}} \{1, ②, 3, 4, 5, 6\} : f^3(2)=f(1)=2$$

どうでしょうか．これでおわかりだと思います．

220

■解答例

(1) 具体的に調べると

  1回後：$\{5, 1, 6, 2, 7, 3, 8, 4\}$

  2回後：$\{7, 5, 3, 1, 8, 6, 4, 2\}$

であるから，3回シャッフルして得られる数列は

  $\{8, 7, 6, 5, 4, 3, 2, 1\}$ ■

(2) （ⅰ）$1 \leq k \leq N$ のとき

  $\{1, 2, \cdots, k, \cdots, N, N+1, \cdots, N+k, \cdots, 2N\}$

をシャッフルすると

  $\{N+1, 1, N+2, 2, \cdots, N+k, k, \cdots, 2N, N\}$

  $\therefore \ f(k) = 2k \qquad \therefore \ f(k) - 2k = 0$

したがって，$f(k) - 2k$ は $2N+1$ で割り切れる．

  （ⅱ）$N+1 \leq k \leq 2N$ のとき

$k = N + (k-N)$ に注意する．

  $\{1, 2, \cdots, N, N+1, \cdots, N+(k-N), \cdots, 2N\}$

をシャッフルすると

  $\{N+1, 1, N+2, 2, \cdots, N+(k-N), \underset{\parallel}{k-N}, \cdots, 2N, N\}$
  $\phantom{\{N+1, 1, N+2, 2, \cdots, N+(k-N), }k$

  $\therefore \ f(k) = 2(k-N) - 1 \qquad \therefore \ f(k) - 2k = -(2N+1)$

したがって，$f(k) - 2k$ は $2N+1$ で割り切れる．

  以上（ⅰ），（ⅱ）から，題意は示された． ■

(3) $1 \leq k \leq 2N$ $(k \in \mathbb{N})$ とする．いま，非負整数 i に対して $f^i(k)$ を

  $f^0(k) = k, \quad f^i(k) = f(f^{i-1}(k)) \quad (i \geq 1)$

のように定めると，$f^i(k)$ は i 回シャッフルしたときの数 k が現れる位置である．

(2)より

  $f(k) \equiv 2k \pmod{2N+1}$ …………①

①で k を $f(k)$ にすると

  $f(f(k)) \equiv 2f(k) \pmod{2N+1}$ …………②

①，②より

  $f^2(k) \equiv 2 \cdot 2k = 2^2 k \pmod{2N+1}$

演習偏 C 剰余に関する問題

$$\therefore\ f^2(k) \equiv 2^2 k \pmod{2N+1}$$

この操作を繰り返し行い

$$f^{2n}(k) \equiv 2^{2n} k \pmod{2N+1} \quad \cdots\cdots\text{③}$$

一方，仮定から $N = 2^{n-1}$ であるから

$$2^{2n}k - k = (2^n+1)(2^n-1)k$$
$$= (2N+1)(2N-1)k$$

$$\therefore\ 2^{2n}k \equiv k \pmod{2N+1} \quad \cdots\cdots\text{④}$$

③，④より $f^{2n}(k) \equiv k \pmod{2N+1}$

ところが，f の定義により $1 \leq f^{2n}(k) \leq 2N$ であるから

$$f^{2n}(k) = k \quad (k=1, 2, \cdots, 2N)$$

よって，$2n$ 回シャッフルすると元に戻ることが示された． ■

演習 C26 5で割り切れない任意の整数 a に対して，a^n-1 が5で割り切れるような最小の正の整数 n を求めよ． 〔東京農大〕

Comment フェルマーの小定理を用いればただちにわかりますが，ここはていねいに調べてみましょう．

|解答例|

a を5で割ったときの余りを r $(1\leqq r\leqq 4)$ とする．このとき，
$$a^n-1 \equiv r^n-1 \pmod 5$$
$n=1$ のとき，$r-1$ が5で割り切れない r は存在する．（たとえば，$r=2$）
$n=2$ のとき，r^2-1 が5で割り切れない r は存在する．（たとえば，$r=2$）
$n=3$ のとき，r^3-1 が5で割り切れない r は存在する．（たとえば，$r=2$）
$n=4$ のとき，

$r=1$ ならば，$r^4-1=0$
$r=2$ ならば，$r^4-1=15$
$r=3$ ならば，$r^4-1=80$ （$r=-2$ として調べてもよい）
$r=4$ ならば，$r^4-1=255$ （$r=-1$ としても調べてもよい）

となり，これらはすべて5で割り切れる．よって，求める n は，$n=4$ ∎

注 フェルマーの小定理を用いると，$a^{5-1}-1\equiv 0 \pmod 5$ となるので，求める n が $5-1=4$ となることが直ちに予想できる．

演習篇 C 剰余に関する問題

演習 C27

p を素数，n を p で割り切れない自然数とする．1 から $p-1$ までの自然数の集合を A とおく．

(1) 任意の $k \in A$ に対し，nk を p で割った余りを r_k とする．このとき，集合 $\{r_k \mid k \in A\}$ は A と一致することを示せ．

(2) $n^{p-1}-1$ は p で割り切れることを示せ． 〔東京農大〕

Comment (2)はフェルマーの小定理にほかなりません．

解答例

(1) $A = \{1, 2, 3, \cdots, p-1\}$

$B = \{r_1, r_2, r_3, \cdots, r_{p-1}\}$ とおく．

n は p で割り切れない自然数．$k \in A$ であるから，nk は p で割り切れない．したがって，

$$r_k \in A \quad (k = 1, 2, 3, \cdots, p-1)$$

また，「$i \neq j$ ならば $r_i \neq r_j$」が成り立つ．実際，$r_i = r_j$ とすると

$$ni - nj\ が\ p\ で割り切れる \iff n(i-j)\ が\ p\ で割り切れる$$

である．仮定より n は素数 p で割り切れないので $i-j$ が p で割り切れなければならない．ところが

$$|i-j| \leq p-2$$

であるから，$i-j = 0$．すなわち

$$r_i = r_j\ ならば\ i = j$$

が示されたので，この命題の対偶より

$$i \neq j\ ならば\ r_i \neq r_j$$

が示されたことになる．これより，B の $p-1$ 個の要素はすべて異なるので，$A = B$ がいえる．よって，題意は示された． ■

(2) nk を p で割ったときの商を q_k とすると

$$\begin{cases} n\cdot 1 = p\cdot q_1 + r_1 & \cdots\cdots ① \\ n\cdot 2 = p\cdot q_2 + r_2 & \cdots\cdots ② \\ \cdots\cdots\cdots\cdots \\ n\cdot k = p\cdot q_k + r_k & \cdots\cdots ⑱ \\ \cdots\cdots\cdots\cdots \\ n(p-1) = p\cdot q_{p-1} + r_{p-1} & \cdots\cdots ㉑ \end{cases}$$

(1) より $A = B$ であるから

$$1\cdot 2 \cdots\cdots k \cdots\cdots (p-1) = r_1 r_2 \cdots\cdots r_k \cdots\cdots r_{p-1}$$

$$\therefore \quad r_1 r_2 \cdots\cdots r_k \cdots\cdots r_{p-1} = (p-1)!$$

したがって，①〜㉑を辺々かけあわせて

$$n^{p-1}\cdot (p-1)! = pK + (p-1)! \quad (K \in \mathbb{Z})$$

$$\therefore \quad (n^{p-1}-1)(p-1)! = pK$$

$(p-1)!$ は p で割り切れないので

$n^{p-1}-1$ は p で割り切れる． ■

《参考》 合同式を用いると

$$nk \equiv r_k \pmod{p} \quad (k = 1, 2, \cdots, p-1)$$

$$\therefore \quad n^{p-1}(p-1)! \equiv r_1 r_2 \cdots r_{p-1} \pmod{p}$$

$$\therefore \quad n^{p-1}(p-1)! \equiv (p-1)! \pmod{p}$$

$$\therefore \quad (n^{p-1}-1)(p-1)! \equiv 0 \pmod{p}$$

$p \nmid (p-1)!$ であるから $p \mid n^{p-1}-1$，すなわち

$$n^{p-1} \equiv 1 \pmod{p}$$

が成り立つ．

演習偏 C　剰余に関する問題

> **演習 C28**　p, q を異なる素数とするとき，
> $$p^{q-1}+q^{p-1} \equiv 1 \pmod{pq}$$
> が成り立つことを証明せよ．

Comment　フェルマーの小定理を利用します．

解答例

フェルマーの小定理から，
$$p^{q-1}-1 \equiv 0 \pmod{q}, \quad q^{p-1}-1 \equiv 0 \pmod{p}$$
$$\therefore \ (p^{q-1}-1)(q^{p-1}-1) \equiv 0 \pmod{pq}$$
$$\Longleftrightarrow p^{q-1}q^{p-1}-(p^{q-1}+q^{p-1})+1 \equiv 0 \pmod{pq}$$
よって，$p^{q-1}q^{p-1} \equiv 0 \pmod{pq}$ とから，
$$p^{q-1}+q^{p-1} \equiv 1 \pmod{pq} \qquad ■$$

> **演習 C29** a, b は $a > b$ を満たす自然数とし，p, d は素数で $p > 2$ とする．このとき，$a^p - b^p = d$ であるならば，d を $2p$ で割った余りが 1 であることを示せ． 〔京大〕

Comment $a^p \equiv a \pmod{p}$, $b^p \equiv b \pmod{p}$ が見抜ければ，結果はほとんど自明ですが…．

解答例

$a^p - b^p = d \iff (a-b)(a^{p-1} + a^{p-2}b + \cdots + ab^{p-2} + b^{p-1}) = d$

ここで，$a \geq 2$, $b \geq 1$, $p > 2$ であるから，$a^{p-1} + a^{p-2}b + \cdots + ab^{p-2} + b^{p-1} > 1$.
したがって，d が素数であることから，$a - b = 1$ $\quad \therefore \quad a = b + 1$

$$\therefore \ (b+1)^p - b^p = d \qquad \therefore \ \sum_{k=1}^{p-1} {}_p\mathrm{C}_k b^k = d - 1 \qquad \cdots\cdots①$$

ここに，$1 \leq k \leq p-1$ なる整数 k に対して，

$$_p\mathrm{C}_k = \frac{p!}{k!(p-k)!} \iff k! \cdot {}_p\mathrm{C}_k = p(p-1)\cdots(p-k+1)$$

p が素数であるから，$\quad p \nmid k!$ $\quad \therefore \quad p \mid {}_p\mathrm{C}_k$
よって，①より $\quad p \mid d-1$ $\qquad\qquad\qquad \cdots\cdots②$
また，明らかに d は 2 より大きい素数ゆえ，d は奇数．$\quad \therefore \quad 2 \mid d-1 \qquad \cdots\cdots③$
$(p, 2) = 1$ であるから，②，③とから，$2p \mid d-1$.
よって，題意が示された． ∎

《参考》 p を素数，m, n を任意の整数とすると，$(m+n)^p \equiv m^p + n^p \pmod{p}$.
これより，$(m_1 + m_2 + \cdots + m_n)^p \equiv m_1^p + m_2^p + \cdots + m_n^p \pmod{p}$
ただし，$n \in \mathbb{N}$ とする．上の式において，$m_1 = m_2 = \cdots = m_n = 1$ とすると，
$\quad n^p \equiv n \pmod{p}$ （$p \nmid n$ ならば，これよりフェルマーの小定理を得る）
これを用いると，
$\quad a^p \equiv a \pmod{p}$, $b^p \equiv b \pmod{p}$ $\qquad\qquad \cdots\cdots(*)$
これらを辺々引いて，$a - b = 1$ を用いると，$a^p - b^p \equiv 1 \pmod{p}$.
$a^p - b^p = d$ であるから，$d \equiv 1 \pmod{p}$.
また，d が奇素数であることから，$d \equiv 1 \pmod{2}$.
よって，$d \equiv 1 \pmod{2p}$ となって，題意は示されたことになる．整数論を勉強している人にとっては $(*)$ はほとんど自明であるから，この問題で証明すべき命題もほとんど明らかであろう．

227

演習偏 C 剰余に関する問題

演習 C30 p が 3 以上の素数ならば，次のことが成り立つことを示せ．ただし，$k = \dfrac{1}{2}(p-1)$ とする．

(1) $0^2, 1^2, \cdots, k^2$ を p で割るときの余りはすべて異なる．

(2) $0 \leq a \leq k$，$0 \leq b \leq k$ を満たす整数 a, b で，a^2 と $-1-b^2$ を p で割るときの余りが同じであるものが存在する．

(3) $0 < m < p$ を満たす整数 m で，mp が 3 つの平方数（整数の 2 乗）の和で表されるものが存在する．

〔芝浦工大〕

Comment 面白い問題です．こういう問題も大学入試で出題されるのです．ラグランジュは「すべての自然数は，高々 4 つの平方数の和で表される」という定理を証明しています．

解答例

(1) 余りが等しくなるものが存在したとし，いま
$$a^2 \equiv b^2 \pmod{p} \quad (0 \leq a < b \leq k)$$
とする．すると
$$(b+a)(b-a) \equiv 0 \pmod{p}$$
p が素数であるから
$$p \mid b+a \quad \text{または} \quad p \mid b-a$$
ところが
$$1 \leq b+a \leq k+(k-1) = 2k-1 = p-2 < p$$
$$1 \leq b-a \leq k = \dfrac{1}{2}(p-1) < p$$
であるから，これは不合理である．よって，余りはすべて異なる．

(2) a^2 を p で割った余りを r_a とすると，(1) より
$$r_0, r_1, \cdots, r_k \qquad\qquad\cdots\cdots\cdots\cdots ①$$
はすべて異なる．また，$-1-b^2$ を割った余りを s_b とすると，(1) と同様にして
$$s_0, s_1, \cdots, s_k \qquad\qquad\cdots\cdots\cdots ②$$
はすべて異なることがわかる．
①，②の中に同じものがないとすると，異なる余りが全部で

228

$$(k+1)+(k+1) = \frac{p+1}{2} + \frac{p+1}{2} = p+1 \text{ (通り)}$$

あることになり，これは不合理である．よって，a^2 と $-1-b^2$ を p で割るときの余りが同じであるものが存在する．

注 整数を p で割ったときの余りは，$0, 1, 2, \cdots, p-1$ のいずれかであり，余りは p(通り)である．

(3) (2)で考えた余りが同じであるものを
$$a^2,\ -1-b^2 \quad (0 \leq a \leq k,\ 0 \leq b \leq k)$$
とする．すなわち
$$a^2 \equiv -1-b^2 \pmod{p} \qquad \therefore\ a^2+b^2+1 \equiv 0 \pmod{p} \qquad \cdots\cdots\cdots ①$$
ここで
$$a^2+b^2+1 \leq k^2+k^2+1 = 2k^2+1$$
$$= 2\left(\frac{p-1}{2}\right)^2 + 1 = \frac{p^2-2p+3}{2} \quad (\because\ k=\frac{p-1}{2})$$
$$\therefore\ p^2-(a^2+b^2+1)$$
$$\geq p^2 - \frac{p^2-2p+3}{2} = \frac{p^2+2p-3}{2}$$
$$= \frac{(p+3)(p-1)}{2} > 0 \quad (\because\ p \text{ は 3 以上の素数})$$
$$\therefore\ 1 \leq a^2+b^2+1 < p^2 \qquad \cdots\cdots\cdots ②$$
よって，①，②より $a^2+b^2+1^2 = mp\ (0<m<p)$ とかけて，題意は示された． ■

演習編 D

関数，図形，数列との融合問題(30題)

演習 D1 ガウス記号に関する次の事柄を証明せよ．ただし x, y は実数とする．
(1) $n \in \mathbb{Z}$ ならば $[x+n]=[x]+n$
(2) $x \leqq y$ ならば $[x] \leqq [y]$
(3) $[x]+[y] \leqq [x+y]$

Comment ガウス記号の定義がすべてです．実数 x に対して，x を超えない最大の整数が $[x]$ でした．

解答例
(1) $x = m+\alpha$ ($m \in \mathbb{Z}$, $0 \leqq \alpha < 1$) とおくと
$$x+n = m+n+\alpha \qquad \therefore\ [x+n] = m+n$$
一方 $[x]+n = m+n$
$$\therefore\ [x+n] = [x]+n \qquad \blacksquare$$

(2) $[x] \leqq x \leqq y$ であるから
$\qquad [x]$ は y を超えない整数
一方，$[y]$ は y を越えない最大の整数
$$\therefore\ [x] \leqq [y] \qquad \blacksquare$$

(3) $[x+y]$ は $x+y$ を越えない最大の整数
一方，$[x] \leqq x$, $[y] \leqq y$ だから
$$[x]+[y] \leqq x+y$$
すなわち，$[x]+[y]$ は $x+y$ を越えない整数
$$\therefore\ [x]+[y] \leqq [x+y] \qquad \blacksquare$$

演習 D2　100! は (10 進法で表したとき) 終わりに何個の 0 が続くか．

Comment　中学入試でもしばしば見受けられる問題です．

[解答例]

　$100! = 10^n \times a$, $10 \nmid a$ となるような n を求めればよい．しかるに，$10^n = 2^n \times 5^n$ であるから，100! に含まれる素数 2 の最大冪指数と素数 5 の最大冪指数のうち，大きくない方を求めれば，それが終わりに続く 0 の個数となる．明らかに

　　(100! の中にある因数 5 の個数) < (100! の中にある因数 2 の個数)

であるから，素数 5 の最大冪指数を求めればよい．

よって，　　$\left[\dfrac{100}{5}\right] + \left[\dfrac{100}{5^2}\right] = 20 + 4 =$ **24** (個)　　∎

演習編 D　関数，図形，数列との融合問題

> **演習 D3**　$\dfrac{10^{210}}{10^{10}+3}$ の整数部分の桁数と，一の位の数字を求めよ．ただし $3^{21}=10460353203$ を用いてよい．　〔東大〕

Comment　$a = 10^{10}$（百億）とおいて考えると見通しがよくなります．

解答例

$N = \dfrac{10^{210}}{10^{10}+3}$ とおくと，$10^{10} < 10^{10}+3 < 10^{11}$ であるから

$$10^{199} = \dfrac{10^{210}}{10^{11}} < N < \dfrac{10^{210}}{10^{10}} = 10^{200}$$

$\therefore\ (N\text{ の整数部分の桁数}) = \mathbf{200}$　■

また，$a = 10^{10},\ b = 3$ とおくと

$$N = \dfrac{a^{21}}{a+b} = \dfrac{a^{21}+b^{21}-b^{21}}{a+b}$$
$$= \dfrac{(a+b)(a^{20}-a^{19}b+\cdots-ab^{19}+b^{20})}{a+b} - \dfrac{b^{21}}{a+b}$$
$$= \underline{(a^{20}-a^{19}b+\cdots-ab^{19}+b^{20})} - \dfrac{b^{21}}{a+b}$$

ここで，上式の ＿＿＿ 部分は $a = 10^{10}$ の倍数であるから（　）内の 1 の位の数字は，

$$b^{20} = 3^{20} = (3^4)^5 = 81^5$$

の一の位の数字 1 に等しい．また

$$\dfrac{b^{21}}{a+b} = \dfrac{3^{21}}{10^{10}+3} = \dfrac{10460353203}{10000000003} = 1.046\cdots$$

$$\therefore\ 1 < \dfrac{b^{21}}{a+b} < 2$$

$\therefore\ (N\text{ の一の位の数字}) = \mathbf{9}$　■

注　$b^{20} = \dfrac{b^{21}}{3} = \dfrac{10460353203}{3} = 3486784401$

232

> **演習 D4** n を自然数とする．$n!$ に含まれる素因数 p の最高冪(累乗)指数は，$p^k \leq n < p^{k+1}$ とすると
>
> $$\sum_{i=1}^{k}\left[\frac{n}{p^i}\right] = \left[\frac{n}{p}\right] + \left[\frac{n}{p^2}\right] + \cdots\cdots + \left[\frac{n}{p^k}\right]$$
>
> であることを示せ．ただし，実数 x に対して $[x]$ は x を越えない最大の整数を表す．

Comment 求める冪指数は，$n!$ が p で最高何回割り切れるかを示しているので，それをカウントしていけばよいだけです．

|解答例|

$n!$ の因数 $1,\ 2,\ 3,\ \cdots,\ n$ の中で，p の倍数は，

$$p,\ 2p,\ 3p,\ \cdots,\ \left[\frac{n}{p}\right]p \quad \text{の} \quad \left[\frac{n}{p}\right]\text{個}$$

あるから，$\left[\dfrac{n}{p}\right]$ 回割り切れる．

次に，p^2 の倍数は，

$$p^2,\ 2p^2,\ 3p^2,\ \cdots,\ \left[\frac{n}{p^2}\right]p^2 \quad \text{の} \quad \left[\frac{n}{p^2}\right]\text{個}$$

あるから，さらに p で $\left[\dfrac{n}{p^2}\right]$ 回割り切れる．

以下同様にカウントしていき，上の結論を得る． ∎

注 $[x]$ は通常「ガウス記号」と呼ばれているが，"世界標準"では $\lfloor x \rfloor$ のように記され，これを floor function と言う．'04 年千葉大・理(数学・情報理学科)では，問題文にこの記号が登場している．

《参考》 $p^l > n$ なる l に対しては，$\left[\dfrac{n}{p^l}\right] = 0$ であるから，$\displaystyle\sum_{i=1}^{k}\left[\dfrac{n}{p^k}\right]$ は $\displaystyle\sum_{i=1}^{\infty}\left[\dfrac{n}{p^k}\right]$ のように無限級数和の形(実際は有限和)でかくこともできる．

演習 D5

実数 x に対して，その整数部分を $[x]$ で表す．すなわち，$[x]$ は不等式 $[x] \leq x < [x]+1$ を満たす整数である．

(1) 実数 x に対して，等式
$$[x] + \left[x + \frac{1}{3}\right] + \left[x + \frac{2}{3}\right] = [3x]$$
を示せ．

(2) 正の整数 n, 実数 x に対して，等式
$$[x] + \left[x + \frac{1}{n}\right] + \left[x + \frac{2}{n}\right] + \cdots\cdots + \left[x + \frac{n-1}{n}\right] = [nx]$$
を示せ．

〔奈良女大〕

Comment (1) は (2) において $n=3$ としたものです．したがって，(1) の証明スタイルをそのまま踏襲すれば (2) の証明もできます．

解答例

(1) $x = p + \alpha$ $(p \in \mathbb{Z},\ 0 \leq \alpha < 1)$ とおく．このとき，$[x] = p$ であり，

(i) $0 \leq \alpha < \dfrac{1}{3}$ のとき，$0 \leq 3\alpha < 1$ であるから

　　(左辺) $= p + p + p = 3p,$ 　(右辺) $= 3p$

(ii) $\dfrac{1}{3} \leq \alpha < \dfrac{2}{3}$ のとき，$1 \leq 3\alpha < 2$ であるから

　　(左辺) $= p + p + (p+1) = 3p + 1,$ 　(右辺) $= 3p + 1$

(iii) $\dfrac{2}{3} \leq \alpha < 1$ のとき，$2 \leq 3\alpha < 3$ であるから

　　(左辺) $= p + (p+1) + (p+1) = 3p + 2,$ 　(右辺) $= 3p + 2$

よって，(i)～(iii) より題意の等式は示された． ∎

(2) $x = p + \alpha$ $(p \in \mathbb{Z},\ 0 \leq \alpha < 1)$ とおく．いま

$$\frac{l-1}{n} \leq \alpha < \frac{l}{n} \ (l\ \text{は}, 1 \leq l \leq n\ \text{を満たす整数}) \qquad\cdots\cdots(*)$$

とすると，$l - 1 \leq n\alpha < l$ であるから

　　　$np + l - 1 \leq np + n\alpha < np + l$

　　　$np + l - 1 \leq nx < np + l$ 　$(\because\ nx = n(p+\alpha) = np + n\alpha)$

　∴　(右辺) $= [nx] = np + l - 1$ 　　　　　　　　　　　　　　　$\cdots\cdots$①

一方，$(*)$ の右の不等式より

234

$$0 \leq \alpha + \frac{n-l}{n} < \frac{l}{n} + \frac{n-l}{n} = 1 \quad (\because \alpha < \frac{l}{n})$$

各項に p を加えて

$$p \leq p + \alpha + \frac{n-l}{n} < p+1$$

$$\therefore \quad p \leq x + \frac{n-l}{n} < p+1 \quad (\because x = p + \alpha)$$

したがって，$x + \frac{1}{n} < x + \frac{2}{n} < \cdots < x + \frac{n-l}{n}$ より

$$[x] = \left[x + \frac{1}{n}\right] = \left[x + \frac{2}{n}\right] = \cdots = \left[x + \frac{n-l}{n}\right] = p$$

また，(*)の左の不等式より

$$x + \frac{n-l+1}{n} = p + \alpha + \frac{n-l+1}{n}$$

$$\geq p + \frac{l-1}{n} + \frac{n-l+1}{n} = p+1 \quad (\because \alpha \geq \frac{l-1}{n})$$

$\alpha < 1$ だから

$$x + \frac{n-1}{n} = p + \alpha + 1 - \frac{1}{n} < p + 1 + 1 - \frac{1}{n}$$

$$= p + 2 - \frac{1}{n} < p + 2$$

$$\therefore \quad \left[x + \frac{n-l+1}{n}\right] = \left[x + \frac{n-l+2}{n}\right] = \cdots = \left[x + \frac{n-1}{n}\right] = p+1$$

したがって

$$(\text{左辺}) = [x] + \left[x + \frac{1}{n}\right] + \cdots + \left[x + \frac{n-l}{n}\right]$$

$$\qquad + \left[x + \frac{n-l+1}{n}\right] + \cdots + \left[x + \frac{n-1}{n}\right]$$

$$= p \times (n-l+1) + (p+1) \times (l-1)$$

$$= np + l - 1 \qquad \cdots\cdots\cdots\cdots ②$$

よって，①，②より題意の不等式は示された． ■

演習編 D　関数，図形，数列との融合問題

演習 D6　実数 x に対し，x を越えない最大の整数を $[x]$ で表す．

(1) 正の実数 a と自然数 m に対し，不等式 $\dfrac{[ma]}{a} \leqq m < \dfrac{[ma]+1}{a}$ を示せ．

(2) 正の実数 a と b が $\dfrac{1}{a}+\dfrac{1}{b}=1$ を満たし，更に，ある自然数 m と n に対し $[ma]=[nb]$ が成り立つならば，a と b はともに有理数であることを証明せよ． 〔慶大〕

Comment　(1)は，ガウス記号の定義そのものです．(2)は背理法で証明します．

解答例

(1) $[x]$ の定義から $[ma] \leqq ma < [ma]+1$．各項を $a(>0)$ で割って
$$\dfrac{[ma]}{a} \leqq m < \dfrac{[ma]+1}{a} \qquad ■$$

(2) 背理法で示す．a, b のうち少なくとも一方が無理数であるとする．a を無理数としておいても一般性を失わない．このとき，ma は無理数であるから，$[ma] < ma$（等号は成立しない！）．したがって，(1)の結果より
$$\dfrac{[ma]}{a} < m < \dfrac{[ma]+1}{a} \quad \cdots\cdots ①$$

また，$\dfrac{[na]}{b} \leqq n < \dfrac{[nb]+1}{b} \quad \cdots\cdots ②$

$[ma]=[nb]=k$（k は自然数）とおき，①＋②を考えると
$$k\Big(\dfrac{1}{a}+\dfrac{1}{b}\Big) < m+n < (k+1)\Big(\dfrac{1}{a}+\dfrac{1}{b}\Big)$$

$\dfrac{1}{a}+\dfrac{1}{b}=1$ であるから，$k < m+n < k+1$

これは，整数 k と $k+1$ の間に整数 $m+n$ が存在していることを示しているので矛盾である．よって，a, b はともに有理数である． ■

《参考》 本問は「α, β を $\dfrac{1}{\alpha}+\dfrac{1}{\beta}=1$ を満たす正の無理数とするとき，任意の自然数 n に対して，自然数 r が存在して $n=[r\alpha]$ か $n=[r\beta]$ のどちらか一方のみが成立する」というヴィノグラドフ(1891〜1983)の定理に関連する問題である．

> **演習 D7** 実数 x に対し，x 以下の整数のうちで最大のものを $[x]$ と書くことにする．$c>1$ として，$a_n = \dfrac{[nc]}{c}$ $(n=1, 2, \cdots)$ とおく．以下を証明せよ．
> (1) すべての n に対して，$[a_n]$ は n または $n-1$ に等しい．
> (2) c が有理数のときは，$[a_n] = n$ となる n が存在する．
> (3) c が無理数のときは，すべての n に対して $[a_n] = n-1$ となる．
>
> 〔北大〕

Comment x が無理数のときは，$[x] \leqq x < [x]+1$ となります．

[解答例]

(1) $ca_n = [nc]$ と $[nc] \leqq nc < [nc]+1$ より
$$ca_n \leqq nc < ca_n + 1$$
$$\therefore \quad a_n \leqq n < a_n + \frac{1}{c} \quad (\because \ c>0)$$
$c>1$ に注意すると
$$n-1 < n - \frac{1}{c} < a_n \leqq n$$
$$\therefore \quad [a_n] = n \ \text{または} \ n-1 \qquad\blacksquare$$

(2) $c(>1)$ が有理数であるから
$$c = \frac{p}{q} \ (p \ \text{と} \ q \ \text{は互いに素な正の整数}) \quad \cdots\cdots\cdots①$$
とおけて，このとき $qc = p$ である．
$$\therefore \quad [qc] = p$$
$$\therefore \quad \frac{[qc]}{c} = \frac{p}{\frac{p}{q}} = q \quad \therefore \quad \frac{[qc]}{c} = q$$
$$\therefore \quad a_q = q \qquad\blacksquare$$
すなわち，c が①の形で表されるとき，$n=q$ が等式を満たすものである．

(3) c が無理数のとき，すべての n に対して nc も無理数であるから，$[nc] < nc$
$$\therefore \quad a_n = \frac{[nc]}{c} < n$$
よって (1) の考察より $[a_n] = n-1$ $\qquad\blacksquare$

演習編 D 関数，図形，数列との融合問題

演習 D8

(1) 不等式 $\dfrac{1995}{n} - \dfrac{1995}{n+1} \geq 1$ を満たす最大の正の整数 n を求めよ．

(2) 次の 1995 個の整数の中に異なる整数は何個あるか．その個数を求めよ．

$$\left[\dfrac{1995}{1}\right],\ \left[\dfrac{1995}{2}\right],\ \left[\dfrac{1995}{3}\right],\ \cdots,\ \left[\dfrac{1995}{1994}\right],\ \left[\dfrac{1995}{1995}\right]$$

ここに，$[x]$ は，x を超えない最大の整数を表す． 〔早大〕

Comment $x - y \geq 1$ のとき，$[x] > [y]$ が成り立ちます．

解答例

(1) $\dfrac{1995}{n} - \dfrac{1995}{n+1} \geq 1 \iff \dfrac{1995}{n(n+1)} \geq 1$ ....(∗)

∴ $n(n+1) \leq 1995$

ここで，$44 \cdot 45 = 1980$，$45 \cdot 46 = 2070$ であるから，(∗) を満たす最大の正の整数は
$\qquad 44$ ∎

注 (∗) を満たす最大の n は，$n \fallingdotseq \sqrt{1995}$ と考えて見当をつける．このとき，開平計算がポイントになる．

(2) (1)の結果から

$$\left[\dfrac{1995}{1}\right] > \left[\dfrac{1995}{2}\right] > \cdots > \left[\dfrac{1995}{44}\right]\ \left(= 45 > \left[\dfrac{1995}{45}\right]\right)$$

で，これらの 44 個の整数はすべて異なる位である．

また，(1)の考察より，$45 \leq k \leq 1995$ なる整数 k に対して

$$\dfrac{1995}{k} - \dfrac{1995}{k+1} < 1$$

であり

$$(44 =)\ \left[\dfrac{1995}{45}\right] \geq \left[\dfrac{1995}{46}\right] \geq \cdots \geq \left[\dfrac{1995}{1995}\right]\ (= 1)$$

であるから，この中には異なる整数は 44 個ある．よって，求める個数は
$\qquad 44 + 44 = 88$（個） ∎

> **演習 D9**
>
> N を自然数とする．
> $$a_1 = N, \quad a_{n+1} = \left\lfloor \frac{1}{2}\left(a_n + \left\lfloor \frac{N}{a_n} \right\rfloor \right) \right\rfloor \quad (n=1,2,3,\cdots)$$
> で定まる数列 $\{a_n\}$ について以下の問いに答えよ．ここで $\lfloor x \rfloor$ は x をこえない最大の整数を表す．
> (1) $a_n \geq \lfloor \sqrt{N} \rfloor$ を証明せよ．
> (2) $a_n \leq a_{n+1}$ ならば $a_n = \lfloor \sqrt{N} \rfloor$ であることを証明せよ．　　〔千葉大〕

***C**omment*　$\lfloor x \rfloor$ は，いわゆるガウス記号 $[x]$ に他なりませんが，"世界標準" では $\lfloor x \rfloor$ の記号が用られ，これを

$$\text{floor functions}（＝床関数）$$

といいます．つまり

$$\lfloor x \rfloor = \text{the greatest integer less than equal to } x$$
（数 x より小さいか等しい整数の中で最大のもの）

というわけです．これに対して，$\lceil x \rceil$ という記号もあり，これを

$$\text{ceiling functions}（天井関数）$$

といいます．$\lceil x \rceil$ は

$$\lceil x \rceil = \text{the least integer greater than equal to } x$$
（数 x より大きいか等しい整数の中で最小のもの）

というわけです．たとえば，$\lceil 4.2 \rceil = 5$，$\lceil 7 \rceil = 7$ となります．
　ちょっと面倒な問題ですが，(1)は数学的帰納法で証明できます．

解答例

(1) 数学的帰納法で示す．
　　(i) n が 1 のとき
$$a_1 - \sqrt{N} = N - \sqrt{N} = \sqrt{N}(\sqrt{N}-1) \geq 0 \quad (\because N \text{ は自然数})$$
　　　　$\therefore\ a_1 \geq \sqrt{N}$
　一方，定義により　$\sqrt{N} \geq \lfloor \sqrt{N} \rfloor$
　　　　$\therefore\ a_1 \geq \lfloor \sqrt{N} \rfloor$
　　(ii) 1 以上のある n で，$a_n \geq \lfloor \sqrt{N} \rfloor\ (>0)$　　　　　　　　　……①

239

演習編 D 関数，図形，数列との融合問題

が成り立つとする．a_n の定め方より a_n は整数であるから，$a_n + \left\lfloor \dfrac{N}{a_n} \right\rfloor$ も整数であることに注意すると

$$a_n + \left\lfloor \dfrac{N}{a_n} \right\rfloor = \left\lfloor a_n + \dfrac{N}{a_n} \right\rfloor \quad \cdots\cdots ②$$

したがって，$a_{n+1} \geqq \lfloor \sqrt{N} \rfloor$ を示すには

$$a_{n+1} \geqq \lfloor \sqrt{N} \rfloor \iff \left\lfloor \dfrac{1}{2}\left(a_n + \left\lfloor \dfrac{N}{a_n} \right\rfloor\right) \right\rfloor \geqq \lfloor \sqrt{N} \rfloor \quad \cdots\cdots ③$$

$$\iff \dfrac{1}{2}\left(a_n + \left\lfloor \dfrac{N}{a_n} \right\rfloor\right) \geqq \lfloor \sqrt{N} \rfloor \quad \cdots\cdots ④$$

$$\iff a_n + \left\lfloor \dfrac{N}{a_n} \right\rfloor \geqq 2\lfloor \sqrt{N} \rfloor$$

$$\iff \left\lfloor a_n + \dfrac{N}{a_n} \right\rfloor \geqq 2\lfloor \sqrt{N} \rfloor \quad (\because ②)$$

$$\iff a_n + \dfrac{N}{a_n} \geqq 2\lfloor \sqrt{N} \rfloor$$

を示しておけばよい．ところが①より $a_n > 0$ であるから，相加相乗平均の不等式より

$$a_n + \dfrac{N}{a_n} \geqq 2\sqrt{a_n \cdot \dfrac{N}{a_n}} = 2\sqrt{N} \geqq 2\lfloor \sqrt{N} \rfloor$$

よって，$n+1$ のときも成り立つことがわかった．

以上（ⅰ）（ⅱ）より題意の不等式は示された． ∎

注 「③ ⇒ ④」は

$$\dfrac{1}{2}\left(a_n + \left\lfloor \dfrac{N}{a_n} \right\rfloor\right) \geqq \left\lfloor \dfrac{1}{2}\left(a_n + \left\lfloor \dfrac{N}{a_n} \right\rfloor\right) \right\rfloor \geqq \lfloor \sqrt{N} \rfloor$$

より明らかで，「④ ⇒ ③」は次のように考える．すなわち，$\lfloor \sqrt{N} \rfloor$ は $\dfrac{1}{2}\left(a_n + \left\lfloor \dfrac{N}{a_n} \right\rfloor\right)$ をこえない整数であり，$\left\lfloor \dfrac{1}{2}\left(a_n + \left\lfloor \dfrac{N}{a_n} \right\rfloor\right) \right\rfloor$ は $\dfrac{1}{2}\left(a_n \left\lfloor \dfrac{N}{a_n} \right\rfloor\right)$ をこえない最大の整数である．したがって

$$\left\lfloor \dfrac{1}{2}\left(a_n + \left\lfloor \dfrac{N}{a_n} \right\rfloor\right) \right\rfloor \geqq \lfloor \sqrt{N} \rfloor$$

が成り立つ．

(2) $a_n \leqq a_{n+1} \iff a_{n+1} - a_n \geqq 0$

$$\iff \left\lfloor \dfrac{1}{2}\left(a_n + \left\lfloor \dfrac{N}{a_n} \right\rfloor\right) \right\rfloor - a_n \geqq 0$$

$$\iff \left\lfloor \frac{1}{2}\left(a_n + \left\lfloor \frac{N}{a_n} \right\rfloor\right) \right\rfloor - a_n \geqq 0$$

$$\iff \left\lfloor \frac{1}{2}\left(\left\lfloor \frac{N}{a_n} \right\rfloor - a_n\right) \right\rfloor \geqq 0$$

$$\iff \left\lfloor \frac{N}{a_n} \right\rfloor - a_n \geqq 0$$

$$\iff \left\lfloor \frac{N}{a_n} \right\rfloor \geqq a_n$$

$$\iff \frac{N}{a_n} \geqq a_n$$

$$\iff N \geqq a_n{}^2$$

$\therefore \quad a_n \leqq \sqrt{N} \qquad \therefore \quad a_n \leqq \lfloor \sqrt{N} \rfloor$

よって，(1)の結果；$a_n \geqq \lfloor \sqrt{N} \rfloor$ とから
$$a_n = \lfloor \sqrt{N} \rfloor \qquad \blacksquare$$

《参考》 $N \geqq 2$ とすると，$a_1 = N$ だから
$$a_2 = \left\lfloor \frac{1}{2}\left(a_1 + \left\lfloor \frac{N}{a_1} \right\rfloor\right) \right\rfloor = \left\lfloor \frac{1}{2}\left(N + \frac{N}{N}\right) \right\rfloor$$
$$= \left\lfloor \frac{1}{2}(N+1) \right\rfloor \leqq \frac{1}{2}(N+1) < \frac{1}{2}(N+N) = N = a_1$$

$\therefore \quad a_1 > a_2$

したがって，$a_n \leqq a_{n+1}$ が成り立つためには $N=1$ が必要で，このとき，漸化式より
$$a_2 = \left\lfloor \frac{1}{2}\left(a_1 + \left\lfloor \frac{N}{a_1} \right\rfloor\right) \right\rfloor = \left\lfloor \frac{1}{2}\left(1 + \left\lfloor \frac{1}{1} \right\rfloor\right) \right\rfloor = 1$$

となり，以下同様に考えて
$$a_n = 1 = \lfloor \sqrt{1} \rfloor = \lfloor \sqrt{N} \rfloor$$

となることがわかる．

演習編 D　関数，図形，数列との融合問題

演習 D10　xy 平面上で，x 座標，y 座標がともに整数であるような点を格子点という．以下，正の整数 n の約数の個数（1 と n 自身も含める）を $f(n)$ とする．たとえば，6 の約数は 1, 2, 3, 6 の 4 個であるから $f(6)=4$ である．

(1) 2 以上の整数 n の素因数分解を $n=p_1^{e_1}p_2^{e_2}\cdots p_r^{e_r}$（各 p_i は素数，e_i は正の整数）とするとき，$f(n)$ を $e_1, e_2, \cdots, e_r$ を用いて表せ．

(2) 不等式 $25<xy<30$ を満たす格子点 (x, y) のうち，第 1 象限にあるものの個数を求めよ．

(3) 正の整数 n に対して，$\displaystyle\sum_{k=1}^{n} f(k) = \sum_{k=1}^{n}\left[\frac{n}{k}\right]$

であることを示せ．ここで，$[x]$ は実数 x に対して，x をこえない整数の中で最大の整数，すなわち $m \leqq x < m+1$ を満たす整数 m を表す．

〔千葉大〕

Comment　(1), (2) は簡単でしょう．問題は (3) です．

解答例

(1)　$f(n)=(e_1+1)(e_2+1)\cdots(e_r+1)$　∎

(2)　$25<xy<30$ を満たす xy は
$$xy=26=2\cdot 13$$
$$xy=27=3^3$$
$$xy=28=2^2\cdot 7$$
$$xy=29$$
であり，それぞれの正の約数の個数が条件を満たす格子点 (x, y) の個数である．よって (1) の結果より
$$2\times 2+4+3\times 2+2=\mathbf{14(個)}$$　∎

(3)　正の整数 k と i $(i=1, 2, \cdots, k)$ に対して
$$\sigma_k(i)=\begin{cases}1 & (k\text{ が }i\text{ で割り切れる})\\ 0 & (k\text{ が }i\text{ で割り切れない})\end{cases}$$
と定めると

$$f(k) = (k \text{ の正の約数の個数})$$
$$= \sum_{i=1}^{k} \sigma_k(i)$$
$$\therefore \sum_{k=1}^{n} f(k) = \sum_{k=1}^{n} \left(\sum_{i=1}^{k} \sigma_k(i) \right)$$
$$= \sum_{i=1}^{1} \sigma_1(i) + \sum_{i=1}^{2} \sigma_2(i) + \sum_{i=1}^{3} \sigma_3(i) + \cdots + \sum_{i=1}^{n} \sigma_n(i)$$
$$= \quad \sigma_1(1)$$
$$+ \sigma_2(1) + \sigma_2(2)$$
$$+ \sigma_3(1) + \sigma_3(2) + \sigma_3(3)$$
$$\cdots\cdots\cdots\cdots\cdots\cdots\cdots\cdots$$
$$+ \sigma_n(1) + \sigma_n(2) + \sigma_n(3) + \cdots + \sigma_n(n)$$
$$= \sum_{j=1}^{n} \sigma_j(1) + \sum_{j=2}^{n} \sigma_j(2) + \sum_{j=3}^{n} \sigma_j(3) + \cdots + \sum_{j=n}^{n} \sigma_j(n)$$
$$= \left[\frac{n}{1} \right] + \left[\frac{n}{2} \right] + \left[\frac{n}{3} \right] + \cdots + \left[\frac{n}{n} \right]$$
$$= \sum_{k=1}^{n} \left[\frac{n}{k} \right]$$

よって，題意の等式は示された． ∎

《参考》 たとえば，$\sum_{j=2}^{n} \sigma_j(2)$ は 2 から n までの整数で 2 で割り切れるものの個数を表している．

また，$n = 6$ とすると
$$\sum_{k=1}^{6} f(k) = f(1) + f(2) + f(3) + f(4) + f(5) + f(6)$$
$$= 1 + 2 + 2 + 3 + 2 + 4 = 14$$
$$\sum_{k=1}^{6} \left[\frac{6}{k} \right] = \left[\frac{6}{1} \right] + \left[\frac{6}{2} \right] + \left[\frac{6}{3} \right] + \left[\frac{6}{4} \right] + \left[\frac{6}{5} \right] + \left[\frac{6}{6} \right]$$
$$= 6 + 3 + 2 + 1 + 1 + 1 = 14$$

となって等式が成り立っていることがわかる．

演習編 D 関数，図形，数列との融合問題

演習 D11 0以上の整数 x に対して，$C(x)$ で x の下2桁を表すことにする．例えば，$C(12578)=78$，$C(6)=6$ である．n を2でも5でも割り切れない正の整数とする．

(1) x, y が0以上の整数のとき，$C(nx)=C(ny)$ ならば，$C(x)=C(y)$ であることを示せ．

(2) $C(nx)=1$ となる0以上の整数 x が存在することを示せ． 〔京大〕

Comment 0以上の2つの整数 a, b の下2桁が一致する条件は $a-b$ が100で割り切れることです．

解答例

(1) $\quad C(nx)=C(ny)$

$\quad\quad \iff nx$ と ny の下2桁が一致する

$\quad\quad \iff 100 \mid nx-ny$

$\quad\quad \iff 2^2\cdot 5^2 \mid n(x-y)$

ここで，n は2でも5でも割り切れない整数だから

$\quad\quad 2^2\cdot 5^2 \mid n(x-y) \iff 100 \mid x-y$

$\therefore\ C(x)=C(y)$ ∎

(2) $A=\{0, 1, 2, \cdots, 99\}$ とおくと，A の要素 x, y に対して，$C(x)=x$，$C(y)=y$ が成り立つ．したがって，A の要素 x, y に対して(1)の結果より

$\quad\quad x \neq y \implies C(x) \neq C(y)$

$\quad\quad\quad\quad \implies C(nx) \neq C(ny)$

であるから，集合

$\quad\quad \{C(n\cdot 0), C(n\cdot 1), C(n\cdot 2), \cdots, C(n\cdot 99)\}$

を考えると，これら100個の要素はすべて互いに異なり，$C(x)$ の定義から

$\quad\quad \{C(n\cdot 0), C(n\cdot 1), C(n\cdot 2), \cdots, C(n\cdot 99)\} = A$

すなわち，$C(n\cdot x)=1$ となる0以上の正の整数 x が存在する．   ∎

演習 D12 どのような自然数 n も，3 で割り切れない自然数 k と 0 以上の整数 a を用いて，$n = 3^a k$ と 1 通りにかける．このとき，$f(n) = a$ と定める．たとえば，$f(1) = 0$, $f(2) = 0$, $f(3) = 1$ である．次のことを証明せよ．

(1) 自然数 m, n に対して，$f(mn) = f(m) + f(n)$ が成り立つ．

(2) 2 以上の自然数 n に対して，$f(n^3 - n) \geq 1$ が成り立つ． 〔岐阜大〕

***C**omment* $n^3 - n = (n-1)n(n+1)$ は連続する 3 整数の積です．

|解答例|

(1) $m = 3^a p$, $n = 3^b q$ (p, q は 3 で割り切れない自然数，a, b は 0 以上の整数) とおくと
$$f(m) = a, \quad f(n) = b \qquad \cdots\cdots ①$$
また，$mn = 3^{a+b} pq$ で，pq は 3 で割り切れないので
$$f(mn) = a + b \qquad \cdots\cdots ②$$
よって，①，②より
$$f(mn) = f(m) + f(n)$$
が成り立つ． ■

(2) $n^3 - n = (n-1)n(n+1)$ は連続する 3 整数の積で，n は 2 以上の自然数であるから，$(n-1)n(n+1)$ は 3 で割り切れる．したがって
$$n^3 - n = 3^c r \quad (c \geq 1, \ r \text{ は 3 で割り切れない自然数})$$
とおけて，定義より
$$f(n^3 - n) = c \geq 1$$
よって，題意の不等式は示された． ■

演習編 D 関数，図形，数列との融合問題

演習 D13 自然数 n に対して n 以下の自然数で n との最大公約数が 1 であるものの個数を $f(n)$ で表す．

(1) $f(12)$, $f(13)$, $f(16)$ を求めよ．

(2) m が n 未満の自然数で m と n との最大公約数が 1 であるとき，$n-m$ と n との最大公約数も 1 であることを示せ．

(3) $n \geqq 3$ のとき $f(n)$ は偶数であることを示せ． 〔埼玉大〕

Comment オイラー関数の問題です．(3)が少々むずかしいかもしれません．

|解答例|

(1) 12 以下の自然数で 12 と互いに素なものは，1, 3, 7, 11． ∴ $f(12) = 4$ ■

13 以下の自然数で 13 と互いに素なものは，13 が素数であることに注目すると，13 以外のすべてである． ∴ $f(13) = 12$ ■

16 以下の自然数で 16 と互いに素なものは， 1, 3, 5, 7, 9, 11, 13, 15.
   ∴ $f(16) = 8$ ■

(2) $n-m$ と n との最大公約数が $g\,(>1)$ とすると，
$$n-m = kg \quad\cdots\cdots ①, \qquad n = lg \quad\cdots\cdots ② \quad (k, l \in \mathbb{Z})$$
とおけて，①，②から $m = n-kg = lg-kg = (l-k)g$ となる．これは m と n が 1 より大きい公約数 g を持つことを示しているので，m と n の最大公約数が 1 であることに反する．よって，$n-m$ と n との最大公約数は 1 である． ■

(3) $\dfrac{n}{2}$ は，n が偶数のときも奇数のときも（n が奇数のときは $\dfrac{n}{2}$ は整数ではない）n と互いに素ではない．そこで，いま $n\,(\geqq 3)$ 以下の自然数で n と互いに素なものを次の 2 つの組に分ける．すなわち，
$$A = \left\{ m \,\middle|\, 1 \leqq m < \dfrac{n}{2},\ (m, n) = 1 \right\}, \quad B = \left\{ m \,\middle|\, \dfrac{n}{2} < m < n,\ (m, n) = 1 \right\}$$
とする．このとき， $f(n) = |A \cup B| = |A| + |B|$ ……①
である．ただし，$|X|$ は集合 X の要素の個数を表す．
一方，$m \in A$ ならば，(2)から $n-m \in B$ ∴ $|A| \leqq |B|$ ……②
また，$m \in B$ ならば，(2)から $n-m \in A$ ∴ $|B| \leqq |A|$ ……③
したがって，②，③から $|A| = |B|$．
よって，①とから，$f(n) = 2|A|$ となるので，$f(n)$ は偶数であることが示された． ■

> **演習 D14**
>
> 自然数 n に対して，実数 $f(n)$ を次の規則で定める．
>
> [Ⅰ] $f(1) = 1$
>
> [Ⅱ] 素数 p，自然数 a に対して，$f(p^a) = p^a\left(1 - \dfrac{1}{p}\right)$
>
> [Ⅲ] 自然数 m, n が互いに素なとき，$f(mn) = f(m)f(n)$
>
> このとき，次の問に答えよ．
>
> (1) 自然数 n $(n \geq 2)$ を，$n = p_1^{a_1} \cdot p_2^{a_2} \cdots\cdots p_r^{a_r}$ $(a_i \geq 1)$ と素因数分解するとき，$\dfrac{f(n)}{n}$ を $p_1, \cdots, p_r$ を用いて表せ．
>
> (2) $f(n) = \dfrac{1}{3}n$ となるとき，$n = 2^a \cdot 3^b$ $(a \geq 1, b \geq 1)$ と表されることを示せ． 〔横浜市大〕

Comment $f(n)$ はオイラー関数になりますが，この関数は [Ⅰ]〜[Ⅲ] によって特徴づけることができます．

■解答例

(1) 与えられた規則から，

$$f(n) = f(p_1^{a_1} p_2^{a_2} \cdots p_r^{a_r}) = f(p_1^{a_1})f(p_2^{a_2})\cdots f(p_r^{a_r})$$

$$= p_1^{a_1}\left(1 - \frac{1}{p_1}\right) p_2^{a_2}\left(1 - \frac{1}{p_2}\right) \cdots p_r^{a_r}\left(1 - \frac{1}{p_r}\right)$$

$$= n\left(1 - \frac{1}{p_1}\right)\left(1 - \frac{1}{p_2}\right)\cdots\left(1 - \frac{1}{p_r}\right)$$

$$\therefore \quad \frac{f(n)}{n} = \left(1 - \frac{1}{p_1}\right)\left(1 - \frac{1}{p_2}\right)\cdots\left(1 - \frac{1}{p_r}\right) \qquad ■$$

(2) $n = p_1^{a_1} p_2^{a_2} \cdots p_r^{a_r}$ $(1 < p_1 < p_2 < \cdots < p_r,\ p_i$ は素数) とする．(1)より，

$$\frac{1}{3} = \left(1 - \frac{1}{p_1}\right)\left(1 - \frac{1}{p_2}\right)\cdots\cdots\left(1 - \frac{1}{p_r}\right)$$

$$\iff \frac{1}{3} = \frac{(p_1 - 1)(p_2 - 1)\cdots(p_r - 1)}{p_1 p_2 \cdots p_r}$$

$$\therefore \quad p_1 p_2 \cdots\cdots p_r = 3(p_1 - 1)(p_2 - 1)\cdots\cdots(p_r - 1) \qquad \cdots\cdots(*)$$

ここで，$p_1 \neq 2$ とすると，$p_1, p_2, \cdots, p_r$ は奇素数であるから，$(*)$ の左辺は奇数，右辺は偶数となり，これは不合理である．したがって，$p_1 = 2$ であり，この

とき，
$$2p_2 \cdots\cdots p_r = 3 \cdot 1 \cdot (p_2-1)\cdots\cdots(p_r-1)$$
となり $p_2=3$ でなければならない．このとき，$r \geq 3$ とすると，
$$p_3 p_4 \cdots\cdots p_r = (p_3-1)(p_4-1)\cdots\cdots(p_r-1)$$
となり，明らかにこれは不合理である．なぜなら $p_i > p_i-1$ $(i=3,4,\cdots,r)$ であるからである．よって，$r=2$ となり，$n=2^{a_1}3^{a_2}$ となって，題意は示された． ∎

演習 D15　座標平面において，x 座標，y 座標がともに整数である点を格子点と呼ぶ．4つの格子点 $O(0, 0)$，$A(a, b)$，$B(a, b+1)$，$C(0, 1)$ を考える．ただし，a, b は正の整数で，その最大公約数は 1 である．

(1) 平行四辺形 ABCD の内部（辺，頂点は含めない）に格子点はいくつあるか．

(2) (1)の格子点全体を $P_1, P_2, \cdots, P_t$ とするとき，$\triangle OP_iA$ $(i = 1, 2, \cdots, t)$ の面積のうちの最小値を求めよ．ただし，$a > 1$ とする．

〔京大〕

Comment　(2)がむずかしいでしょう．最小値を与える格子点が存在することをキチンと述べておく必要があります．

[解答例]

(1) $a = 1$ のときは明らかに 0 (個) であるから，$a \geqq 2$ としておく．

直線 $x = k$ $(1 \leqq k \leqq a-1)$ と線分 OA，OB の交点の y 座標はそれぞれ $\dfrac{b}{a}k$，$\dfrac{b}{a}k+1$ で，a と b は互いに素であるから，$\dfrac{b}{a}k$ は整数ではない．

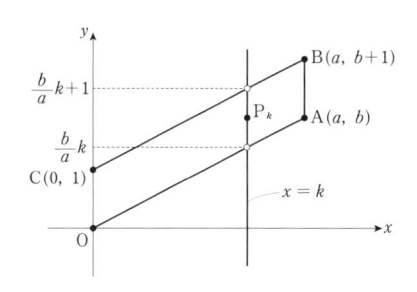

したがって

$$\dfrac{b}{a}k < y < \dfrac{b}{a}k+1 \qquad \cdots\cdots\cdots ①$$

を満たす整数 y はただ 1 つである．よって求める格子点の個数は

　　$a-1$ (個)　（これは $a = 1$ のときも正しい）　■

(2) (1)より，$t = a-1$ で，格子点を

　　$P_k(k, y_k)$ $(k = 1, 2, 3, \cdots, a-1)$

とすると，

　　$\triangle OP_kA$ の面積 $= \dfrac{1}{2}|ay_k - bk|$

249

ここで①から，$\dfrac{b}{a}k < y_k < \dfrac{b}{a}k+1$ であるから

$$0 < ay_k - bk < a$$

すなわち，$ay_k - bk$ は整数であるから

$$1 \leq ay_k - bk \leq a-1 \qquad \cdots\cdots\cdots ②$$

次に $ay_k - bk = 1$ となる $\mathrm{P}_k(k, y_k)$ が存在することを主張する．

いま，$1 \leq i < j \leq a-1$ であって

$$ay_i - bi = ay_j - bj$$

となる i, j が存在したとすると，

$$b(j-i) = a(y_j - y_i)$$

したがって，$b(j-i)$ は a で割り切れる．ところが，b と a とは互いに素であり，

$$1 \leq j-i \leq a-2$$

であるから，これは不合理である．したがって，

$$i \neq j \implies ay_i - bi \neq ay_j - bj$$

であることがわかり，k が $1, 2, \cdots, a-1$ の値をとって変化するとき，②より $ay_k - bk$ は 1 から $a-1$ までの整数値をすべてとる．

よって，求める最小値は $\dfrac{1}{2}$ ∎

> **演習 D16**
> (1) p, q を互いに素な正の整数とする．平面上の点 $(p, 0)$ と点 $(0, q)$ を結ぶ線分上にはこの 2 点以外の格子点が存在しないことを示せ．ただし，格子点とは，その x 座標，y 座標がともに整数であるような点をいう．
> (2) 不等式 $0 < x < p$, $0 < y < q$, $\dfrac{x}{p} + \dfrac{y}{q} < 1$ を満たす格子点 (x, y) の個数を p, q を使って表せ．　〔津田塾大〕

Comment　(2)は D・17 と本質的に同じです．

[解答例]

(1) 線分 $\dfrac{x}{p} + \dfrac{y}{q} = 1$ $(0 < x < p)$ 上に格子点があるとし，いまそれを (k, y_k) $(1 \leqq k \leqq p-1, k \in \mathbb{N})$ とすると

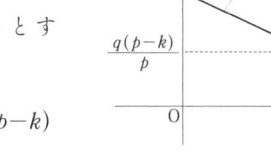

$$\frac{k}{p} + \frac{y_k}{q} = 1 \iff py_k = q(p-k)$$

p と q は互いに素だから，y_k は q で割り切れる．
ところが，y_k は $1 \leqq y_k \leqq q-1$ を満たす正の整数であるから，これは不合理である．よって，題意は示された．　∎

(2) 求める格子点の個数を s とすると

$$s = \sum_{k=1}^{p-1} \left[\frac{q(p-k)}{p}\right] = \sum_{l=1}^{p-1} \left[\frac{ql}{p}\right]$$

$(l = p-k,\ [x]$ は x を越えない最大の整数$)$

ここで ql を p で割ったときの商を n_l，余りを r_l とおくと

$$ql = p \cdot n_l + r_l \quad (1 \leqq r_l \leqq p-1) \qquad \cdots\cdots①$$

p と q は互いに素であるから，$i \neq j$ ならば $r_i \neq r_j$ である

$$\therefore\ \{r_1, r_2, \cdots, r_{p-1}\} = \{1, 2, \cdots, p-1\}$$

$$\therefore\ \sum_{l=1}^{p-1} r_l = \sum_{l=1}^{p-1} l = \frac{p(p-1)}{2} \qquad \cdots\cdots②$$

よって，①より

$$s = \sum_{l=1}^{p-1}\left[\frac{ql}{p}\right] = \sum_{l=1}^{p-1} n_l$$

$$= \sum_{l=1}^{p-1} \frac{ql-r_l}{p} = \frac{q}{p}\sum_{l=1}^{p-1} l - \frac{1}{p}\sum_{l=1}^{p-1} r_l$$

$$= \frac{q}{p}\cdot\frac{p(p-1)}{2} - \frac{1}{p}\cdot\frac{p(p-1)}{2} \quad (\because ②)$$

$$= \frac{(p-1)(q-1)}{2} \qquad \blacksquare$$

《参考》 右図のように 4 点 $0(0, 0)$, $A(p, 0)$, $B(0, q)$, $C(p, q)$ を頂点とする長方形は点 $\left(\frac{p}{2}, \frac{q}{2}\right)$ に関して, 点対称であり, (1) より線分 AB 上には A, B 以外の格子点は存在しない. よって求める格子点の個数を s とすると

$$2 \times s = (p-1)(q-1)$$

$$\therefore \quad s = \frac{(p-1)(q-1)}{2}$$

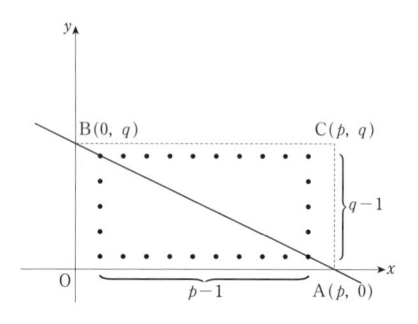

また直角三角形 OAB にピック (Pick) の定理；

$$A = I + \frac{1}{2}B - 1$$

$$\begin{pmatrix} A \text{ は} \triangle \text{OAB の面積} \\ I \text{ は} \triangle \text{OAB の内部の格子点の個数} \\ B \text{ は} \triangle \text{OAB の辺上の格子点の個数} \end{pmatrix}$$

を用いると, $A = \frac{pq}{2}$, $B = p+q+1$ だから

$$s = I = A - \frac{1}{2}B + 1$$

$$= \frac{pq}{2} - \frac{p+q+1}{2} + 1$$

$$= \frac{pq-p-q+1}{2} = \frac{(p-1)(q-1)}{2}$$

と, s の値を求めることができる.

> 演習 **D17**　p, q が互いに素な正の整数のとき，
> $$\left[\frac{p}{q}\right]+\left[\frac{2p}{q}\right]+\cdots\cdots+\left[\frac{(q-1)p}{q}\right]=\frac{(p-1)(q-1)}{2}$$
> であることを証明せよ．

Comment　ポイントは $\sum_{k=1}^{q-1}\left[\frac{kp}{q}\right]=\sum_{k=1}^{q-1}\left[\frac{(q-k)p}{q}\right]$ で，要するに「『初項から末項までの和』は『末項から初項までの和』に等しい」というごく当たり前の事実です．ここでは純代数的に処理してみます．D16 を参照してください．

解答例

1 以上 $q-1$ 以下の正の整数 k ($1 \leq k \leq q-1$) に対して，kp を q で割ったときの商を n，余りを r とすると，
$$kp = qn + r \quad (0 < r < q)$$
$$\therefore \quad \frac{kp}{q} = n + \frac{r}{q} \quad \left(0 < \frac{r}{q} < 1\right)$$

このとき，$-\dfrac{kp}{q}=-n-\dfrac{r}{q}=-n-1+\left(1-\dfrac{r}{q}\right)$，$0<1-\dfrac{r}{q}<1$ より
$$\left[-\frac{kp}{q}\right]=-(n+1)=-\left[\frac{kp}{q}\right]-1 \quad\quad\quad\cdots\cdots\text{①}$$

したがって，
$$\left[\frac{(q-k)p}{q}\right]=\left[p-\frac{kp}{q}\right]=p+\left[-\frac{kp}{q}\right]$$
$$=p-\left[\frac{kp}{q}\right]-1=(p-1)-\left[\frac{kp}{q}\right] \quad (\because \text{①})$$

$$\therefore \sum_{k=1}^{q-1}\left[\frac{kp}{q}\right]=\sum_{k=1}^{q-1}\left[\frac{(q-k)p}{q}\right]=\sum_{k=1}^{q-1}\left\{(p-1)-\left[\frac{kp}{q}\right]\right\}$$
$$=(p-1)(q-1)-\sum_{k=1}^{q-1}\left[\frac{kp}{q}\right]$$

$$\therefore \quad 2\times\sum_{k=1}^{q-1}\left[\frac{kp}{q}\right]=(p-1)(q-1)$$

$$\therefore \quad \sum_{k=1}^{q-1}\left[\frac{kp}{q}\right]=\left[\frac{p}{q}\right]+\left[\frac{2p}{q}\right]+\cdots\cdots+\left[\frac{(q-1)p}{q}\right]$$
$$=\frac{(p-1)(q-1)}{2} \quad\blacksquare$$

演習編 D　関数，図形，数列との融合問題

演習 D18

xy 平面上の 2 曲線 C_+ と C_- を次の式で定義する．
$$C_+ : x^2 - 2y^2 = 1 \quad (x>0, \ y>0),$$
$$C_- : x^2 - 2y^2 = -1 \quad (x>0, \ y>0)$$

また，点 $\mathrm{P}(x, y)$ に対して点 $\mathrm{Q}(u, v)$ を $\begin{cases} u = -x + 2y \\ v = x - y \end{cases}$ で定める．点 $\mathrm{P}(x, y)$ は x, y がともに整数であるとき整数点という．

(1) $\mathrm{P}(x, y)$ が曲線 C_+ 上の整数点ならば $\mathrm{Q}(u, v)$ は曲線 C_- 上の整数点であり，$\mathrm{P}(x, y)$ が曲線 C_- 上の整数点ならば，$x = y = 1$ の場合を除いて，$\mathrm{Q}(u, v)$ は曲線 C_+ 上の整数点であることを示せ．

(2) $\mathrm{P}(x, y)$ が C_+ または C_- 上の整数点で $y \neq 1$ ならば $0 < v < y$ であることを示せ．

(3) $(\sqrt{2}+1)^n = x_n + y_n \sqrt{2}$ （x_n, y_n は整数，n は自然数）と表す．$\mathrm{P}_n(x_n, y_n)$ は曲線 C_+ または C_- 上にあることを示せ．

(4) 曲線 C_+ または C_- 上の整数点は $\mathrm{P}_n(x_n, y_n)$（n は自然数）に限ることを示せ．

〔滋賀医大〕

Comment B 21, B 23 を参照してください．このタイプの問題は，一般に「**ペルの方程式**」と言われていますが，ペル（1611～1685）自身はこの問題には何の関係もない，というのが真相のようです．もともとは，フェルマーが 1657 年に友人のフレニクルに提出したものと言われ，後にオイラーが研究したので，本来は「フェルマー・オイラーの方程式」とも呼ばれるべきものです．

ともあれ，まず，
$$x^2 - Dy^2 = 1 \qquad \cdots\cdots\cdots ①$$
から考えてみましょう．

この方程式には，$x = \pm 1$, $y = 0$ という解があることは自明です．また，D が完全平方数 a^2 に等しいときは，
$$① \Longleftrightarrow (x - ay)(x + ay) = 1$$
となるから，
$$\begin{cases} x - ay = 1 \\ x + ay = 1 \end{cases} \text{または} \begin{cases} x - ay = -1 \\ x + ay = -1 \end{cases}$$

これより
$$x = \pm 1, \quad y = 0$$
が解となります. そこで, $D \neq a^2$ としておきます.

ラグランジュは漸化式を用いてこの方程式の解を巧妙に求める方法を探究しています. その大要を以下, 簡単に説明してみますが, 実はこれが本問を解決する基本的なアイデアなのです.

①の 1 組の整数解を (x, y) とすると,
$$(-x, y), \quad (x, -y), \quad (-x, -y)$$
もまた整数解であるから, x, y が正数の場合だけを考えます.

このような 2 組の解 (x_1, y_1), (x_2, y_2) が得られたとします. このとき,
$$(x_1 + y_1\sqrt{D})(x_2 + y_2\sqrt{D}) = x_3 + y_3\sqrt{D} \quad \cdots\cdots\cdots\cdots ②$$
とおけば,
$$x_3 = x_1 x_2 + D y_1 y_2, \quad y_3 = x_1 y_2 + x_2 y_1$$
もやはり①の解になります.

実際, ②が成り立てば $x_1, y_1, x_2, y_2, x_3, y_3$ は整数 (であるからもちろん有理数) であるから,
$$(x_1 - y_1\sqrt{D})(x_2 - y_2\sqrt{D}) = x_3 - y_3\sqrt{D} \quad \cdots\cdots\cdots\cdots ③$$
が成り立ち, ②, ③を辺々掛けて
$$(x_1^2 - y_1^2 D)(x_2^2 - y_2^2 D) = x_3^2 - y_3^2 D$$
となり, $x_1^2 - y_1^2 D = 1$, $x_2^2 - y_2^2 D = 1$ より
$$x_3^2 - y_3^2 D = 1$$
が得られるからです.

この論法において $x_1 = x_2$, $y_1 = y_2$ としてもよいので, このとき②は
$$(x_1 + y_1\sqrt{D})^2 = x_2 + y_2\sqrt{D}$$
のようになります. ただし, この x_2, y_2 は②, ③の x_2, y_2 とは異なることを注意しておきます.

したがって, 一般に,
$$(x_1 + y_1\sqrt{D})^n = x_n + y_n\sqrt{D}$$
より得られる x_n, y_n は①を満足する正の整数解となるわけです.

演習編 D 関数，図形，数列との融合問題

解答例

(1) $P(x, y)$ が曲線 C_+ 上の整数点ならば，$x^2 - 2y^2 = 1$ であるから，
$$u^2 - 2v^2 = (-x + 2y)^2 - 2(x-y)^2$$
$$= -(x^2 - 2y^2) = -1$$

また，u, v は明らかに整数で，
$$(2y)^2 - x^2 = 4y^2 - (1 + 2y^2) = 2y^2 - 1 > 0 \qquad \therefore\ 2y > x$$
$$\therefore\ u = -x + 2y > 0$$
$$x^2 - y^2 = (1 + 2y^2) - y^2 = 1 + y^2 > 0 \qquad \therefore\ x > y$$
$$\therefore\ v = x - y > 0$$

よって，$Q(u, v)$ は曲線 C_- 上の整数点である．

同様にして，$P(x, y)$ が曲線 C_- 上の整数点ならば，$x = y = 1$ の場合を除いて，$Q(u, v)$ は曲線 C_+ 上の整数点であることが示される．　∎

(2) $P(x, y)$ が C_+ または C_- 上の整数点で，$y \neq 1$ ならば，(1)より $u > 0, v > 0$ は明らかで，
$$y - v = y - (x - y) = -x + 2y = u > 0$$
$$\therefore\ 0 < v < y \qquad\qquad\qquad ∎$$

(3) 数学的帰納法で示す．

$(x_1, y_1) = (1, 1)$ は C_- 上にある．そこで，1以上のある n に対して $(x_n, y_n) \in C_+ \cup C_-$ とする．このとき，$x_n > 0, y_n > 0$ だから
$$x_{n+1} + y_{n+1}\sqrt{2} = (1 + \sqrt{2})^{n+1}$$
$$= (1 + \sqrt{2})(x_n + y_n\sqrt{2})$$
$$= (x_n + 2y_n) + (x_n + y_n)\sqrt{2}$$
$$\therefore\ x_{n+1} = x_n + 2y_n > 0, \quad y_{n+1} = x_n + y_n > 0$$

また，
$$x_{n+1}^2 - 2y_{n+1}^2 = (x_n + 2y_n)^2 - 2(x_n + y_n)^2$$
$$= -(x_n^2 - 2y_n^2) = -(\pm 1) = \mp 1 \text{ (複号同順)}$$

であるから，$(x_{n+1}, y_{n+1}) \in C_+ \cup C_-$ となる．

よって，題意は示された．　∎

(4) 曲線 C_+ または C_- 上に $P_n(x_n, y_n)$ 以外の整数点があるとし，そのうちで y

座標が最小のものを (X, Y) とする.

$C_+ \cup C_-$ 上の整数点で y 座標が 1 のものは,$(1, 1)$ に限られるので,$Y \neq 1$ である.このとき,(1)の結果から,点 $(U, V) = (-X+2Y, X-Y)$ は $C_+ \cup C_-$ の点であり,(2) より,$0 < V < Y$ となる.したがって,Y の最小性により,
$$(U, V) = (x_m, y_m)$$
となるある自然数 m が存在する.しかるに,
$$x_{m+1} = x_m + 2y_m = U + 2V$$
$$= (-X+2Y) = 2(X-Y) = X$$
$$y_{m+1} = x_m + y_m = U + V$$
$$= (-X+2Y) + (X-Y) = Y$$
となり,これは (X, Y) が $P_n(x_n, y_n)$ 以外の整数点であることに反する.

よって,題意は示された. ∎

注 $A = \begin{pmatrix} 1 & 2 \\ 1 & 1 \end{pmatrix}$ とおくと,(3) より整数点 (x_n, y_n) は
$$\begin{pmatrix} x_{n+1} \\ y_{n+1} \end{pmatrix} = A \begin{pmatrix} x_n \\ y_n \end{pmatrix} = \begin{pmatrix} 1 & 2 \\ 1 & 1 \end{pmatrix} \begin{pmatrix} x_n \\ y_n \end{pmatrix}$$
によって定められている.また,点 (x, y) に対して点 (u, v) は
$$\begin{pmatrix} u \\ v \end{pmatrix} = A^{-1} \begin{pmatrix} x \\ y \end{pmatrix} = \begin{pmatrix} -1 & 2 \\ 1 & -1 \end{pmatrix} \begin{pmatrix} x \\ y \end{pmatrix}$$
のように定められている.これが見えていれば(4)はほとんど明らかであろう.

演習編 D 関数，図形，数列との融合問題

演習 D19 $y^2 - 5x^2 = 1$ の正の整数解を求めよ．

Comment D18 で説明した事を参照してください．

解答例

$x_1 = 4$, $y_1 = 9$ であることは容易に分かるから
$$(9 + 4\sqrt{5})^n = y_n + x_n\sqrt{5}$$
を用いると
$$y_{n+1} + x_{n+1}\sqrt{5} = (9 + 4\sqrt{5})^{n+1}$$
$$= (9 + 4\sqrt{5})(y_n + x_n\sqrt{5})$$
より
$$\begin{cases} x_{n+1} = 9x_n + 4y_n \\ y_{n+1} = 20x_n + 9y_n \end{cases}$$
が得られる．これより解は
$$\begin{cases} x_1 = 4 \\ y_1 = 9 \end{cases}, \begin{cases} x_2 = 72 \\ y_2 = 161 \end{cases}, \begin{cases} x_3 = 1292 \\ y_3 = 2889 \end{cases}, \cdots\cdots$$

《参考》 ペルの方程式に関連して，**アルキメデスの牧牛問題**と呼ばれるものがあり，これはたとえば，世界の名著『ギリシアの科学』(中央公論社) の「アルキメデスの科学」の「牛の問題」の項を見ればその全容を知ることができる．

フェルマーもこの問題を考察し，これを $x^2 - 4729497y^2 = 1$ に帰着させ，これに関連してなんと
$$x^2 - 410286423278424y^2 = 1$$
という方程式を研究していたと言われている．

> **演習 D20** 直角三角形の 3 辺の長さがすべて整数のとき，面積は 2 の整数倍であることを示せ． 〔一橋大〕

***C**omment* 三辺の長さを a, b, c とし，三平方の定理を利用します．

|解答例| 斜辺の長さを c, 他の 2 辺の長さを a, b とすると
$$a^2 + b^2 = c^2 \quad \cdots\cdots ①$$
直角三角形の面積は $\frac{1}{2}ab$ であるから，ab が 4 の倍数になることを示しておけばよい．

a, b がともに偶数であれば，ab は明らかに 4 の倍数であるから，a, b のうち少なくとも一方が奇数である場合を考える．

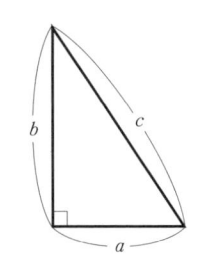

(ⅰ) a, b がともに奇数のとき

$a^2 + b^2$ は偶数になるので，①より c^2 は偶数．したがって，c も偶数である．そこで
$$a = 2k-1, \quad b = 2l-1, \quad c = 2m \quad (k, l, m：整数)$$
とおくと
$$a^2 + b^2 = 4(k^2 + l^2 - k - l) + 2, \quad c^2 = 4m^2$$
すなわち，$a^2 + b^2 \equiv 2 \pmod 4$, $c^2 \equiv 0 \pmod 4$ となり①は成立しないので，このような直角三角形は存在しない．

(ⅱ) a が奇数，b が偶数のとき

$a^2 + b^2$ は奇数になるので，①より c^2 は奇数．したがって，c も奇数である．そこで
$$a = 2k-1, \quad b = 2l, \quad c = 2m-1 \quad (k, l, m：整数)$$
とおくと①より
$$(2k-1)^2 + (2l)^2 = (2m-1)^2$$
$$\therefore \quad (4l)^2 = (2m-1)^2 - (2k-1)^2$$
$$\therefore \quad l^2 = m(m-1) - k(k-1)$$
$m(m-1)$, $k(k-1)$ はともに連続する 2 整数の積であるから偶数である．すなわち
$$2 \mid l^2 \quad \therefore \quad 2 \mid l$$
よって，$ab = (2k-1) \cdot 2l$ は 4 の倍数になる．

(ⅲ) a が偶数，b が奇数のとき

(ⅱ)とまったく同様に考えて，ab は 4 の倍数になる．

以上(ⅰ)〜(ⅲ)から題意は示された． ■

演習編 D 関数，図形，数列との融合問題

演習 D21
(1) $\tan\dfrac{x}{2}$ が有理数になるための必要十分条件は，$\sin x$，$\cos x$ がともに有理数になることを証明せよ．ただし，$|x|<\pi$ とする．

(2) (1) の x が，各辺の長さが整数である直角三角形の直角でない 1 つの角の大きさであるとき，各辺の長さの比は，q^2-p^2, $2pq$, q^2+p^2 (q, p は互いに素な整数で $q>p>0$) の比で表されることを示せ．

〔同志社大〕

Comment 加法定理が鍵になります．

[解答例]

(1) $t=\tan\dfrac{x}{2}\in\mathbb{Q}$ とおくと，

$$\sin x = 2\sin\dfrac{x}{2}\cos\dfrac{x}{2} = \dfrac{2\sin\dfrac{x}{2}\cos\dfrac{x}{2}}{\cos^2\dfrac{x}{2}+\sin^2\dfrac{x}{2}} = \dfrac{2t}{1+t^2}\in\mathbb{Q}$$

$$\cos x = \cos^2\dfrac{x}{2}-\sin^2\dfrac{x}{2} = \dfrac{\cos^2\dfrac{x}{2}-\sin^2\dfrac{x}{2}}{\cos^2\dfrac{x}{2}+\sin^2\dfrac{x}{2}} = \dfrac{1-t^2}{1+t^2}\in\mathbb{Q}$$

逆に，$\sin x\in\mathbb{Q}$，$\cos x\in\mathbb{Q}$ とすると，

$$\tan\dfrac{x}{2} = \dfrac{\sin\dfrac{x}{2}}{\cos\dfrac{x}{2}} = \dfrac{2\sin\dfrac{x}{2}\cos\dfrac{x}{2}}{2\cos^2\dfrac{x}{2}} = \dfrac{\sin x}{1+\cos x}\in\mathbb{Q}$$

よって，題意は示された． ∎

(2) x の定め方から $0<x<\dfrac{\pi}{2}$ で，このとき直角三角形の斜辺の長さを 1 とすると，3 辺の長さの比は，「$\cos x:\sin x:1$」となる．

各辺の長さは整数であるから，$\sin x$, $\cos x$ はともに有理数であり，したがって (1) の結果から $\tan\dfrac{x}{2}$ も有理数であって，$0<\dfrac{x}{2}<\dfrac{\pi}{4}$ となる．このとき，$0<\tan\dfrac{x}{2}<1$ だから

260

$$\tan\frac{x}{2}=\frac{p}{q} \ (p \text{ と } q \text{ は互いに素な整数で,} \ q>p>0)$$

とおけて，(1)の考察から，

$$\cos x : \sin x : 1 = \frac{1-\left(\frac{p}{q}\right)^2}{1+\left(\frac{p}{q}\right)^2} : \frac{2\cdot\frac{p}{q}}{1+\left(\frac{p}{q}\right)^2} : 1$$

$$= \frac{q^2-p^2}{q^2+p^2} : \frac{2pq}{q^2+p^2} : 1$$

$$= q^2-p^2 : 2pq : q^2+p^2$$

よって，題意は示された． ∎

注 $t=\tan\dfrac{x}{2}$ とおいたとき，

$$\cos x = \frac{1-t^2}{1+t^2}, \quad \sin x = \frac{2t}{1+t^2}$$

となることは，右図のような円：$X^2+Y^2=1$ と直線：$Y=t(X+1)$ との交点 P を求めて確認することもできる．

また，上式において，

$t=\dfrac{1}{n} \ (n\in\mathbb{N}, \ n\geqq 2)$ とおくと

$$\cos x = \frac{n^2-1}{n^2+1}, \quad \sin x = \frac{2n}{n^2+1}$$

となり，このとき $0<x<\dfrac{\pi}{n}$ となる．実際，$x<\tan x$ であるから，

$$x < \tan x = \frac{\sin x}{\cos x} = \frac{2n}{n^2-1}$$

であり，

$$\frac{\pi}{n} - \frac{2n}{n^2-1} = \frac{(\pi-2)n^2-\pi}{n(n^2-1)} > \frac{n^2-4}{n(n^2-1)} \geqq 0$$

$$\therefore \ x < \frac{2n}{n^2-1} < \frac{\pi}{n}$$

となるからである．この事実と「$\cos x, \ \sin x$ がともに有理数ならば，$\cos mx, \ \sin mx \ (m\in\mathbb{N})$ はともに有理数である」という事実を用いると，単位円周上には有理点($= x, \ y$ 座標がともに有理数である点)が稠密に存在することが簡単に示される．

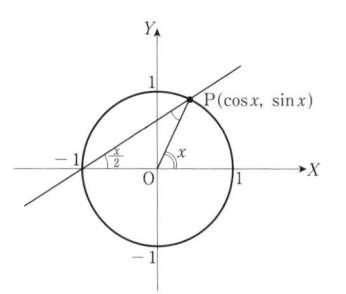

なお，$n \geq 3$ のとき
$$x^n + y^n = z^n$$
を満たす自然数解が存在しないというフェルマーの最終定理については既に述べたが，

$n = 3$ の場合はオイラー(1770)

$n = 4$ の場合はフェルマー，オイラー

$n = 5$ の場合はルジャンドル(1825)

$n = 7$ の場合はラーメ(1839)

によってそれぞれ証明されている．一般に，
$$x_1^n + x_2^n + \cdots\cdots + x_m^n = x_{m+1}^n$$
は，

$n \leq m$ ならば整数解があり

$n > m$ ならば整数解がない

と予想されているが，現在でもこれは証明されていない．

《参考》

右図のように直角三角形の長さを x, y, z とすると，三平方の定理から，
$$x^2 + y^2 = z^2 \qquad \cdots\cdots ①$$
という関係式が成り立つ．この 3 元 2 次の不定方程式の整数解(自然数解)を求める問題を「ピタゴラスの問題」といい，①を「ピタゴラスの方程式」という．

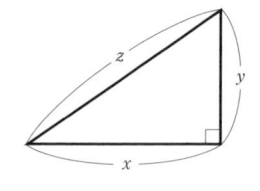

以下，不定方程式①の自然数解がどのようになるか，いくつかのステップを踏んで考えてみよう．

• ステップI：x, y, z のどの 2 数も互いに素としておいてもよい．

x, y, z の最大公約数を d としたとき，$d > 1$ ならば①の両辺を d^2 で割っておいて考えればよいので，はじめから $d = 1$ としておく．また，x, y, z のどれか 2 つに 1 でない公約数 e があれば，残りのものも e を公約数とする．よって，どの 2 つも互いに素としておいてもよい．なお，以上の考察から，x, y, z の中に偶数が 2 つ存在することはありえない．

• ステップII：x, y のうち，一方は偶数であり，一方は奇数である．

x, y をともに奇数としてみる．すなわち

$$x \equiv 1 \pmod{2} \quad \text{かつ} \quad y \equiv 1 \pmod{2}$$
とすると,
$$x^2 \equiv 1 \pmod{4} \quad \text{かつ} \quad y^2 \equiv 1 \pmod{4}$$
であるから,
$$z^2 = x^2 + y^2 \equiv 2 \pmod{4}$$
となる.しかるに,2は法4の平方非剰余であるから,これは不合理である.したがって,x, y の一方は偶数で他方は奇数でなければならない.

- ステップⅢ: $x = a^2 - b^2$, $y = 2ab$, $z = a^2 + b^2$ である.ただし,a, b のうち一方は奇数,他方は偶数であり,かつ $(a, b) = 1$ である.

    x を奇数,y を偶数としておくと,$z^2 = x^2 + y^2$ は奇数だから z は奇数である.いま,①を変形すると,
$$y^2 = (z+x)(z-x) \quad \cdots\cdots\cdots\text{②}$$
のようになる.z, x はともに奇数であるから,
$$z+x, \ z-x \text{ はともに偶数}$$
である.したがって,m, n を正の整数として
$$z+x = 2m, \ z-x = 2n \ (m > n > 0) \quad \cdots\cdots\cdots\text{③}$$
とおける.このとき,③から
$$x = m - n, \ z = m + n \quad \cdots\cdots\cdots\text{④}$$
となり,x, z はともに奇数であったので,m, n の奇偶は一致せず,$(x, z) = 1$ だから $(m, n) = 1$ となる.

    ③を②に代入して,$\quad y^2 = 4mn \quad \cdots\cdots\cdots\text{⑤}$

    y は偶数であるから,$y = 2y'$ とおくと⑤から,
$$y'^2 = mn$$
となり,$(m, n) = 1$ であるから,m および n はそれぞれ完全平方数でなければならない.すなわち
$$m = a^2, \ n = b^2 \ (a > b > 0)$$
とおける.このとき,a, b のうち一方は奇数,他方は偶数であり,かつ $(a, b) = 1$ で,④,⑤から,結局
$$x = a^2 - b^2, \ y = 2ab, \ z = a^2 + b^2$$
のようになる.

演習 D22

xy 平面上, x 座標, y 座標がともに整数となる点 (m, n) を格子点と呼ぶ. 各格子点を中心として半径 r の円が描かれており, 傾き $\dfrac{2}{5}$ の任意の直線はこれらの円のどれかと共有点をもつという. このような性質をもつ実数 r の最小値を求めよ. 〔東大〕

Comment a, b が互いに素な整数のとき, $ax+by=1$ を満たす整数 x, y が存在する, という事実を想起してください.

[解答例]

傾き $\dfrac{2}{5}$ の直線は,

$$2x-5y=c \quad (c\in\mathbb{R}) \quad \cdots\cdots\cdots\text{①}$$

とおけて, c の値に拠らず直線①が題意の円のどれかと共有点をもつ条件は,

$$\forall c\in\mathbb{R},\ \exists m, n\in\mathbb{Z}:\ \dfrac{|2m-5n-c|}{\sqrt{29}}\leq r$$

ここで, $(2, 5)=1$ だから $\{2m-5n \mid m,n\in\mathbb{Z}\}=\mathbb{Z}$ となり, したがって, 上の条件は

$$\forall c\in\mathbb{R},\ \exists N\in\mathbb{Z}:\ |N-c|\leq \sqrt{29}\,r$$

のように言い換える事ができるが, これを満たすためには,

$$\sqrt{29}\,r\geq\dfrac{1}{2} \iff r\geq\dfrac{1}{2\sqrt{29}}$$

でなければならない. よって, 求める最小値は,

$$\dfrac{1}{2\sqrt{29}} \qquad\blacksquare$$

注 $\sqrt{29}\,r \underset{put}{=} \delta < \dfrac{1}{2}$ とすると,

$$\forall c\in\mathbb{R},\ \exists N\in\mathbb{Z}:\ |N-c|\leq \delta$$

は成り立たない. 実際, もし成り立つとすると $c=\dfrac{1}{2}$ の場合, 閉区間: $\left[\dfrac{1}{2}-\delta,\ \dfrac{1}{2}+\delta\right]$ に整数 N が存在しなければならなくなるが, 隣り合う 2 整数の距離は 1 だからこれは不可能である.

> **演習 D23**
> (1) k を自然数とする．m を $m = 2^k$ とおくとき，$0 < n < m$ を満たすすべての整数について，二項係数 ${}_mC_n$ は偶数であることを示せ．
> (2) 以下の条件を満たす自然数 m をすべて求めよ．
> **条件**：$0 \leq n \leq m$ を満たすすべての整数 n について二項係数 ${}_mC_n$ は奇数である．　　　　　　　　　　　　　　　　　〔東大〕

Comment　少し実験してみると見通しがよくなります．

解答例

(1) $\quad {}_mC_n = \dfrac{m!}{n!(m-n)!}$

$\qquad\qquad = \dfrac{m}{n} \cdot \dfrac{(m-1)!}{(n-1)!\{(m-1)-(n-1)\}!} = \dfrac{2^k}{n} {}_{m-1}C_{n-1}$

したがって，$n = 2^i a$ (a は奇数) とおくと，

$\qquad a \,{}_mC_n = 2^{k-i} {}_{m-1}C_{n-1}$

ここで，$2^i a = n < m = 2^k$ から，$2^i \leq 2^i a < 2^k$

$\qquad \therefore\ i < k \iff k - i \geq 1 \qquad \therefore\ 2 \mid {}_mC_n \qquad\blacksquare$

(2) $m = 1 = 2^1 - 1$ のときは条件を満たすので，いま 2 以上の m が条件を満たすとする．このとき，${}_mC_1 = m$ は奇数だから m 自身も奇数でなければならない．そこで $2^{l-1} < m < 2^l$ (l は 2 以上の整数) とし

$\qquad m = 2^{l-1} + r \quad (1 \leq r \leq 2^{l-1} - 1,\ r$ は奇数$)$

とおく．ここで，${}_mC_r$ と ${}_mC_{r+1}$ との関係を調べると

$\qquad {}_mC_{r+1} = \dfrac{m!}{(r+1)!(m-r-1)!}$

$\qquad\qquad = \dfrac{m-r}{r+1} \cdot \dfrac{m!}{r!(m-r)!} = \dfrac{2^{l-1}}{r+1} {}_mC_r$

$\qquad \therefore\ (r+1) {}_mC_{r+1} = 2^{l-1} {}_mC_r$

m が条件を満たす仮定から，${}_mC_r$, ${}_mC_{r+1}$ はともに奇数．

$\qquad \therefore\ 2^{l-1} \mid r+1 \qquad \therefore\ 2^{l-1} \leq r+1 \qquad\qquad\cdots\cdots\cdots\cdots①$

一方，$1 \leq r \leq 2^{l-1} - 1$ より，$r + 1 \leq 2^{l-1}$ $\qquad\qquad\cdots\cdots\cdots\cdots②$

したがって，①，②から，$r + 1 = 2^{l-1}$．

$\qquad \therefore\ m = 2^{l-1} + r = 2^{l-1} + (2^{l-1} - 1) = 2^l - 1$ (必要条件)　$\cdots\cdots\cdots\cdots③$

逆に，③が成り立つとき，$m + 1 = 2^l$ で (1) より ${}_{m+1}C_{n+1}$ ($0 \leq n \leq m$) は偶数である．したがって，

$$_{m+1}C_{n+1} = {}_mC_n + {}_mC_{n+1} \iff {}_mC_{n+1} = {}_{m+1}C_{n+1} - {}_mC_n$$

と $_mC_0 = 1$ が奇数であることとから，$0 \leq n \leq m$ を満たすすべての整数 n について $_mC_n$ は奇数となることが帰納的に分かる(十分条件).

よって，求める自然数 m は，
$$m = 2^l - 1 \ (l \in \mathbb{N})$$
∎

注 パスカルの三角形において，奇数を●，偶数を○で表すと，下図のようになる．このように具体的に調べてみると，(2) の m が $2^l - 1$ の形になることは容易に推測できる．また，これは (1) の結果からも簡単に分かる．問題は上のような形以外に条件を満たす m が存在するか否かということである．

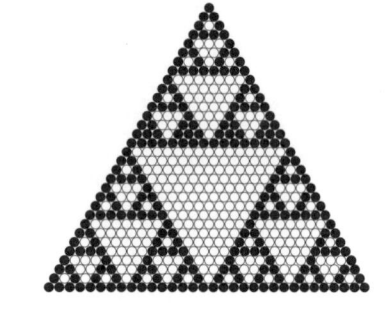

《参考》 $(1+x)^{2a} = 1 + x^{2a} + \sum_{0 < n < 2^a} {}_{2^a}C_n x^n$
であるから，(1) を示すには
$$(1+x)^{2a} = 1 + x^{2a} + 2f_a(x) \quad (f_a(x) \text{は整数係数の多項式}) \quad \cdots\cdots(*)$$
を示しておけばよい．これは，a に関する数学的帰納法によって簡単に証明できる．

また，(2) については，m を 2 進数；
$$m = \sum_{i=0}^{l-1} 2^{a_i} \begin{pmatrix} 0 \leq a_0 < a_1 < \cdots < a_{l-1} \\ a_i \text{は整数} \end{pmatrix}$$

のように表すと，
$$\sum_{n=0}^{m} {}_mC_n x^n = (1+x)^m$$
$$= \prod_{i=0}^{l-1} (1+x)^{2^{a_i}} = \prod_{i=0}^{l-1} (1 + x^{2^{a_i}} + 2f_{a_i}(x)) \quad (\because (*))$$
$$= \underline{\prod_{i=0}^{l-1} (1 + x^{2^{a_i}})} + 2F(x) \quad (F(x) \text{は整数係数の多項式})$$

となる．ここで，~~~~ 部分を展開すると，各項の係数は 1 であるから，条件を満たすためには $1, x, x^2, \cdots, x^m$ がすべて出現すればよい．したがって
$$\{2^{a_0}, 2^{a_1}, \cdots, 2^{a_{l-1}}\} = \{2^0, 2^1, \cdots, 2^{l-1}\}$$
$$\therefore \ m = \sum_{j=0}^{l-1} 2^j = 2^l - 1$$

> **演習 D24** 負でない整数の組 x_0, x_1, x_2, x_3 が
> $$x_{n+1} = x_n^3 + 1 \quad (n = 0, 1, 2)$$
> を満たすとき，以下のことを示せ．
> (1) $0 \leq n \leq 2$ に対し，$x_n x_{n+1}$ は 2 で割り切れる．
> (2) x_1 を 9 で割った余りは 0, 1, 2 のいずれかである．
> (3) $x_1 x_2 x_3$ は 18 で割り切れる． 〔阪大〕

*C*omment (3)のポイントは $18 = 2 \cdot 3^2$ で，(1), (2)の結果が利用できそうです．

解答例

(1) $\qquad x_{n+1} = x_n^3 + 1 \quad (n = 0, 1, 2)$ …………①

$\qquad x_n x_{n+1} = x_n(x_n^3 + 1) \quad (\because \text{①})$

$\qquad\qquad\quad = x_n(x_n + 1)(x_n^2 - x_n + 1)$

は連続する 2 整数で積であるから偶数である．よって，$x_n x_{n+1}$ は 2 で割り切れる． ■

(2) $x_0 = 3k + r$ (k は整数，$r = 0, 1, 2$) とおくと，①より

$\qquad x_1 = x_0^3 + 1 = (3k+r)^3 + 1 = 9(3k^3 + 3k^2 r + kr^2) + r^3 + 1$

$r = 0, 1, 2$ のとき，順に $r^3 + 1 = 1, 2, 9$

よって，x_1 を 9 で割った余りは 0, 1, 2 のいずれかになり，題意は示された． ■

(3) (2)と同様に考えると

$x_0 \equiv 0 \pmod 3$ のとき

$\qquad x_1 \equiv 1 \pmod 9, \quad x_2 \equiv 2 \pmod 9, \quad x_3 \equiv 0 \pmod 0$

$x_0 \equiv 1 \pmod 3$ のとき

$\qquad x_1 \equiv 2 \pmod 9, \quad x_2 \equiv 0 \pmod 9, \quad x_3 \equiv 1 \pmod 9$

$x_0 \equiv 2 \pmod 3$ のとき

$\qquad x_1 \equiv 0 \pmod 9, \quad x_2 \equiv 1 \pmod 9, \quad x_3 \equiv 2 \pmod 9$

となる．すなわち，x_0 の値に関わらず，x_1, x_2, x_3 のうち少なくとも 1 つは 9 で割り切れるので，$x_1 x_2 x_3$ は 9 で割り切れる．

また，(1) より $x_1 x_2 x_3$ は 2 で割り切れる．2 と 9 は互いに素であるから，$x_1 x_2 x_3$ は $2 \times 9 = 18$ で割り切れる．

よって，題意は示された． ■

演習 D25

a を正の整数とし，数列 $\{u_n\}$ を次のように定める．
$$u_1 = 2, \quad u_2 = a^2 + 2, \quad u_n = au_{n-2} - u_{n-1} \quad (n = 3, 4, 5, \cdots)$$
このとき，数列 $\{u_n\}$ の項に 4 の倍数が現れないために，a の満たすべき必要十分条件を求めよ． 〔東大〕

Comment a を 4 で割った余りに着目して考えるのが順当な方法です．

解答例

合同式はすべて「mod 4」で考える．

(i) $a \equiv 0$ のとき，

$u_1 \equiv 2$, $u_2 \equiv 2$ で，$u_n = au_{n-2} - u_{n-1}$ より $u_n \equiv -u_{n-1}$ であるからすべての n に対して $u_n \equiv 2$，すなわち 4 の倍数は現れない．

(ii) $a \equiv 1$ のとき，

$u_1 \equiv 2$, $u_2 \equiv 3$ で，$u_n = au_{n-2} - u_{n-1}$ より $u_n \equiv u_{n-2} - u_{n-1}$ である．このとき
$$u_3 \equiv u_1 - u_2 \equiv 2 - 3 = -1,$$
$$u_4 \equiv u_2 - u_3 \equiv 3 - (-1) = 4 \equiv 0$$
となって，4 の倍数が現れる．

(iii) $a \equiv 2$ のとき，

$u_1 \equiv 2$, $u_2 \equiv 2$ ($\because a^2 \equiv 0$) で，$u_n = au_{n-2} - u_{n-1}$ より $u_n \equiv 2u_{n-2} - u_{n-1}$ であるから，すべての n に対して $u_n \equiv 2$，すなわち 4 の倍数は現れない．

(iv) $a \equiv 3$ のとき，

$u_1 \equiv 2$, $u_2 \equiv 3$ ($\because a^2 \equiv 1$) で，$u_n = au_{n-2} - u_{n-1}$ より $u_n \equiv 3u_{n-2} - u_{n-1}$ である．このとき，
$$u_3 \equiv 3 \cdot 2 - 3 = 3, \quad u_4 \equiv 3 \cdot 3 - 3 = 6 \equiv 2,$$
$$u_5 \equiv 3 \cdot 3 - 2 = 7 \equiv 3$$
となるので，$\{u_n\}$ を 4 で割った余りは 2, 3, 3 の繰り返しとなり，4 の倍数は現れない．

以上(i)〜(iv)により求める必要十分条件は，
$$a \not\equiv 1 \pmod 4 \qquad \blacksquare$$

注 (iv)は，$u_n \equiv 3u_{n+1} - u_{n-1}$ を用いると，
$$u_{n+3} \equiv 3u_{n+1} - u_{n+2} \equiv 3u_{n+1} - (3u_{n+1} - u_n) = u_n$$
となるので，余りが周期 3 で繰り返されることがわかる．

> **演習 D26** 整数からなる数列 $\{a_n\}$ を漸化式
> $$\begin{cases} a_1 = 1, \ a_2 = 3 \\ a_{n+2} = 3a_{n+1} - 7a_n \end{cases} \quad (n = 1, 2, 3, \cdots)$$
> によって，定める．
> (1) a_n が偶数となることと，n が 3 の倍数となることは同値であることを示せ．
> (2) a_n が 10 の倍数となるための条件を (1) と同様の形式で求めよ．
>
> 〔東大〕

Comment $a_1 = 1,\ a_2 = 3,\ a_3 = 2,\ a_4 = -15$ からわかるように，(1) の目標は $a_{n+3} \equiv a_n \pmod{2}$．また $10 = 2 \times 5$ に注意すると (2) の目標は $a_{n+4} \equiv a_n \pmod 5$ のようになりそうです．

解答例

(1) $a_1 = 1,\ a_2 = 3$ でこれらはともに奇数である．また与えられた漸化式より，
$$a_3 = 3 \cdot 3 - 7 \cdot 1 = 2$$
で，同じく与えられた漸化式から，
$$\begin{aligned}a_{n+3} &= 3a_{n+2} - 7a_{n+1} = 3(3a_{n+1} - 7a_n) - 7a_{n+1} \\ &= 2a_{n+1} - 21a_n = 2(a_{n+1} - 11a_n) + a_n \end{aligned} \quad \cdots\cdots① $$
$$\therefore\ a_{n+3} \equiv a_n \pmod 2$$
よって，$a_n \equiv 0 \pmod 2 \iff n$ が 3 の倍数 ∎

(2) $a_1 = 1,\ a_2 = 3,\ a_3 = 2$ でこれらはすべて 5 の倍数ではなく，$a_4 = -15$ は 5 の倍数である．また，与えられた漸化式と①とから，
$$\begin{aligned}a_{n+4} &= 3a_{n+3} - 7a_{n+2} \\ &= 3(2a_{n+1} - 21a_n) - 7(3a_{n+1} - 7a_n) \quad (\because\ ①) \\ &= -15a_{n+1} - 14a_n = 5(-3a_{n+1} - 3a_n) + a_n \end{aligned}$$
$$\therefore\ a_{n+4} \equiv a_n \pmod 5$$
$$\therefore\ a_n \equiv 0 \pmod 5 \iff n \text{ が 4 の倍数}$$

よって，3 と 4 が互いに素であることと (1) の結果に注意すると，a_n が 10 の倍数となるための条件は，

$$n \text{ が 12 の倍数} \quad ∎$$

演習編 D　関数，図形，数列との融合問題

> **演習 D27**　正の整数 a と b が互いに素であるとき，正の整数からなる数列 $\{x_n\}$ を
> $$x_1 = x_2 = 1, \quad x_{n+1} = ax_n + bx_{n-1} \ (n \geq 2)$$
> で定める．このときすべての正の整数 n に対して x_{n+1} と x_n が互いに素であることを示せ． 〔名大〕

Comment　$a = b = 1$ の場合（すなわちフィボナッチ数列の場合）については，'98 年の東大をはじめ，過去にいくつかの大学で出題されています．

解答例

背理法で示す．$x_2 = 1$ と $x_1 = 1$ は互いに素であり，$x_3 = a+b$ と $x_2 = 1$ も互いに素である．そこで，いま x_{n+1} と x_n が互いに素でないものがあったとし，その中で最小の n を $m\,(\geq 3)$ とする．すなわち，
$$(x_2, x_1) = (x_3, x_2) = \cdots = (x_m, x_{m-1}) = 1$$
$$(x_{m+1}, x_m) = g > 1$$
としよう．ただし
$$x_{m+1} = ax_m + bx_{m-1} \quad \cdots\cdots \text{①}$$
$$x_m = ax_{m-1} + bx_{m-2} \quad \cdots\cdots \text{②}$$
いま，g の素因数の1つを $p\,(>1)$ とする．このとき
$$p\,|\,x_{m+1} \ \text{かつ}\ p\,|\,x_m \quad \cdots\cdots \text{③}$$
①より $bx_{m-1} = x_{m+1} - ax_m$ であるから，$p\,|\,bx_{m-1}$
ここで，$p\,|\,x_{m-1}$ とすると，$(x_m, x_{m-1}) = 1$ に反するから，
$$p\,|\,b \quad \cdots\cdots \text{④}$$
②より $ax_{m-1} = x_m - bx_{m-2}$ であるから③，④から，
$$p\,|\,ax_{m-1}$$
p が素数であることから，$p\,|\,a$ または $p\,|\,x_{m-1}$

　$p\,|\,a$ の場合，④から $(a, b) \geq p > 1$ となって，$(a, b) = 1$ に反する．

　$p\,|\,x_{m-1}$ の場合，③から $(x_m, x_{m-1}) \geq p > 1$ となって $(x_m, x_{m-1}) = 1$ に反する．

　いずれにせよ，矛盾だから，$(x_{m+1}, x_n) = 1$ (for all $n \in \mathbb{N}$) ∎

270

《参考》 ロシアの数学者チェビシェフ(1821〜1894)は,「$n>1$ならば,nと$2n$の間には必ず素数が存在する」ことを証明しているが,素数の分布がいかに複雑であるかは,たとえばnを10^{10}($=100$億)として「$n!+2$, $n!+3$, $n!+4$, ……, $n!$, $n!+n$」なる(100億個-1)個の整数を考えると,これらはいずれも素数でなく($2\leqq r\leqq n$のとき,$n!+r$はrで割り切れる),したがって100億個もの連続する合成数が現れることになることからも想像できるだろう.換言すればこの100億個の連続する自然数の中には素数はまったく存在しないのだ.自然数全体の世界における素数の存在は,この全宇宙空間の中における地球のような生物の棲める惑星の存在に喩えられるのかもしれない.

なお,素数の存在に関しては'06年にフィールズ賞を受賞したオーストラリアの若い数学者テレンス・タオ(1975〜)氏が,「素数の集合の中には任意の長さの等差数列(たとえば,長さ5の等差数列は"$107, 137, 167, 197, 227, 257$"である)が存在する」という命題を証明している.

また, $(3, 5), (5, 7), (11, 13)$……のように,差が2であるような素数を**双子素数**(twins primes)というが,双子素数が無限に存在するか否かは,現在なお未解決の問題である.

さらに,未解決の有名な予想定理として,「2より大なる任意の個数は2つの素数の和として表される」というものがある.これは,**ゴールドバッハの問題**と言われていて,1742年にゴールドバッハがオイラーへの手紙の中で述べたものだ.なお,数論に関する未解決問題に興味のある方は,少々古い本であるがリチャード・ガイ著『数論における未解決問題集』(Springer-Verlag)を参考にされるとよい.これは一松信先生の監訳によるもので,あの放浪の天才数学者ポール・エルデシュに捧げられたものである.

演習編 D 関数，図形，数列との融合問題

> **演習 D28**
>
> m は正の整数とする．長さ m の数列 $a_1, a_2, \cdots, a_m$ は，各項 a_i が 1 以上 4 以下の整数であり，次の条件を満たすとする．
>
> **条件**：$a_i = a_j$ かつ $a_{i+1} = a_{j+1}$ ならば $i = j$
>
> このような数列 $a_1, a_2, \cdots, a_m$ の長さ m の最大値を求めよ．
>
> ('95 年 予選)

Comment 日本数学オリンピックの予選問題ですが，題意を理解すれば何でもない問題です．次のフィボナッチ数列の問題 D29 のヒントにもなります．いわゆる " 鳩の巣論法 " が鍵です．

解答例

条件は
$$(a_i, a_{i+1}) = (a_j, a_{j+1}) \implies i = j$$
とかける．対偶をとると
$$i \neq j \implies (a_i, a_{i+1}) \neq (a_j, a_{j+1})$$
となる．したがって，$m-1$ 組の順序対
$$(a_1, a_2), (a_2, a_3), \cdots\cdots, (a_{m-1}, a_m) \qquad \cdots\cdots\cdots (*)$$
を考え，これらが互いにすべて相異なるような m の最大値を求めておけばよい．

(a_i, a_{i+1}) において，a_i のとりうる値は 1, 2, 3, 4 の 4 通りであり，a_{i+1} のとりうる値も 4 通りであるから，$(*)$ の各順序対がすべて相異なるような m の最大値 m_0 については
$$m_0 - 1 \leq 4^2 \qquad \therefore \quad m_0 \leq 17$$
ここで，等号が成り立つことは，たとえば数列
$$1, 1, 2, 2, 3, 3, 4, 4, 3, 2, 1, 3, 1, 4, 2, 4, 1 \qquad \cdots\cdots\cdots (**)$$
を作ってみればわかる．よって，

m の最大値：**17** ∎

注 $(a_i, a_{i+1}) = (a_j, a_{j+1})$ はもちろん順序対として一致することを意味している．a_i と a_{i+1} の最大公約数を表しているのではないことに注意したい．

《**参考**》 数列(✽✽)は，たとえば以下のような16個の順序対の"尻取りゲーム"を行うことによって作ることができる．

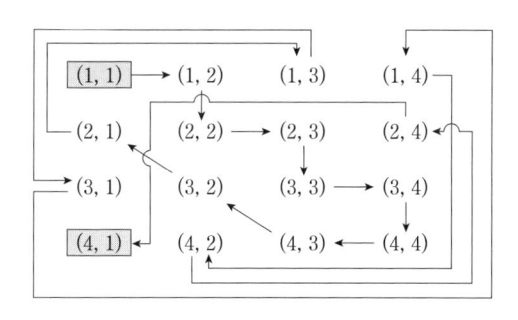

```
    ┌─────────────────────────┐
    │  ┌───────────┐          │
    ▼  ▼           │          │
  ┌─────┐                     │
  │(1,1)│→(1,2)   (1,3)   (1,4)
  └─────┘  ↕                  │
  ┌─(2,1) (2,2)→(2,3)   (2,4)◄┤
  │         ↖     ↓         ↑ │
  └→(3,1)  (3,2) (3,3)→(3,4) │
  ┌─────┐    ↖              │
  │(4,1)│◄(4,2) (4,3)◄(4,4)──┘
  └─────┘                 
    └──────────────────────┘
```

なお，数列(✽✽)の末項1の後にたとえば3を続けると，この場合は
$$(a_{11}, a_{12}) = (a_{17}, a_{18}) = (1, 3)$$
となり，
$$(a_i, a_{i+1}) = (a_j, a_{j+1}) \Longrightarrow i = j$$
が成立しなくなる．

演習編 D 関数，図形，数列との融合問題

演習 D29 $a_1 = a_2 = 1$, $a_{n+1} = a_n + a_{n-1}$ ($n \geq 2$) で定まる数列 $\{a_n\}$ の中には，任意の自然数 k の倍数が必ず存在することを示せ．

Comment 有名なフィボナッチ数列で，証明には鳩の巣論法を利用します．

解答例

任意の自然数 k に対して，
$$\begin{cases} a_i \equiv a_j \pmod{k} \\ a_{i+1} \equiv a_{j+1} \pmod{k} \end{cases} (i < j) \quad \cdots\cdots\cdots ①$$
を満たす自然数 i, j が存在する．

実際，a_n を k で割った余りを r_n とすると，r_n のとり得る値は $0, 1, 2, \cdots, k-1$ の高々 k 通りであるから，順序対 (r_n, r_{n+1}) の異なる組は高々 k^2 通りである．したがって，$l = k^2 + 1$ とすると，鳩の巣論法により l 個の順序対

$$(r_1, r_2), (r_2, r_3), \cdots, (r_l, r_{l+1})$$

の中には同じものが必ず存在する．いまその 2 組を $(r_i, r_{i+1}) = (r_j, r_{j+1})$ $(i < j)$ とすると，この i, j に対して①が成り立つ．

また，①を満たす最小の自然数 i は 1 である．なぜなら，①を満たす最小の自然数を m とし，いま $m > 1$ とすると，$a_{n+1} - a_n = a_{n-1}$ であるから，

$$a_{m+1} - a_m \equiv a_{j+1} - a_j \pmod{k} \iff a_{m-1} \equiv a_{j-1} \pmod{k}$$

となって $i = m - 1$ も①を満たし，これは m の最小性に反することになるからである．したがって，

$$\begin{cases} a_1 \equiv a_j \pmod{k} \\ a_2 \equiv a_{j+1} \pmod{k} \end{cases} (j > 1)$$

を満たす j が存在し，$a_1 = a_2 = 1$ であるから，

$$a_{j+1} - a_j \equiv a_2 - a_1 \pmod{k}$$

$$\therefore \ a_{j-1} \equiv 0 \pmod{k}$$

となって，題意が示されたことになる． ■

> **演習 D30** 数列 $a_1, a_2, \cdots$ を
> $$a_n = 2^n + 3^n + 6^n - 1 \quad (n = 1, 2, \cdots)$$
> で定める．この数列の中には任意の素数の倍数が必ず存在することを証明せよ．

Comment '05 年の国際数学オリンピックメキシコ大会で出題された問題を少し手直ししたものです．証明法として漸化式を利用する方法と，「フェルマーの小定理」を用いる方法が考えられます．

解答例

$b_n = a_n + 1 = 2^n + 3^n + 6^n$ とおくと，任意の素数 p に対して，
$$b_n \equiv 1 \pmod{p}$$
を満たす自然数 n が存在することを示しておけばよい．$b_1 = 11$, $b_2 = 49$ であるから，$p = 2, 3$ に対しては条件を満たす n は存在するので，$p \geqq 5$ としておく．

2, 3, 6 は方程式
$$(x-2)(x-3)(x-6) = 0 \iff x^3 - 11x^2 + 36x - 36 = 0$$
の解であるから，数列 $\{b_n\}$ は漸化式
$$b_{n+2} - 11b_{n+1} + 36b_n - 36b_{n-1} = 0 \quad (n \geqq 1) \qquad \cdots\cdots\cdots\cdots ①$$
を満たす（この証明は，大学入試でもしばしば登場する）．ただし，$b_0 = 2^0 + 3^0 + 6^0 = 3$ と定めておく．

任意の素数 p に対して，
$$b_i \equiv b_j, \quad b_{i+1} \equiv b_{j+1}, \quad b_{i+2} \equiv b_{j+2} \pmod{p} \qquad \cdots\cdots\cdots\cdots ②$$
を満たす非負整数 $i, j \ (i < j)$ が存在する．

実際，$b_n \ (n \geqq 0)$ を p で割った余りを r_n とすると，r_n のとり得る値は高々 p 通りであるから，3 つの数の組 (r_n, r_{n+1}, r_{n+2}) の異なる組は高々 p^3 通りであり，したがって，前問とまったく同様の鳩の巣論法によって，②を満たす非負整数 $i, j \ (i < j)$ の存在が示される．

次に，②を満たす最小の i が 0 であることを示そう．i の最小値を m とし，いま $m > 0$ と仮定する．このとき，
$$b_m \equiv b_j, \quad b_{m+1} \equiv b_{j+1}, \quad b_{m+2} \equiv b_{j+2} \pmod{p}$$

275

で，①より
$$36b_{n-1} = b_{n+2} - 11b_{n+1} + 36b_n \quad \cdots\cdots\cdots ③$$
であるから，
$$36b_{m-1} \equiv 36b_{j-1} \pmod{p}$$
36 と p が互いに素であることに注意すると，
$$b_{m-1} \equiv b_{j-1} \pmod{p}$$
これは，m の最小性に反する．よって，$m = 0$ となる．この結果から
$$b_0 \equiv b_j, \quad b_1 \equiv b_{j+1}, \quad b_2 \equiv b_{j+2} \pmod{p}$$
を満たす $j (>0)$ が存在し，③と $b_0 = 3$, $b_1 = 11$, $b_2 = 49$ とから
$$36b_{j-1} = b_{j+2} - 11b_{j+1} + 36b_j \equiv b_2 - 11b_1 + 36b_0$$
$$= 49 - 11 \cdot 11 + 36 \cdot 3 = 36 \pmod{p}$$
よって，36 と p が互いに素であることより，
$$36b_{j-1} \equiv 36 \pmod{p} \iff b_{j-1} \equiv 1 \pmod{p}$$
となって，題意が示されたことになる． ■

《参考》 p を素数，a を p と互いに素な整数とすると，
$$a^{p-1} \equiv 1 \pmod{p}$$
が成り立つ(フェルマーの小定理)．これを用いると，
$$2^{p-1} \equiv 1, \quad 3^{p-1} \equiv 1, \quad 6^{p-1} \equiv 1 \pmod{p} \quad (ただし，p \geq 5)$$
が成り立ち，$6b_{p-2}$ を考えると，
$$6b_{p-2} = 6(2^{p-2} + 3^{p-2} + 6^{p-2})$$
$$= 3 \cdot 2^{p-1} + 2 \cdot 3^{p-1} + 6^{p-1}$$
$$\equiv 3 \cdot 1 + 2 \cdot 1 + 1 = 6 \pmod{p}$$
すなわち，$6b_{p-2} \equiv 6 \pmod{p}$ で，6 と p は互いに素であるから，
$$b_{p-2} \equiv 1 \pmod{p}$$
となって，題意は示されたことになる．

演習編 E

補遺と発展問題（30題）

演習 E1 正の整数を 5 進法で表すと数 abc となり，3 倍して 9 進法に直すと数 cba となる．この整数を 10 進法で表せ． 〔阪南大〕

Comment 5 進法，9 進法の定義がポイントです．一般に p を 2 以上の整数としたとき，自然数 n に対して
$$n = a_0 p^k + a_1 p^{k-1} + \cdots + a_{k-1} p + a_k$$
$$1 \leq a_0 < p,\ 0 \leq a_1 < p,\ \cdots,\ 0 \leq a_k < p$$
を満たす整数 $k, a_0, a_1, \cdots, a_n$ は一通りに定まります．このとき，これらを一列に並べた
$$a_0 a_1 \cdots a_k$$
を n の p 進法による表示，$k+1$ をその桁数といいます．

解答例

求める整数を N とする．このとき，条件より
$$N = a \times 5^2 + b \times 5 + c \quad \begin{pmatrix} 1 \leq a \leq 4,\ 0 \leq b \leq 4 \\ 1 \leq c \leq 4 \end{pmatrix}$$
$$3N = c \times 9^2 + b \times 9 + a$$
$$\therefore\ 3(a \times 5^2 + b \times 5 + c) = c \times 9^2 + b \times 9 + a$$
$$\iff 74a + 3b = 78c \iff 37a = 3(13c - b)$$
37 と 3 は互いに素であるから，a は 3 で割り切れる．
$$\therefore\ a = 3 \quad (\because\ 1 \leq a \leq 4)$$
このとき
$$13c - b = 37 \quad \therefore\ 13c = 37 + b$$
$37 + b$ $(0 \leq b \leq 4)$ が 13 で割り切れるから
$$b = 2,\ c = 3 \quad \therefore\ N = 3 \times 5^2 + 2 \times 5 + 3 = 88$$

演習偏 E　補遺と発展問題

> **演習 E2**　$5^n + 12^n = 13^n$ を満たす正の整数 n は $n = 2$ に限ることを証明せよ．
> 〔広島大〕

***C**omment*　パズルのような問題です．楽しんでください．

|解答例|

$$5^n + 12^n = 13^n \qquad \cdots\cdots(*)$$

$n = 1$ のとき，$(*)$ は明らかに成立しない．そこで，$n > 2$ とする．このとき

$$(*) \iff \left(\frac{5}{13}\right)^n + \left(\frac{12}{13}\right)^n = 1$$

であり，$n > 2$ のとき

$$1 = \left(\frac{5}{13}\right)^n + \left(\frac{12}{13}\right)^n < \left(\frac{5}{13}\right)^2 + \left(\frac{12}{13}\right)^2 = 1$$

$$\therefore\ 1 < 1$$

となって，これは不合理である．

$n = 2$ のときは明らかに成り立つ．よって，$(*)$ を満たす正の整数 n は，$n = 2$ に限る．∎

> **演習 E3** 2以上の自然数 n に対し, n と n^2+2 がともに素数になるのは $n=3$ の場合に限ることを示せ. 〔京大〕

Comment n を3で割ったときの余りに着目して考えてみましょう. ほとんどパズルといってもいいでしょう.

解答例

(i) $n=3k$ ($k=1,2,\cdots$) のとき

 n が素数だから $k=1$ で, このとき

$$n^2+2=3^2+2=11$$

したがって, n と n^2+2 はともに素数となる.

(ii) $n=3k\pm 1$ ($k=1,2,\cdots$) のとき

$$\begin{aligned}n^2+2&=(3k\pm 1)^2+2\\&=9k^2\pm 6k+3\\&=3(3k^2\pm 2k+1)\quad\text{(複号同順)}\end{aligned}$$

ここで $3k^2\pm 2k+1$ は2以上の整数となるから,

 n^2+2 は素数ではない.

以上(i), (ii)から, 題意は示された. ■

注 $n\geqq 2$ だから, $n=3k,\ 3k\pm 1\ (k\in\mathbb{N})$ と表せる.

《参考》 n^2+2 が素数となるためには, n が奇数であることが必要で, n が素数であることより, $n\geqq 5$ のとき

$$n=6k\pm 1\ (k\in\mathbb{N})$$

とおける. このとき

$$\begin{aligned}n^2+2&=(6k\pm 1)^2+2\\&=3(12k^2\pm 4k+1)\end{aligned}$$

で, $12k^2\pm 4k+1\geqq 9$ であるから n^2+2 は素数にはならない. したがって, $n=6k+3,\ k=0$ より $n=3$ とわかる.

演習偏 E　補遺と発展問題

> **演習 E4**　2^{555} は十進法で表すと 168 桁の数で，その最高位 (先頭) の数字は 1 である．集合 $\{2^n \mid n$ は整数で $1 \leq n \leq 555\}$ の中に，十進法で表したとき最高位の数字が 4 となるものは全部で何個あるか．〔早大〕

Comment　2 倍することによって，最高位の数字がどのように変化していくか，を "実験" によって調べてみます．たとえば

$$①\to 2\to \underline{4}\to 8\to ①6\to 32\to 64$$
$$\to ①28\to 256\to 512\to ①024$$
$$\to 2048\to \underline{4}096\to 8192\to ①6384$$
$$\to 32768\to 65536\to ①31072\to$$

のようになります．どうやら，最高位の数字が 4 となるものは，最高位の数字が

$$1\to 2\to 4\to 8\to 1$$
$$\text{または}$$
$$1\to 2\to 4\to 9\to 1\quad (\text{これは上の実験では出現していない})$$

と変化していくときに現れるということがわかります．

解答例

最高位の数字が 1 の数を順次 2 倍していくと，最高位の数字は

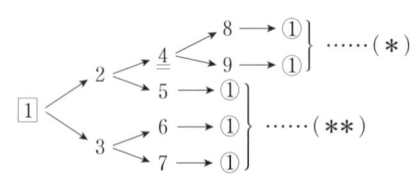

```
                8 → ①
          4 <
        <     9 → ①
      2   5 → ①       …… (*)
   1<
      3 < 6 → ①
          7 → ①       …… (**)
```

のように 5 タイプに変化していき，最高位の数字が 4 となるものは，(*) のように変化するとき出現する．また，最高位の数字が $\boxed{1}$ の数の桁数を p とすると，最高位の数字が①の数の桁数は，$p+1$ 桁である．

したがって，$1=2^0$ (1 桁の数) を順次 2 倍して，最高位の数字が 1 である 168 桁の数 2^{555} に達するまでに，各桁の数において，最高位の数字が (*) のように変化する回数を x 回とする．

$2^0 \longrightarrow 2^3$ | $2^4 \longrightarrow 2^6$ | $2^7 \longrightarrow \cdots \longrightarrow$ | $2^{552} \longrightarrow 2^{554}$ | 2^{555}
1桁　　　　2桁　　　　　　　　　　　　167桁　　　168桁

$\begin{pmatrix} \text{この中で}(*)\text{のように変化するものが} \\ x\text{回あるとする} \end{pmatrix}$

このとき p 桁の最小数から，$p+1$ 桁の最小数に移行するまで，$(*)$ の場合は 2 を 4 回かけ，$(**)$ の場合は 2 を 3 回かけることになるので

$$4x + 3(167-x) = 555$$
$$\therefore \quad x = 54$$

よって，求める個数は，　**54**(個)　　■

演習 E5

正の整数 n に対して，整数 $f(n)$ が次の条件（ⅰ），（ⅱ）を満たすように定義されている．

（ⅰ）$f(1) = 1$

（ⅱ）任意の正の整数 n に対して，$\begin{cases} f(2n) = f(n) \\ f(2n+1) = f(n) + 1 \end{cases}$

このとき，次の問に答えよ．

(1) $f(4)$, $f(13)$, $f(2^{10}+1)$ を求めよ．
(2) $1 \leq n \leq 2006$ のとき，$f(n)$ の最大値 M を求めよ．
(3) (2)で求めた最大値 M に対して，$f(n) = M$ を満たす 2006 以下の正の整数 n をすべて求めよ．　　　　　　　　　　　　〔早大〕

Comment $f(n)$ が一体何を表しているのか，を見抜くのがポイントですが，
$$f(2n) = f(n) = f(n) + 0$$
と考えると見えてきます．なお，本問とまったく同じ漸化式で定義される数列が '08 年千葉大・理で出されています．

解答例

$\begin{cases} f(2n) = f(n) & \cdots\cdots① \\ f(2n+1) = f(n) + 1 & \cdots\cdots② \end{cases}$

(1) $f(1) = 1$ と①，②を用いると

$f(4) = f(2) = f(1) = 1$　　■

$f(13) = f(6) + 1 = f(3) + 1 = \{f(1) + 1\} + 1 = 3$　　■

$f(2^{10}+1) = f(2^{10}) + 1 = f(1) + 1 = 1 + 1 = 2$　　■

注 13 を 2 進法で表すと

```
2 ) 13      余り
2 )  6  …… 1
2 )  3  …… 1
     1  …… 0
```
$\Longrightarrow$ 1011

のようになり，したがって，$f(13)$ は 13 を 2 進法で表したときの各位の数字の和を表している．

(2) n を 2 進法で表して

282

とすると
$$n = \sum_{i=0}^{p} a_i 2^{p-i} \quad (a_i \text{ は } 0 \text{ または } 1, \ a_0 \neq 0)$$

$$f(n) = f(a_0 2^p + a_1 2^{p-1} + \cdots + a_{p-1} 2 + a_p)$$
$$= a_0 + a_1 + \cdots + a_{p-1} + a_p \leq p+1$$

$2^{10} < 2006 < 2^{11}$ であるから，$f(n)$ の最大値は

$$p = 9, \ a_0 = a_1 = \cdots\cdots = a_{p-1} = a_p = 1 \qquad \cdots\cdots(*)$$

のとき与えられる．

$$\therefore \ M = 9+1 = 10 \qquad \blacksquare$$

注 $(*)$ のとき $n = 2^{10} - 1 = 1023$ となり，$1 \leq n \leq 2006$ を満足する．また，$M = 11$ となるためには

$$p = 10, \ a_0 = a_1 = \cdots\cdots = a_{p-1} = a_1 = 1$$

でなければならないが，このとき $n = 2^{11} - 1 = 4047 > 2006$ となる．

(3) $2006 = \underset{(a_0)}{1 \cdot 2^{10}} + \underset{(a_1)}{1 \cdot 2^9} + \underset{(a_2)}{1 \cdot 2^8} + \underset{(a_3)}{1 \cdot 2^7} + \underset{(a_4)}{1 \cdot 2^6}$

$\qquad\qquad + \underset{(a_5)}{0 \cdot 2^5} + \underset{(a_6)}{1 \cdot 2^4} + \underset{(a_7)}{0 \cdot 2^3} + \underset{(a_8)}{1 \cdot 2^2} + \underset{(a_9)}{1 \cdot 2^1} + \underset{(a_{10})}{0 \cdot 2^0}$

であるから，$f(n) = 10 \ (1 \leq n \leq 2006)$ となるのは，(2) の p において，$p = 9$ または $p = 10$ のときである．$p = 9$ のときは(2)で調べたので，$p = 10$ とすると

$a_1 = 0$ で他の a_i が 1 のとき

$\qquad \therefore \ n = (2^{11} - 1) - 2^9 = 1535$

$a_2 = 0$ で他の a_i が 1 のとき

$\qquad \therefore \ n = (2^{11} - 1) - 2^8 = 1791$

$a_3 = 0$ で他の a_i が 1 のとき

$\qquad \therefore \ n = (2^{11} - 1) - 2^7 = 1919$

$a_4 = 0$ で他の a_i が 1 のとき

$\qquad \therefore \ n = (2^{11} - 1) - 2^6 = 1983$

以上より，$f(n) = 10 \ (1 \leq n \leq 2006)$ を満たす n は

$$n = 1023, \ 1535, \ 1791, \ 1919, \ 1983 \qquad \blacksquare$$

注 $a_j = 0 \ (j \geq 5), \ a_i = 1 \ (i \neq j)$ のときは，$n > 2006$ となる．

演習偏 E　補遺と発展問題

演習 E 6　関数 $f(x)=(-1)^{[x]}$ に対して
$$S_n=\sum_{k=1}^{n}|f(k\pi)-f((k+1)\pi)|$$
とおくとき，$\displaystyle\lim_{n\to\infty}\frac{S_n}{2n}$ を求めよ．　　〔芝浦工大〕

Comment　'80 年の入試問題です．整数問題とは言い難いのですが，ガウス記号に慣れるために考えてみましょう．

解答例

$$S_n=\sum_{k=1}^{n}|f(k\pi)-f((k+1)\pi)|$$
$$=\sum_{k=1}^{n}|(-1)^{[k\pi]}-(-1)^{[(k+1)\pi]}|$$

において，$|f(k\pi)-f((k+1)\pi)|=|(-1)^{[k\pi]}-(-1)^{[(k+1)\pi]}|$ の値は

　　$[(k+1)\pi]-[k\pi]$ が奇数ならば，2　　（$[(k+1)\pi]$ と $[k\pi]$ の奇偶が不一致）

　　$[(k+1)\pi]-[k\pi]$ が偶数ならば，0　　（$[(k+1)\pi]$ と $[k\pi]$ の奇偶が一致）

である．

いま $\pi=3+\alpha\ (0<\alpha<1,\ \alpha$ は無理数) とおくと，
$$[(k+1)\pi]-[k\pi]=[(k+1)(3+\alpha)]-[k(3+\alpha)]$$
$$=[3(k+1)+(k+1)\alpha]-[3k+k\alpha]$$
$$=3+[(k+1)\alpha]-[k\alpha]$$

ここで，閉区間 $[k\alpha,(k+1)\alpha]$ の幅は α だから 1 より小さく，したがってこの区間には自然数が高々 1 個しか含まれない．また，α は無理数だから区間の両幅が自然数と一致することはない．

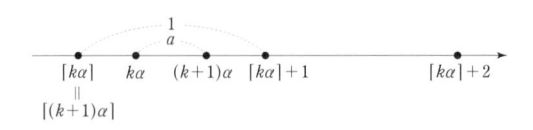

閉区間 $[k\alpha,(k+1)\alpha]$ が自然数を含まないとき，$[(k+1)\alpha]-[k\alpha]=0$

　　$\therefore\ [(k+1)\pi]-[k\pi]=3$　（奇数）

　　$\therefore\ |f(k\pi)-f((k+1)\pi)|=2$

閉区間 $[k\alpha, (k+1)\alpha]$ が自然数を含むとき，$[(k+1)\alpha]-[k\alpha]=1$
∴ $[(k+1)\pi]-[k\pi]=4$ （偶数）
∴ $|f(k\pi)-f((k+1)\pi)|=0$

```
            1         a    (k+1)α
    ●───────────●────●─●──────●──────→
  [kα]         kα  [kα]+1          [kα]+2
                    ‖
                 [(k+1)α]
```

ところで，n 個の閉区間の集合

$$\{[k\alpha, (k+1)\alpha] \mid k=1,2,3,\cdots,n\}$$

の中には，$1, 2, 3, \cdots, [(n+1)\alpha]$ 個の自然数が存在するので，k が 1 から n まで動くとき $[(k+1)\alpha]-[k\alpha]=1$ となる k は $[(n+1)\alpha]$ 個存在する．すなわち，$[(k+1)\alpha]-[k\alpha]=0$ となる k は $n-[(n+1)\alpha]$ 個である．

∴ $S_n = 2(n-[(n+1)\alpha])$

したがって，$(n+1)\alpha-1 < [(n+1)\alpha] < (n+1)\alpha$ より

$n-(n+1)\alpha < n-[(n+1)\alpha] < n-\{(n+1)\alpha-1\}$

∴ $2n-2(n+1)\alpha < 2(n-[(n+1)\alpha]) < 2n+2-2(n+1)\alpha$

∴ $2n-2(n+1)\alpha < S_n < 2n+2-2(n+1)\alpha$

∴ $1-\left(1+\dfrac{1}{n}\right)\alpha < \dfrac{S_n}{2n} < 1+\dfrac{1}{n}-\left(1+\dfrac{1}{n}\right)\alpha$

よって，はさみうちの原理により

$$\lim_{n\to\infty}\dfrac{S_n}{2n} = 1-\alpha = 1-(\pi-3) = 4-\pi \qquad ■$$

演習偏 E 補遺と発展問題

演習 E7

正の整数 n を 1 個以上の正の整数の和で表すことを考える．例えば，$n=3$ ならば 3, 1+2, 1+1+1 の 3 通りの表し方が可能である．この例のように和に現れる正の整数の順序は考慮せず数え上げるものとし，k 個以下の正整数の和による正整数 n の表し方の総数を $p_k(n)$ とする．

(1) $p_3(7)=$ [ア] であり，$p_4(7)-p_3(7)=$ [イ] である．
(2) $p_2(n)$ は [ウ] を越えない最大の整数である．
(3) $1<k<n$ とするとき，$p_k(n)=p_{k-1}(n)+p_k($ [エ] $)$ が成り立つ．
(4) 以上の結果と $p_3(3)=3$ であることを用いて $p_3(6n)$ を n の式で表せば，$p_3(6n)=$ [オ] となる．〔慶大〕

Comment 与えられた正整数 n を，k 個以下の正整数の和によって表す場合の数を求める問題です．(3) がポイントになります．

解答例

(1) $\quad 7 = 7$ （1 通り）
$\quad\quad = 1+6 = 2+5 = 3+4$ （3 通り）
$\quad\quad = 1+1+5 = 1+2+4 = 1+3+3 = 2+2+3$ （4 通り）
$\quad\quad \therefore \ p_3(7) = 8 \quad (ア)$

$\quad p_4(7) - p_3(7)$
$\quad\quad = (7\text{ の 4 個の正整数の和による表し方の総数})$

ここで，$7 = 1+1+1+4 = 1+1+2+3 = 1+2+2+2$
$\quad\quad \therefore \ p_4(7) - p_3(7) = 3 \quad (イ)$

(2) n が偶数のとき，
$\quad n = n$ （1 通り）
$\quad\quad = 1+(n-1) = 2+(n-2) = \cdots = \dfrac{n}{2}+\dfrac{n}{2}$ （$\dfrac{n}{2}$ 通り）
$\quad \therefore \ p_2(n) = 1 + \dfrac{n}{2} = \dfrac{n+2}{2}$

n が奇数のとき
$\quad n = n$ （1 通り）
$\quad\quad = 1+(n-1) = 2+(n-2) = \cdots = \dfrac{n-1}{2}+\dfrac{n+1}{2}$ （$\dfrac{n-1}{2}$ 通り）
$\quad \therefore \ p_2(n) = 1 + \dfrac{n-1}{2} = \dfrac{n+1}{2}$

よって，$p_2(n)$ は $\dfrac{n+2}{2}$ （ウ）を越えない最大の整数である． ■

(3) （n の k 個以下の和による表し方の総数）
　　　　 =（n の $k-1$ 個以下の和による表し方の総数）
　　　　　 +（n の k 個の和による表し方の総数）

ここで，n の k 個の正整数の和による表し方の総数は，k 個の区別のない箱に，n 個の区別のないボールをどの箱も空でないような入れ方の総数であり，この場合前もって k 個の箱にボールを 1 個ずつ入れておき，残りの $n-k$ 個のボールを k 個以下の箱に入れると考えればよいので

$$（n \text{ の } k \text{ 個の和による表し方の総数}）= p_k(n-k)$$

$$\therefore\ p_k(n) = p_{k-1}(n) + p_k(n-k) \quad （エ）$$ ■

(4) (3) の結果で $k=3$ とおくと

$$p_3(n) = p_2(n) + p_3(n-3)$$

$$\therefore\ p_3(n) - p_3(n-3) = p_2(n) \quad (n \geq 6) \qquad \cdots\cdots ①$$

① で n を $6i$，$6i-3$ とおくと

$$\begin{cases} p_3(6i) - p_3(6i-3) = p_2(6i) \\ p_3(6i-3) - p_3(6i-6) = p_2(6i-3) \end{cases}$$

(2) の考察から $p_2(6i) = 3i+1$，$p_2(6i-3) = 3i-1$

$$\therefore\ \begin{cases} p_3(6i) - p_3(6i-3) = 3i+1 & \cdots\cdots ② \\ p_3(6i-3) - p_3(6i-6) = 3i-1 & \cdots\cdots ③ \end{cases}$$

② + ③ より

$$p_3(6i) - p_3(6i-6) = 6i \quad (i \geq 2)$$

$$\therefore\ p_3(6n) = p_3(3) + (p_3(6) - p_3(3))$$
$$\qquad\qquad + \sum_{i=2}^{n}(p_3(6i) - p_3(6i-6))$$

$$= 3 + (3\cdot 1 + 1) + \sum_{i=2}^{n} 6i \quad (\because\ ② で i=1 とおく)$$

$$= 7 + 6\cdot\dfrac{(n+2)(n-1)}{2}$$

$$= 3n^2 + 3n + 1 \quad （オ）$$ ■

演習 E8

a, b, c, d を整数とし，$ad-bc = p$ とおく．p は素数で，ad は p で割り切れないとする．整数 s, t に対して連立方程式

$$\begin{pmatrix} a & b \\ c & d \end{pmatrix}\begin{pmatrix} x \\ y \end{pmatrix} = \begin{pmatrix} s \\ t \end{pmatrix}$$

を与える．

(1) この連立方程式の解 $\begin{pmatrix} x \\ y \end{pmatrix}$ に対して，x が整数であることと，y が整数であることは同値である．このことを示せ．

(2) この連立方程式が整数解 $\begin{pmatrix} x \\ y \end{pmatrix}$ をもつような整数の組 $\begin{pmatrix} s \\ t \end{pmatrix}$ は $1 \leq s \leq p-1$，$1 \leq t \leq p-1$ の範囲で何個あるか．　〔都立大〕

Comment
難問です．(2) は集合
$$A = \{ds - bt \mid 1 \leq s \leq p-1,\ 1 \leq t \leq p-1\}$$
の中に p の倍数がいくつあるかを調べるのが目標になります．解答例では合同式を利用してみました．

解答例

(1) $$\begin{pmatrix} a & b \\ c & d \end{pmatrix}\begin{pmatrix} x \\ y \end{pmatrix} = \begin{pmatrix} s \\ t \end{pmatrix} \qquad \cdots\cdots(*)$$

$ad - bc = p$（p は素数）であるから
$$ad \equiv bc \pmod{p} \quad \cdots\cdots ①$$
であり，$(*)$ より
$$\begin{pmatrix} x \\ y \end{pmatrix} = \frac{1}{p}\begin{pmatrix} d & -b \\ -c & a \end{pmatrix}\begin{pmatrix} s \\ t \end{pmatrix}$$
$$\therefore \begin{cases} px = ds - bt & \cdots\cdots ② \\ py = -cs + at & \cdots\cdots ③ \end{cases}$$

(i) x が整数とすると，② より　$ds \equiv bt \pmod{p}$　　　$\cdots\cdots ②'$

②′の両辺に a をかけて　$ads \equiv abt \pmod{p}$

①の両辺に s をかけて　$ads \equiv bcs \pmod{p}$

$\therefore abt \equiv bcs \pmod{p}$

$\therefore b(-cs + at) \equiv 0 \pmod{p}$　　　$\cdots\cdots ④$

ここで，ad は p で割り切れないので，① より bc も p で割り切れない．した

288

がって，b も p で割り切れない．

　　すなわち　　　　$b \not\equiv 0 \pmod p$　　　　　　　　　………⑤

　④，⑤より　　　$-cs+at \equiv 0 \pmod p$

　よって，③より y が整数であることが示された．

(ii) y が整数とすると，③より　$cs \equiv at \pmod p$　　………③'

　　③'の両辺に d をかけて　$cds \equiv adt \pmod p$

　　①の両辺に t をかけて　$adt \equiv bct \pmod p$

　　　　$\therefore\ cds \equiv bct \pmod p$

　　　　$\therefore\ c(ds-bt) \pmod p$　　　　　　　　　　………⑥

　ここで，(i) と同様に考えて　$c \not\equiv 0 \pmod p$　　　　………⑦

　⑥，⑦より　　$ds-bt \equiv 0 \pmod p$

　よって，②より x が整数であることが示された．

　以上 (i), (ii) より，題意は示された． ■

(2) (1)より，x が整数ならば y が整数だから，集合
$$A = \{ds-bt \mid 1 \leq s \leq p-1,\ 1 \leq t \leq p-1\}$$
の中に p の倍数がいくつあるかを考えておけばよい．

　d は p で割り切れないので，$ds\ (s=1, 2, \cdots, p-1)$ を p で割った余りはすべて異なるので，余りの集合は
$$\{1, 2, \cdots, i, \cdots, p-1\}$$

　同様に b は p で割り切れないので，bt を $(t=1, 2, \cdots, p-1)$ を p で割った余りはすべて異なるので
$$\{1, 2, \cdots, i, \cdots, p-1\}$$
である．したがって，
$$ds \equiv i \pmod p\ \ (1 \leq s \leq p-1)$$
なる s に対して
$$ds-bt \equiv 0 \pmod p \iff bt \equiv ds \pmod p$$
　　　　$\therefore\ bt \equiv i \pmod p$

を満たす t はただ 1 つ定まる．よって，集合 A の中には p の倍数が $p-1$ (個) 存在するので，題意を満たすような整数の組 $\begin{pmatrix} s \\ t \end{pmatrix}$ は，　**$p-1$ (組)**　■

289

演習偏 E　補遺と発展問題

《参考》 (2)は
$$bt \equiv ds \pmod{p} \quad\quad\cdots\cdots\cdots ⑧$$
を満たす (s, t) の組が何組あるかという問題に他ならない．

　ところで b と p は互いに素であるから
$$bu + pv = 1 \iff bu - 1 = p(-v)$$
$$\therefore\ bu \equiv 1 \pmod{p}$$
を満たす整数 u が存在する．いま，これを b' とすると
$$b'b \equiv 1 \pmod{p}$$
したがって，⑧の両辺に b' をかけて
$$b'bt \equiv b'ds \pmod{p}$$
$$\therefore\ t \equiv b'ds \pmod{p} \quad\quad\cdots\cdots\cdots ⑨$$
$1 \leqq s \leqq p-1$，$1 \leqq t \leqq p-1$ であったので，s を 1 つ決めると，⑨より t もただ 1 つ定まる．よって，$p-1$ (組)とわかる．

演習 E9　m, n を任意の整数として，$m+ni$ なる形のすべての複素数の集合を S とする．S の元 a, b に対して $a = bc$ を満たす複素数 c が S の中に存在するとき，b は a の約数であるという．

(1) 1 の約数をすべて求めよ．

(2) S の元 a, b に対して，a が b の約数であり，かつ b が a の約数であるとき，a と b の間にはどんな関係が成立するか．

(3) S の元 a, b に対して，集合 $\{ax \mid x \in S\}$ と集合 $\{bx \mid x \in S\}$ が相等しくなるために，a と b が満足すべき必要十分条件を求めよ．

〔東京理科大〕

Comment　いわゆる "ガウスの整数" に関する問題です．

|解答例|

(1) 1 の約数を $x+yi$ $(x, y \in \mathbb{Z})$ とおくと

$$1 = (x+yi)(m+ni) \quad (m, n \in \mathbb{Z})$$

$$\iff 1 = (xm-yn)+(xn+ym)i$$

$$\therefore \begin{cases} xm - yn = 1 \\ ym + xn = 0 \end{cases} \iff \begin{pmatrix} x & -y \\ y & x \end{pmatrix} \begin{pmatrix} m \\ n \end{pmatrix} = \begin{pmatrix} 1 \\ 0 \end{pmatrix}$$

$x+yi \neq 0$ だから $x^2+y^2 \neq 0$

$$\therefore \begin{pmatrix} m \\ n \end{pmatrix} = \frac{1}{x^2+y^2} \begin{pmatrix} x & y \\ -y & x \end{pmatrix} \begin{pmatrix} 1 \\ 0 \end{pmatrix}$$

$$\therefore m = \frac{x}{x^2+y^2} \quad \cdots \cdots \text{①} \qquad n = \frac{-y}{x^2+y^2} \quad \cdots \cdots \text{②}$$

①，② より $m^2+n^2 = \dfrac{1}{x^2+y^2}$

$$\therefore (m^2+n^2)(x^2+y^2) = 1$$

m^2+n^2, x^2+y^2 は正の整数だから

$$x^2+y^2 = 1$$

x, y は整数だから

$$(x, y) = (1, 0), (-1, 0), (0, 1), (0, -1)$$

よって，1 の約数は $\pm 1, \pm i$　∎

(2) a が b の約数であるから，$b = as$ $(s \in S)$ $\qquad \cdots \cdots$ ③

b が a の約数であるから，$a = bt$ $(t \in S)$ $\qquad \cdots \cdots$ ④

291

③, ④を両辺かけて $\quad ab = abst \quad \therefore \quad ab(st-1) = 0$

題意より $ab \neq 0$ であるから $st = 1$

よって, (1)の結果より

$$b = \pm a \text{ または } b = \pm ai$$

$$\therefore \quad b^2 = a^2 \text{ または } b^2 = -a^2 \qquad \therefore \quad (b^2 - a^2)(b^2 + a^2) = 0$$

$$\therefore \quad b^4 - a^4 = 0$$

すなわち, 求める関係は $\quad \boldsymbol{b^4 = a^4}$ ■

(3) $A = \{ax \mid x \in S\}, \quad B = \{bx \mid x \in S\} \quad (a, b \in S)$ とおく.

(ⅰ) $A = B$ とする.

$\quad a = a \cdot 1 \in A = B$ だから, $a \in B \qquad \therefore \quad a = bs \ (s \in S)$

$\quad b = b \cdot 1 \in B = A$ だから, $b \in A \qquad \therefore \quad b = at \ (t \in S)$

したがって, (2)の結果より

$$b = \pm a \text{ または } b = \pm ai$$

すなわち, $b^4 = a^4$

(ⅱ) $b^4 = a^4$ とする.

このとき, $b = \pm a$ または $b = \pm ai$

すなわち

$$a = bs \ (s \in S) \ \cdots\cdots\cdots ⑤ \qquad b = at \ (t \in S) \ \cdots\cdots\cdots ⑥$$

とかける.

A の任意の元 ax をとると, ⑤より

$$ax = (bs)x = b(sx) \in B \quad (\because \ s \in S, \ x \in S \text{ だから } sx \in S)$$

$\therefore \quad A \subseteq B$

B の任意の元 bx をとると, ⑥より

$$bx = (at)x = a(tx) \in A \quad (\because \ t \in S, \ x \in S \text{ だから } tx \in S)$$

$\therefore \quad B \subseteq A$

よって, $A = B$

以上(ⅰ), (ⅱ)から求める必要十分条件は

$$\boldsymbol{b^4 = a^4}$$ ■

《参考》 $\alpha \in S, \ \beta \in S$ に対して

$$\alpha \mid \beta \text{ かつ } \beta \mid \alpha \text{ ならば } \beta = \varepsilon \alpha$$

が成り立つ. ただし, ε は $\varepsilon \mid 1$ を満たす代数的整数 ($\varepsilon \in S$) である. このような代数的整数を単数($=$ unit)という.

演習 E10 n $(n \geqq 3)$ 人の人間 p_1, p_2, p_3, $\cdots$, p_n が各自 1 つの整数 m_1, m_2, m_3, $\cdots$, m_n を持ち,車座に座っているとする.各人の持っている整数を簡単のため持数と名付ける.これらの整数 m_i $(i=1,\cdots,n)$ は $\sum_{k=1}^{n} m_k > 0$ を満たしているが,m_i $(i=1,\cdots,n)$ の中には負の整数が 1 つ以上存在するとする.

いま,旗を 1 つ用意して,p_1 がその旗を持ち,p_1 からはじめて,p_2, p_3, $\cdots$ と順に旗をまわしながら,次のルールにしたがってゲームを行うものとする:

「ルール」

p_j が旗を持っているとき,もし p_j の持数がゼロ以上ならば以下の(ア)を,負ならば以下の(イ)を行う.

(ア) 各人の持数は変えないで,旗をつぎの人間 p_{j+1} に渡す.

(イ) p_{j-1} の持数に p_j の持数を加えたものを改めて p_{j-1} の持数とし,p_{j+1} の持数に p_j の持数を加えたものを改めて p_{j+1} の持数とし,p_j の持数の符号を変えたものを改めて p_j の持数とする.p_{j-1}, p_j, p_{j+1} 以外の人の持数は変えない.そして旗を次の人間 p_{j+1} に渡す.

ただし,ここで $p_0 = p_n$,$p_{n+1} = p_1$ とする.この(イ)の行動を変換と名付ける.

さて,このゲームを続けていくと,いずれは変換を行う必要がなくなる.すなわち,全員の持数がゼロ以上,となる事実が知られている.

(1) $n=3$,$m_1=5$,$m_2=-1$,$m_3=-3$ のとき,全員の持数がゼロ以上となるまでに何回変換を行う必要があるか,その回数を書きなさい.

(2) 前問(1)の場合で全員の持数がゼロ以上となったとき,各人の持数を書きなさい.

以下,$n=5$ の場合のときにこの事実を証明する.p_1 の持数がゼロ以上で,p_2 の持数が負と仮定して証明しても,証明の本質は変わらない.このとき,最初の変換によって持数が変化するのは p_1, p_2, p_3 だけである.最初の変換の後の各 p_i $(i=1,\cdots,5)$ の持数

演習偏 E　補遺と発展問題

を $m_i^{(1)}$ $(i=1,\cdots,5)$ とすると
$$m_1^{(1)} = m_1 + m_2,\ m_2^{(1)} = -m_2,\ m_3^{(1)} = m_3 + m_2,\ m_i^{(1)} = m_i\ (i=4,5)$$
である．以下，r 回の変換の後の各 p_i $(i=1,\cdots,5)$ の持数を $m_i^{(r)}$ $(i=1,\cdots,5)$ と書く．ただし，$m_i^{(0)} = m_i$ $(i=1,\cdots,5)$ とする．

(3) $\sum_{i=1}^{5} m_i^{(r)}$ は r によらず一定で正であることを示しなさい．

前問(3)で示した一定の正の値を S とおき，$F_r = \sum_{i=1}^{5} (m_{i+1}^{(r)} - m_{i-1}^{(r)})^2$
とおく．

(4) $F_1 - F_0$ を S と m_2 を用いて表しなさい．
(5) $F_{r+1} < F_r$ であることを示しなさい．
(6) $n=5$ のとき，この事実が成り立つことを示しなさい． 〔日大〕

Comment　この問題は '03 年の日大・医学部の問題ですが，実は '86 年の国際数学オリンピックワルシャワ大会でほとんど同じ主旨の問題が出されています．E 28 で取り上げてみましたので，考えてみるとよいでしょう．

解答例

(1) 具体的に調べてみると

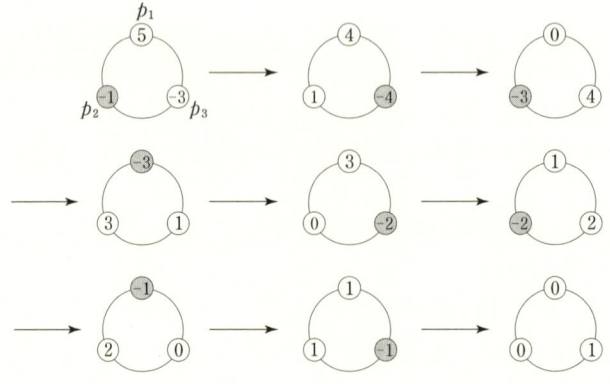

以上より　8回

294

(2) (1)の結果より

$$p_1:0, \quad p_2:0, \quad p_3:1$$ ∎

(3) $m_1^{(1)} = m_1 + m_2$

$m_2^{(1)} = -m_2$

$m_3^{(1)} = m_3 + m_2$

$m_4^{(1)} = m_4$

$m_5^{(1)} = m_5$

であるから

$$\sum_{i=1}^{5} m_i^{(1)} = \sum_{i=1}^{5} m_i$$

すなわち，1回の変換によって5人の持数の合計は変化しない．したがって，何回変換しても，5人の持数の合計は不変である．

$$\therefore \sum_{i=1}^{5} m_i^{(r)} = \sum_{i=1}^{5} m_i \; (=一定)$$

また，はじめの仮定より $\sum_{i=1}^{5} m_i > 0$ である．よって，$\sum_{i=1}^{5} m_i^{(r)}$ は r によらず一定で正である． ∎

(4) $\quad S = \sum_{i=1}^{5} m_i$ ……………①

$F_0 = \sum_{i=1}^{5} (m_{i+1} - m_{i-1})^2$

$\quad = (m_2 - m_5)^2 + (m_3 - m_1)^2 + (m_4 - m_2)^2 + (m_5 - m_3)^2 + (m_1 - m_4)^2$

$F_1 = \sum_{i=1}^{5} (m_{i+1}^{(1)} - m_{i-1}^{(1)})^2$

$\quad = (-m_2 - m_5)^2 + \{m_3 + m_2 - (m_1 + m_2)\}^2$

$\quad\quad + (m_4 + m_2)^2 + (m_5 - m_3 - m_2)^2 + (m_1 + m_2 - m_4)^2$

$\quad = (m_2 + m_5)^2 + (m_3 - m_1)^2 + (m_4 + m_2)^2$

$\quad\quad + \{(m_5 - m_3) - m_2\}^2 + \{(m_1 - m_4) + m_2\}^2$

ここで

$$(m_2+m_5)^2-(m_2-m_5{}^2)=4m_2m_5$$
$$(m_4+m_2)^2-(m_4-m_2)^2=4m_2m_4$$
$$\{(m_5-m_3)-m_2\}^2-(m_5-m_3)^2$$
$$=-2m_2(m_5-m_3)+m_2^2$$
$$\{(m_1-m_4)+m_2\}^2-(m_1-m_4)^2$$
$$=2m_2(m_1-m_4)+m_2^2$$
$$\therefore\ F_1-F_0$$
$$=4m_2m_5+4m_2m_4-2m_2(m_5-m_3)+m_2^2+2m_2(m_1-m_4)+m_2^2$$
$$=2m_2(m_1+m_2+m_3+m_4+m_5)$$
$$=2m_2S\quad(\because\ ①)\qquad\blacksquare$$

(5) r 回の変換後, p_{i-1} の持数が 0 以上, p_i の持数 $m_i^{(r)}$ が負とし, $r+1$ 回目の変換によって, p_{i-1}, p_i, p_{i+1} の持数だけが変化するとすれば, $m_i^{(r)}<0$ であるから, (4) とまったく同様にして,
$$F_{r+1}-F_r=2m_i^{(r)}S<0$$
$$\therefore\ F_{r+1}<F_r\qquad\blacksquare$$

(6) 何回変換を行っても, 全員の持数が 0 以上にならないとする. このとき F_0 は有限な正の整数値であり, (5) より $\{F_r\}$ は
$$F_0>F_1>F_2>\cdots\cdots>F_r>\cdots\cdots$$
のような単調減少数列であるから, r を十分大きくとると
$$F_r<0$$
となる. 一方 F_r の定義より
$$F_r=\sum_{i=1}^{5}(m_{i+1}^{(r)}-r_{i-1}^{(r)})^2\geqq 0$$
これは明らかに不合理である. よって, このゲームを続けていくと, いずれは変換を行う必要がなくなる. $\blacksquare$

演習 E11

設問 (1) から (5) に答えなさい．

4 で割ると余りが 1 になるような素数 p, $p = 4k+1$ を 1 つとる．これに対し，等式

$$(Q) \quad a^2 + 4bc = p$$

を満たす自然数 3 つの組 (a, b, c) の全体を考える．両辺の絶対値を比べれば分かるように，このような自然数 3 つの組の可能性は有限通りしかありえない．

いま等式 (Q) を満たす自然数 3 つの組 (a, b, c) から新しく自然数 3 つの組を作る手続きを次の (i), (ii), (iii) により定める．

(i) $a < b-c$ ならば $(a+2c, \ c, \ b-a-c)$ を作る．

(ii) $b-c < a < 2b$ ならば $(2b-a, \ b, \ a-b+c)$ を作る．

(iii) $a > 2b$ ならば $(a-2b, \ a-b+c, \ b)$ を作る．

(1) (a, b, c) が等式 (Q) を満たす自然数の組でさらに (i) の条件 $a < b-c$ を満たすとする．このとき，上の (i) より得られる $(a+2c, \ c, \ b-a-c)$ もまた等式 (Q) を満たすことを示しなさい．

(2) 等式 (Q) を満たす自然数の組 (a, b, c) は $a = b-c$ や $a = 2b$ を満たすことはないことを示しなさい．

(3) 等式 (Q) を満たす自然数の組 (a, b, c) の中には，上の手続きを施しても変化しないという性質を持つものが存在する．$p = 4k+1$ と表すとき，この性質を持つ (a, b, c) を k を用いて具体的に与え，かつそれがただ 1 組しか存在しないことを示しなさい．

(4) 等式 (Q) を満たす自然数の組 (a, b, c) に対して上の手続きを 2 回繰返して施すとどうなるのか．結論を簡潔に説明しなさい．また，この観察を元に等式 (Q) を満たす自然数 3 つの組の全体の個数が偶数か奇数かを決定し，そう判断できる理由を述べなさい．ただし，等式 (Q) を満たす自然数 3 つの組から上の手続きにより新しく作られた自然数 3 つの組は (i), (ii), (iii) のどの場合でも再び等式 (Q) を満たすという事実についてはここでは証明なしに用いてよい．

(5) 素数 $p = 4k+1$ をある 2 つの自然数 a, b により $p = a^2 + (2b)^2$ と表すことができることを示しなさい．

〔慶大〕

演習偏 **E** 　補遺と発展問題

Comment 　$4k+1$ の形の素数が 2 整数の平方和で表される，という有名な定理に関する問題です．

[解答例]

(1) (a, b, c) が(Q)を満たす自然数の組だから
$$a^2+4bc = p(=4k+1) \quad\quad\quad\quad\quad \cdots\cdots\cdots\cdots ①$$
$(a_1, b_1, c_1)=(a+2c,\ c,\ b-a-c)$ とおくと，$a<b-c$ であるから，(a_1, b_1, c_1) は自然数の組で
$$\begin{aligned}a_1^2+4b_1c_1 &= (a+2c)^2+4c(b-a-c)\\ &= a^2+4ac+4c^2+4cb-4ca-4c^2\\ &= a^2+4bc = p \quad\quad (\because ①)\end{aligned}$$
したがって，(a_1, b_1, c_1) は等式(Q)を満たす．■

(2) 等式(Q)を満たす自然数の組 (a, b, c) が $a=b-c$ または $a=2b$ を満たすとすると，順に
$$p=a^2+4bc=(b-c)^2+4bc=(b+c)^2$$
$$p=a^2+4bc=(2b)^2+4bc=4b(b+c)$$
となり，これは p が素数であることに反する．よって，題意は示された．■

(3) 手続き(ⅰ)によって得られる自然数の組の第 1 成分 $a+2c$ は
$$a+2c>a$$
手続き(ⅲ)によって得られる自然数の組の第 1 成分 $a-2b$ は
$$a-2b<a$$

```
  a      b-c      a      2b      a
  ×       ●       ×       ●       ×
  ↓               ↓               ↓
 (ⅰ)            (ⅱ)            (ⅲ)
```

であるから，問題文の手続きを施しても変化しない性質を持つ手続きは(ⅱ)でなければならない．このとき
$$(2b-a,\ b,\ a-b+c)=(a, b, c)$$
$$\therefore\ \begin{cases}2b-a=a\\ b=b\\ a-b+c=c\end{cases} \quad\quad \therefore\ b=a$$
また，(Q)より　　$a^2+4ac=p$

298

$$\therefore \quad a(a+4c) = p$$

p は素数で，$a < a+4c$ だから

$$a = 1, \quad a+4c = p = 4k+1$$

$$\therefore \quad a = 1, \quad b = 1, \quad c = k$$

よって，手続きをしても変化しないという性質を持つ自然数の組 (a, b, c) は，

$$(a, b, c) = (\mathbf{1}, \mathbf{1}, \boldsymbol{k})$$

のただ1組しか存在しない． ■

(4)

(イ) (a, b, c) が(ⅰ)の条件 $a < b-c$ を満たす

$\longrightarrow (a_1, b_1, c_1)$

$\qquad = (a+2c, \ c, \ b-a-c)$

は(ⅲ)の条件 $a_1 > 2b_1$ を満たす

$\longrightarrow (a_2, b_2, c_2)$

$\qquad = (a_1 - 2b_1, \ a_1 - b_1 + c_1, \ b_1)$

$\qquad = (a, b, c)$

となり，もとの (a, b, c) に戻る．

(ロ) (a, b, c) が(ⅱ)の条件 $b-c < a < 2b$ を満たす

$\longrightarrow (a_1, b_1, c_1)$

$\qquad = (2b-a, \ b, \ a-b+c)$

は(ⅱ)の条件 $b_1 - c_1 < a_1 < 2b_1$ を満たす

$\longrightarrow (a_2, b_2, c_2)$

$\qquad = (2b_1 - a_1, \ b_1, \ a_1 - b_1 + c_1)$

$\qquad = (a, b, c)$

となり，もとの (a, b, c) に戻る．

(ハ) (a, b, c) が(ⅲ)の条件 $a > 2b$ を満たす

$\longrightarrow (a_1, b_1, c_1)$

$\qquad = (a-2b, \ a-b+c, \ b)$

は(ⅰ)の条件 $a_1 < b_1 - c_1$ を満たす

$\longrightarrow (a_2, b_2, c_2)$

$\qquad = (a_1 + 2c_1, \ c_1, \ b_1 - a_1 - c_1)$

$\qquad = (a, b, c)$

299

演習編 E　補遺と発展問題

となり，もとの (a, b, c) に戻る．

　こうして(イ)〜(ロ)より，いずれの場合も手続きを2回繰返して施すと，もとの (a, b, c) に戻る． ■

　また(3)と上の考察より等式(Q)を満たす自然数3つの組は $(1, 1, k)$ （手続きを施しても変化しないもの）以外は，(a, b, c) と (a_1, b_1, c_1) のように必ずペアで存在する．よって(Q)を満たす自然数3つの組全体の個数は，**奇数**である． ■

(5)　等式(Q)を満たす自然数の組 (a, b, c) 全体の集合 S を考える．この中に $b = c$ となるものが存在しないとすると，(a, b, c) と (a, c, b) $(b \neq c)$ とは1対1に対応するので，集合 S の要素の個数は偶数となる．しかるに，これは(4)の後半の結論と矛盾する．よって，S の中には $b = c$ となる自然数の組が存在し，これを用いると
$$p = a^2 + 4b^2 = a^2 + (2b)^2$$
と表すことができる． ■

注　問題文の(4)には「(i)，(ii)，(iii)のどの場合でも再び等式(Q)を満たすという事実についてはここでは証明なしに用いてよい」とあるが，上の解答例ではキチンと議論しておいた．

《参考》

本問はオイラーが証明した有名な定理である．理論編の定理8.6（平方剰余に関する第1補充法則）の **注** で述べた

$$x^2 \equiv -1 \pmod{p} \text{ が解をもつ} \iff p \equiv 1 \pmod{4} \iff p = 4k+1$$

という命題，すなわち素数 p が $4k+1$ の形であるとき，$x^2 \equiv -1 \pmod{p}$ を満たす整数 x が存在するという事実を用いると本問の(5)は以下のように示すことができる．いま

$$c^2 \equiv -1 \pmod{p} \quad (c \in \mathbb{Z}) \qquad \cdots\cdots ②$$

としておく．この c と整数 x, y に対して，$x + cy$ を p で割った余りを $R(x, y)$ とする．すなわち

$$x + cy \equiv R(x, y) \pmod{p}$$

とする．ここで，x, y をそれぞれ

$$x = 0, 1, 2, \cdots, q \underset{put}{=} [\sqrt{p}\,]$$
$$y = 0, 1, 2, \cdots, q \underset{put}{=} [\sqrt{p}\,]$$

として得られる $(q+1)^2$ 通りの $R(x, y)$ を考えると
$$(q+1)^2 = (\sqrt{p}+1)^2 > (\sqrt{p})^2 = p$$
であり，$R(x, y)$ の取り得る値は
$$0, 1, 2, \cdots, p-1$$
の p 通りしかないので，$(q+1)^2\ (>p)$ 通りの $R(x, y)$ の中には値の一致するものが存在する．すなわち，
$$(x_1, y_1) \neq (x_2, y_2), \quad R(x_1, y_1) = R(x_2, y_2)$$
となる整数の組 $(x_1, y_1), (x_2, y_2)$ が存在する．したがって
$$x_1 + cy_1 \equiv x_2 + cy_2 \pmod{p}$$
$$\iff (x_1 - x_2) + c(y_1 - y_2) \equiv 0 \pmod{p} \qquad \cdots\cdots ③$$

ここで，$a = x_1 - x_2,\ b = y_1 - y_2$ とおくと，
$$(a, b) \neq (0, 0), \quad |a| < \sqrt{p}, \quad |b| < \sqrt{p} \qquad \cdots\cdots ④$$
であり，③より
$$a + cb \equiv 0 \pmod{p}$$
$$\therefore\ a \equiv -cb \pmod{p}$$
$$\therefore\ a^2 \equiv c^2 b^2 \pmod{p} \qquad \cdots\cdots ⑤$$
②を⑤に代入して，$a^2 \equiv -b^2 \pmod{p}$
$$\therefore\ a^2 + b^2 \equiv 0 \pmod{p}$$
ここで，④より $0 < a^2 + b^2 < 2p$ であるから
$$a^2 + b^2 = p$$

ところで，p は奇素数であったから，a, b のうち一方は奇数，他方は偶数である．いま b を偶数として $b = 2b'\ (b' \in \mathbb{Z})$ とおくと
$$a^2 + (2b')^2 = p$$
と表すことができる．こうして(5)が示されたことになる．

演習偏 E 補遺と発展問題

> **演習 E12** p を n より大きい素数とする．整数 $a_1, a_2, \cdots, a_n$ に対して，
> $$\sum_{i=1}^{n} a_i, \quad \sum_{i=1}^{n} a_i^2, \quad \cdots, \quad \sum_{i=1}^{n} a_i^n$$
> がそれぞれ p の倍数であるとき，$a_1, a_2, \cdots, a_n$ はすべて p の倍数であることを示せ．

Comment 数学的帰納法で証明できます．

|解答例|

n に関する帰納法で示す．$n=1$ のときは明らかに成り立つので，1 以上のある n について命題が成り立つとする．このとき，整数 $a_1, a_2, \cdots, a_n, a_{n+1}$ に対して，

$$\sum_{i=1}^{n+1} a_i, \quad \sum_{i=1}^{n+1} a_i^2, \quad \cdots, \quad \sum_{i=1}^{n+1} a_i^n, \quad \sum_{i=1}^{n+1} a_i^{n+1}$$

が，それぞれ $p\ (>n+1)$ の倍数であるとき，$a_1, a_2, \cdots, a_n, a_{n+1}$ はすべて p の倍数であることを示しておけばよい．いま，

$$f(x) = (x-a_1)(x-a_2)\cdots\cdots(x-a_n)(x-a_{n+1})$$
$$= x^{n+1} + A_1 x^n + A_2 x^{n-1} + \cdots\cdots + A_n x + A_{n+1}$$

とおくと，$A_i \in \mathbb{Z}\ (i=1,2,\cdots,n,n+1)$ であり，このとき，各 a_i について，

$$f(a_i) = a_i^{n+1} + A_1 a_i^n + A_2 a_i^{n-1} + \cdots + A_n a_i + A_{n+1} = 0$$

$$\therefore \sum_{i=1}^{n+1} f(a_i) = \sum_{i=1}^{n+1} a_i^{n+1} + A_1 \sum_{i=1}^{n+1} a_i^n + \cdots + A_n \sum_{i=1}^{n+1} a_i + (n+1)A_{n+1} = 0$$

ここで，仮定から $\sum_{i=1}^{n+1} a_i,\ \sum_{i=1}^{n+1} a_i^2,\ \cdots,\ \sum_{i=1}^{n+1} a_i^n,\ \sum_{i=1}^{n+1} a_i^{n+1}$ はすべて p の倍数であるから，

$$(n+1)A_{n+1} = (n+1)(-1)^{n+1} a_1 a_2 \cdots\cdots a_n a_{n+1}$$

は p の倍数である．したがって，$p > n+1$ に注意する（$n+1$ は p で割り切れない）と，$a_1, a_2, \cdots, a_n, a_{n+1}$ のうち少なくとも 1 つは p の倍数である．

したがって，問題は n 個の場合に帰着されるので，帰納法の仮定から，

$$a_1, a_2, \cdots, a_n, a_{n+1} \text{ はすべて } p \text{ の倍数である}$$

ことが証明されたことになる． ∎

> **演習 E13** $a_0, a_1, \cdots, a_n$ が整数で，$a_0 \neq 0$ ($n \geq 1$) のとき，
> $$f(x) = a_0 x^n + a_1 x^{n-1} + \cdots + a_n$$
> は，x が任意の整数値を取るとき，常に素数を表すことは不可能であることを示せ．

Comment 合同式を利用して証明します．

解答例

　$a_0 \neq 0$，$n \geq 1$ であるから，整数 x を適当に選べば，$f(x)$ は 1 または -1 以外の値をとる．いま，$x = m$ をそのような整数の 1 つとして，
$$f(m) = N \quad (N \neq \pm 1)$$
とする．$k = 0, \pm 1, \pm 2, \cdots$ に対して
$$a_0(m+kN)^n \equiv a_0 m^n \pmod{N}$$
$$a_1(m+kN)^{n-1} \equiv a_1 m^{n-1} \pmod{N}$$
$$\cdots\cdots\cdots\cdots\cdots\cdots\cdots\cdots\cdots$$
$$a_{n-1}(m+kN) \equiv a_{n-1} m \pmod{N}$$
$$a_n \equiv a_n \pmod{N}$$
であるから，これらを辺々加えれば定理 4.2 により，
$$f(m+kN) \equiv f(m) \pmod{N}$$
$f(m) = N$ だから，$f(m+kN) \equiv N \pmod{N}$
$$\therefore \quad f(m+kN) \equiv 0 \pmod{N}$$
となり，$f(m+kN)$ は N の倍数となって素数でないことがわかる．したがって，$f(x)$ はすべての整数値に対して素数を表すことは不可能である．■

《参考》　この問題から，素数だけを表現する 1 変数の多項式は，一般に存在しないことが分かった．有限個の連続する整数に対しては，オイラーが
$$f(n) = n^2 + n + 41$$
という 2 次式を作っていて，実際 $n = 0, 1, 2, \cdots, 39$ に対して $f(n)$ はすべて素数になる．しかし，$f(40) = 41^2$ となりこれは素数ではない．

　素数を表す式の研究はこれまで多くの数学者によってなされてきたが，その歴史は挫折と諦念のそれであった．しかし，1971 年，当時のソ連（現在のロシア）の若き

演習偏 **E** 補遺と発展問題

　数学者マチアセビッチは，素数または負の整数しか表さない多項式を作り出した．これについてもう少し詳しく説明してみよう．
　素数を表す多項式 $f(x_1, x_2, \cdots, x_n)$ とは，整数係数の多項式で次の 2 つの性質を持つものである．
（I） $x_1, x_2, \cdots, x_n$ に自然数の値を代入したとき，
$$f(x_1, x_2, \cdots, x_n) > 0 \text{ ならば，} f(x_1, x_2, \cdots, x_n) \text{ は素数}$$
　である．
（II）どのような素数 p に対しても，
　　適当に自然数 $x_1, x_2, \cdots, x_n$ を選ぶと，
$$p = f(x_1, x_2, \cdots, x_n)$$
　となる．
　このような多項式 $f(x_1, x_2, \cdots, x_n)$ は存在するのであろうか？ この問題にはじめて肯定的に答えたのが，先ほど紹介したマチアセビッチである．
　彼が最初に作った式は 24 変数であった．4 年後，最初の結果を改良して 14 変数の式を作ったが，わが国の和田秀男氏は 12 変数の式を作った．その後，さらにマチアセビッチは 10 変数の式を作ってみせたが，これはなんと 11281 次式（！）であった．もっと，変数の個数を下げられると予想されるが，どこまで下げられるかについては，まだ分かっていない．
　いま証明したように 1 変数では不可能であることは分かっているが，2 変数ではどうか？ おそらくは不可能であろうが，これについてもまだ証明できていない（はずだ，少なくとも 1980 年までには証明できていない）．こうした問題に興味がある人は和田秀男著『数の世界――整数論への道』(岩波書店)にあたってみることを薦めておく．

> **演習 E 14** 素数を表す多項式（E 13 で紹介した意味で）は 2 変数以上必要であることを証明せよ．

Comment E 13 で示したことから明らかですが，ここでは「解析的」に証明してみます．以下の証明は E 13 で紹介した和田秀男氏の『数の世界—整数論への道』に拠るものです．

【解答例】

もし，1 変数で得られたとして，
$$f(x) = a_0 x^n + a_1 x^{n-1} + \cdots + a_n \quad (a_0, a_1, \cdots, a_n \in \mathbb{Z})$$
が素数を表す多項式であったとする．つまり，$f(x)$ は

（I）x を自然数としたとき，$f(x) > 0$ ならば $f(x)$ は素数である．

（II）任意の素数 p に対して $p = f(x)$ となる自然数 x が存在する．

の 2 条件を満たしているとする．このとき，（II）から $f(x)$ は無限に多くの正の値をとらなければならないから，$a_0 > 0$ でなければならない．実際，

$a_0 < 0$ とし，x を，
$$x > M \underset{put}{=} |a_1| + |a_2| + \cdots + |a_n|$$
を満たす自然数とすると，
$$a_1 x^{n-1} + a_2 x^{n-2} + \cdots + a_n$$
$$\leq |a_1 x^{n-1} + a_2 x^{n-2} + \cdots + a_n|$$
$$\leq |a_1| x^{n-1} + |a_2| x^{n-2} + \cdots + |a_n|$$
$$\leq |a_1| x^{n-1} + |a_2| x^{n-1} + \cdots + |a_n| x^{n-1}$$
$$= (|a_1| + |a_2| + \cdots + |a_n|) x^{n-1}$$
$$= M x^{n-1} < x^n \leq -a_0 x^n$$
$$\therefore \quad f(x) = a_0 x^n + a_1 x^{n-1} + a_2 x^{n-2} + \cdots + a_n < 0$$

したがって，$f(x)$ は $1 \leq x \leq M$ の間の有限個の自然数に対してのみ正になってしまい，仮定に反する．

$a_0 > 0$ ならば，$x > M$ のとき，上と同じ計算により
$$|a_1 x^{n-1} + a_2 x^{n-2} + \cdots + a_n| < a_0 x^n$$
$$\therefore \quad f(x) \geq a_0 x^n - |a_1 x^{n-1} + a_2 x^{n-2} + \cdots + a_n| > 0$$

また，$f(x)$ を微分すると，
$$f'(x) = na_0 x^{n-1} + (n-1)a_1 x^{n-2} + \cdots + a_{n-1}$$
で，$na_0 > 0$ であるから x を
$$x > N \underset{put}{\equiv} (n-1)|a_1| + (n-2)|a_2| + \cdots + |a_{n-1}|$$
のようにとると，
$$|(n-1)a_1 x^{n-2} + (n-2)a_2 x^{n-3} + \cdots + a_{n-1}|$$
$$\leq (n-1)|a_1|x^{n-2} + (n-2)|a_2|x^{n-3} + \cdots + |a_{n-1}|$$
$$\leq (n-1)|a_1|x^{n-2} + (n-2)|a_2|x^{n-2} + \cdots + |a_{n-1}|x^{n-2}$$
$$= \{(n-1)|a_1| + (n-2)|a_2| + \cdots + |a_{n-1}|\}x^{n-2}$$
$$= Nx^{n-2} < x^{n-1} \leq na_0 x^{n-1}$$
$$\therefore -na_0 x^{n-1} < (n-1)a_1 x^{n-2} + (n-2)a_2 x^{n-3} + \cdots + a_{n-1}$$
$$na_0 x^{n-1} + (n-1)a_1 x^{n-2} + (n-2)a_2 x^{n-3} + \cdots + a_{n-1} > 0$$

すなわち，$f'(x) > 0$ となり，$x > N$ のときは $f(x)$ は単調増加である．よって，M と N のうち，大きい方を L とおくと，
$$x > L \implies f(x) > 0, \quad f(x) < f(x+1)$$
となる．したがって，$m > L$ ならば（Ⅰ）から $f(m)$ は素数でなければならず，いま $f(m) = p$，$n = m + p$ とおくと，$f(n) > f(m) = p$ であり，しかも
$$f(n) = f(m+p) \equiv f(m) = p \equiv 0 \pmod{p}$$
となる．つまり，$f(n)$ は p より大きく，p で割り切れる．これは $f(n)$ が素数でないことを意味しているので（Ⅰ）に反する．よって，1変数で素数を表す多項式は作れない． ∎

演習 E15　13 を法とする原始根をすべて求めよ．

Comment　理論編の第 7 章で述べた定義を思い出してください．
整数を 13 で割ったときの，0 以外の余りの集合は
$$K = \{1, 2, 3, 4, 5, 6, 7, 8, 9, 10, 11, 12\}$$
です．整数 n を 13 で割ったときの余りを $\overline{n}$ とかくことにすると，g が 13 を法とする原始根であるとは
$$\{\overline{g^0},\ \overline{g^1},\ \overline{g^2},\ \overline{g^3},\ \overline{g^4},\ \overline{g^5},\ \overline{g^6},\ \overline{g^7},\ \overline{g^8},\ \overline{g^9},\ \overline{g^{10}},\ \overline{g^{11}}\}$$
が集合 K と一致することにほかなりません．

解答例

$a = 1, 2, \cdots, 12$ として，$\overline{a^n}\ (n = 0, 1, 2, \cdots, 11)$ を調べると以下のようになる．

a \ n	0	1	2	3	4	5	6	7	8	9	10	11
1	1											
2	1	2	4	8	3	6	12	11	9	5	10	7
3	1	3	9	1								
4	1	4	3	12	9	10	1					
5	1	5	12	8	1							
6	1	6	10	8	9	2	12	7	3	5	4	11
7	1	7	10	5	9	11	12	6	3	8	4	2
8	1	8	12	5	1							
9	1	9	3	1								
10	1	10	9	12	3	4	1					
11	1	11	4	5	3	7	12	2	9	8	10	6
12	1	12	1									

以上のことから 13 を法とする原始根 g は
$$g = 2,\ 6,\ 7,\ 11$$
■

《参考》　3 を法とする原始根は 2, 5 を法とする原始根は 2, 3, 7 を法とする原始根は 3, 5, 11 を法とする原始根は 2, 6, 7, 8 である．それぞれについて各自で確認してみるとよい．

演習偏 E 補遺と発展問題

演習 E.16 p を 5 以上の素数とする．p の互いに合同でないすべての原始根を $g_1, g_2, \cdots, g_k$ ($k = \varphi(p-1)$) とする．このとき
$$g_1 g_2 \cdots g_k \equiv 1 \pmod{p}$$
が成り立つことを証明せよ．

Comment g と p を法とする原始根の 1 つとすると，$\varphi(p-1)$ 個の元 g^s $((s, p-1) = 1)$ はすべて p を法とする原始根であり，かつ原始根はこれらに限られる，ということを思い起こしてください．

解答例

g を原始根の 1 つとすると，$k = \varphi(p-1)$ (個) の原始根は，
$$g^s \quad ((s, p-1) = 1, \ 1 \leq s \leq p-1)$$
の形でかけるので
$$g_1 g_2 \cdots g_k = \prod_{(s, p-1)=1} g^s = g^{\sum_{(s, p-1)=1} s}$$

ここで $\sum_{(s, p-1)=1} s$ は $p-1$ と互いに素である s についての和であるが，
$$(s, p-1) = 1 \iff (p-1-s, p-1) = 1$$
であるから

$$\sum_{(s, p-1)=1} s = \sum_{\substack{(s, p-1)=1 \\ s < \frac{p-1}{2}}} s + \sum_{\substack{(s, p-1)=1 \\ s > \frac{p-1}{2}}} s$$

$$= \sum_{\substack{(s, p-1)=1 \\ s < \frac{p-1}{2}}} s + \sum_{\substack{(s, p-1)=1 \\ s < \frac{p-1}{2}}} (p-1-s)$$

$$= \sum_{\substack{(s, p-1)=1 \\ s < \frac{p-1}{2}}} \{s + (p-1-s)\} = \sum_{\substack{(s, p-1)=1 \\ s < \frac{p-1}{2}}} (p-1) = \frac{\varphi(p-1)}{2} \times (p-1)$$

$$= l(p-1) \quad \left(\varphi(p-1) \text{ は偶数だから，} l = \frac{\varphi(p-1)}{2} \text{ は整数}\right)$$

したがって，$\sum_{(s, p-1)=1} s$ は $p-1$ で割り切れる．

$$\therefore \ g^{\sum_{(s, p-1)=1} s} = g^{l(p-1)} = (g^{p-1})^l \equiv 1 \quad (\because \ g^{p-1} \equiv 1 \pmod{p})$$

$$\therefore \ g_1 g_2 \cdots g_k \equiv 1 \pmod{p} \qquad \blacksquare$$

> **演習 E17** p を素数とする．法 p に関する a の指数が $e\ (>1)$ ならば，
> $$1+a+\cdots+a^{e-2}+a^{e-1} \equiv 0 \pmod{p}$$
> が成り立つことを示せ．

***C**omment* 指数の定義がポイントになります．

[解答例]

指数の定義から
$$a^e \equiv 1 \pmod{p} \iff 1-a^e \equiv 0 \pmod{p}$$
$$\therefore\ (1-a)(1+a+\cdots+a^{e-1}+a^{e-2}) \equiv 0 \pmod{p} \quad \cdots\cdots\cdots\cdots ①$$
ここで，$e>1$ より
$$a \not\equiv 1 \pmod{p} \iff 1-a \not\equiv 0 \pmod{p}$$
であるから，①より
$$1+a+\cdots+a^{e-2}+a^{e-1} \equiv 0 \pmod{p}$$
が成り立つ． ■

《参考》 $p=5$，$a=2$ とすると，法 5 に関する a の指数は 4 であり，
$$1+2+2^2+2^3 = 15 \equiv 0 \pmod{5}$$
となって，上の問題で確認したことが成り立っている．

演習偏 E 補遺と発展問題

> **演習 E18** p を 3 以上の素数とする．このとき p の原始根を用いてウィルソンの定理；
> $$(p-1)! \equiv -1 \pmod{p}$$
> を証明せよ．

Comment g を原始根として，$g^0, g^1, \cdots, g^{p-2}$ をすべて掛け合せたものを考えます．

解答例

素数 p の原始根の 1 つを g とする．いま
$$g^i \ (i=0,1,\cdots,p-2) \text{ を } p \text{ で割った余りを } r_i$$
とする．すなわち
$$g^i \equiv r_i \pmod{p}$$
とすると，
$$i \neq j \ (0 \leq i, j \leq p-2) \implies r_i \not\equiv r_j \pmod{p}$$
であるから，$\{r_0, r_1, r_2, \cdots, r_{p-2}\}$ と $\{1, 2, 3, \cdots, p-1\}$ とは集合として一致する．したがって，
$$1 \cdot 2 \cdot 3 \cdot \cdots \cdot (p-1) = r_0 r_1 r_2 \cdots r_{p-2}$$
$$\equiv g^0 g^1 g^2 \cdots g^{p-2} = g^{0+1+2+\cdots+(p-2)} \pmod{p}$$
$$\therefore \ (p-1)! \equiv g^{\frac{(p-2)(p-1)}{2}} \pmod{p} \qquad \cdots\cdots\cdots\text{①}$$

ここで，$g^{\frac{(p-2)(p-1)}{2}} = (g^{\frac{p-1}{2}})^{p-2}$ $\qquad \cdots\cdots\cdots\text{②}$

である．一方，g が原始根であることから
$$g^{p-1} - 1 = (g^{\frac{p-1}{2}})^2 - 1$$
$$= (g^{\frac{p-1}{2}} + 1)(g^{\frac{p-1}{2}} - 1) \equiv 0 \pmod{p}$$
であり，$g^e \equiv 1 \pmod{p}$ を満たす最小の e は $p-1$ であるから，
$$g^{\frac{p-1}{2}} \not\equiv 1 \pmod{p} \qquad \therefore \ g^{\frac{p-1}{2}} - 1 \not\equiv 0 \pmod{p}$$
$$\therefore \ g^{\frac{p-1}{2}} + 1 \equiv 0 \pmod{p} \qquad \therefore \ g^{\frac{p-1}{2}} \equiv -1 \pmod{p} \qquad \cdots\cdots\cdots\text{③}$$

③を②に代入すると，$p-2$ は奇数であるから
$$g^{\frac{(p-2)(p-1)}{2}} \equiv (-1)^{p-2} = -1 \pmod{p}$$
となり，これを①に代入して，
$$(p-1)! \equiv -1 \pmod{p}$$
を得る． ∎

310

> **演習 E19** p を素数とする．k が $p-1$ で割り切れないならば，
> $$1^k+2^k+3^k+\cdots+(p-1)^k \equiv 0 \pmod{p}$$
> が成り立つことを示せ．

Comment
原始根を利用して証明する，というのが定石です．

解答例

g を素数 p の原始根とすると，
$$1,\ g,\ g^2,\ \cdots,\ g^{p-2}$$
は全体として，
$$1,\ 2,\ 3,\ \cdots,\ p-1$$
と法 p に関して合同になる．したがって
$$\begin{aligned}
&1^k+2^k+3^k+\cdots+(p-1)^k \\
&\equiv 1+(g^1)^k+(g^2)^k+\cdots+(g^{p-2})^k \\
&= \frac{(g^k)^{p-1}-1}{g^k-1} = \frac{(g^{p-1})^k-1}{g^k-1} \pmod{p}
\end{aligned}$$

ここで，$g^{p-1} \equiv 1 \pmod{p}$，$p-1 \nmid k$ に注意すると，

分子は，$(g^{p-1})^k - 1 \equiv 1^k - 1 \equiv 0 \pmod{p}$

分母は，$g^k - 1 \not\equiv 0 \pmod{p}$

であるから，
$$\frac{(g^{p-1})^k-1}{g^k-1} \equiv 0 \pmod{p}$$
となり，題意の等式が示されたことになる． ∎

演習偏 E　補遺と発展問題

> **演習 E20**　3以上の整数 n を勝手に与える．このとき，平面上に次の条件を満たすような n 個の点が存在することを示せ．
>
> "任意の2点間の距離が無理数で，どの3点も必ず三角形を作り，その面積が有理数である．"
>
> ('87年ハバナ大会)

Comment　これは，簡単な問題です．大学入試問題として出題されてもおかしくはありません．$\sqrt{1+m^2}$ $(m \in \mathbb{Z})$ が無理数になる，というのがポイントです．この証明は A 30 を参照してください．

[解答例]

右図のような放物線 $y = x^2$ 上の $n(\geq 3)$ 個の格子点の集合 G が条件を満たす．実際，G の任意の2点を $A(a, a^2)$，$B(b, b^2)$ とすると

$$AB = \sqrt{(b-a)^2 + (b^2-a^2)^2}$$
$$= |b-a|\sqrt{1+(b+a)^2}$$

であり，$\sqrt{1+m^2}$ $(m \in \mathbb{Z})$ は無理数であるから，任意の2点間の距離は無理数である．

次に G からとってきた任意の3点を $A(a, a^2)$，$B(b, b^2)$，$C(c, c^2)$　$(a<b<c)$ とすると，点 B は放物線弧 AC 上にあり，3点 A, B, C は同一直線上には並ばないので，必ず三角形を作る．

また，その面積を S とすると

$$S = \int_a^c \{-(x-c)(x-a)\}dx - \int_a^b \{-(x-a)(x-b)\}dx - \int_b^c \{-(x-b)(x-c)\}dx$$
$$= \frac{1}{6}(c-a)^3 - \frac{1}{6}(b-a)^3 - \frac{1}{6}(c-b)^3$$

となるので，S は有理数になる．

よって，題意は示された．　■

注　S はさらに

$$S = \frac{1}{6}\{(c-a)^3 + (a-b)^3 + (b-c)^3\}$$

$$= \frac{1}{6}\{\underline{(c-a)^3 + (a-b)^3 + (b-c)^3 - 3(c-a)(a-b)(b-c)} + 3(c-a)(a-b)(b-c)\}$$

312

と変形できて，〰〰〰の部分は
$$A = c-a, \quad B = a-b, \quad C = b-c$$
とおくと
$$A^3+B^3+C^3-3ABC$$
$$=(A+B+C)(A^2+B^2+C^2-AB-BC-CA)$$
$$=0 \quad (\because \; A+B+C=0)$$
となるので
$$S = \frac{1}{6} \cdot 3(c-a)(a-b)(b-c)$$
$$= \frac{1}{2}(c-a)(a-b)(b-c)$$
とかける．

《参考》 $\overrightarrow{AB} = \begin{pmatrix} b-a \\ b^2-a^2 \end{pmatrix} = (b-a)\begin{pmatrix} 1 \\ b+a \end{pmatrix}$

$\overrightarrow{AC} = \begin{pmatrix} c-a \\ c^2-a^2 \end{pmatrix} = (c-a)\begin{pmatrix} 1 \\ c+a \end{pmatrix}$ であるから

$$S = \frac{1}{2}|(b-a)(c-a)||(c+a)-(b+a)|$$
$$= \frac{1}{2}|(b-a)(c-a)(c-b)|$$
$$= \frac{1}{2}(c-a)(a-b)(b-c) \quad (\because \; a<b<c)$$

さらに，線形代数学でよく知られた公式；
$$S = \frac{1}{2}\begin{vmatrix} a & a^2 & 1 \\ b & b^2 & 1 \\ c & c^2 & 1 \end{vmatrix}$$
を用いて
$$S = \frac{1}{2}\{a(b^2-c^2)-b(a^2-c^2)+c(a^2-b^2)\}$$
$$= \frac{1}{2}\{-(b-c)a^2+(b-c)(b+c)a-bc(b-c)\}$$
$$= \frac{1}{2}\{-(b-c)\}\{a^2-(b+c)a+bc\}$$
$$= \frac{1}{2}\{-(b-c)\}(a-b)(a-c)$$
$$= \frac{1}{2}(c-a)(a-b)(b-c)$$

と計算してもよい．

演習篇 E 補遺と発展問題

> **演習 E21** x と y は互いに素な正整数で，$xy \neq 1$ とし，n は正の偶数とする．このとき，$x+y$ は x^n+y^n の約数ではないことを証明せよ．('92年 本選)

Comment "日本数学オリンピック本選"の問題としては，比較的易しい問題です．これも，大学入試問題として出題されても不思議ではありません．背理法が王道でしょう．

解答例

$x+y$ が x^n+y^n の約数であると仮定すると
$$x^n+y^n = k(x+y) \quad (k \in \mathbb{Z}) \qquad \cdots\cdots\text{①}$$
とおける．また，n が正の偶数であるから
$$\begin{aligned}x^n-y^n &= (x^2)^{\frac{n}{2}}-(y^2)^{\frac{n}{2}} \\ &= (x^2-y^2)\{(x^2)^{\frac{n}{2}-1}+(x^2)^{\frac{n}{2}-2}(y^2)+\cdots+(y^2)^{\frac{n}{2}-1}\} \\ &= (x+y)(x-y)(x^{n-2}+x^{n-4}y^2+\cdots+y^{n-2})\end{aligned}$$
したがって，x^n-y^n は $x+y$ でも割り切れる．すなわち
$$x^n-y^n = l(x+y) \quad (l \in \mathbb{Z}) \qquad \cdots\cdots\text{②}$$
①+②より　　$2x^n = (k+l)(x+y)$
①-②より　　$2y^n = (k-l)(x+y)$
$$\therefore \ (2x^n, 2y^n) \geqq x+y \qquad \cdots\cdots\text{③}$$
一方，x と y は互いに素であるから，$(x, y) = 1$
$$\therefore \ (x^n, y^n) = 1$$
$$\therefore \ (2x^n, 2y^n) = 2 \qquad \cdots\cdots\text{④}$$
③，④より　　$2 \geqq x+y$
x, y は正整数であったので，$x+y = 2$
$$\therefore \ x = y = 1$$
これは $xy \neq 1$ に反する．よって題意は示された．　■

314

演習 E22 $1^{2001}+2^{2001}+3^{2001}+\cdots+2000^{2001}+2001^{2001}$ を 13 で割ったときの余りを求めよ。

（'01 年 予選）

***C**omment* E 19 の結果を利用して余りを求める方法もありますが，ここではもっと素朴にやってみましょう．

解答例

$$S = 1^{2001}+2^{2001}+\cdots+k^{2001}+\cdots+2001^{2001} \qquad \cdots\cdots\cdots\cdots ①$$

とおくと，S は

$$S = 2001^{2001}+2000^{2001}+\cdots+(2002-k)^{2001}+\cdots+1^{2001} \qquad \cdots\cdots\cdots\cdots ②$$

ともかけるので，①，②を辺々加えて

$$2S = \sum_{k=1}^{2001}\{k^{2001}+(2002-k)^{2001}\} \qquad \cdots\cdots\cdots\cdots ③$$

ここで，$2002 = 13\cdot 154$ であるから，

$\qquad 2002 \equiv 0 \pmod{13}$

$\qquad \therefore\ (2002-k)^{2001} \equiv -k^{2001} \pmod{13}$

$\qquad \therefore\ k^{2001}+(2002-k)^{2001} \equiv k^{2001}-k^{2001} = 0 \pmod{13}$

すなわち，$k^{2001}+(2002-k)^{2001} \equiv 0 \pmod{13}$

したがって，③より $2S \equiv 0 \pmod{13}$

$(2, 13) = 1$ だから $S \equiv 0 \pmod{13}$

よって，S を 13 で割った余りは **0** ■

《参考》 E19 の結果を用いると，13 は素数，2001 は 12 で割り切れないので，

$\qquad 0^{2001}+1^{2001}+2^{2001}+\cdots+12^{2001} \equiv 0 \pmod{13} \qquad \cdots\cdots\cdots\cdots ①$

また，

$\qquad 0 \equiv 13 \equiv 26 \equiv \cdots \equiv 1989 \pmod{13}$

$\qquad 1 \equiv 14 \equiv 27 \equiv \cdots \equiv 1990 \pmod{13}$

$\qquad 2 \equiv 15 \equiv 28 \equiv \cdots \equiv 1991 \pmod{13}$

$\qquad \cdots\cdots\cdots\cdots\cdots\cdots\cdots\cdots\cdots\cdots\cdots\cdots$

$\qquad 12 \equiv 25 \equiv 38 \equiv \cdots \equiv 2001 \pmod{13}$

315

であるから
$$13^{2001}+14^{2001}+15^{2001}+\cdots+25^{2001} \equiv 0 \pmod{13} \quad \cdots\cdots\cdots\cdots ②$$
$$26^{2001}+27^{2001}+28^{2001}+\cdots+38^{2001} \equiv 0 \pmod{13} \quad \cdots\cdots\cdots\cdots ③$$
$$\cdots\cdots\cdots\cdots\cdots\cdots\cdots\cdots\cdots\cdots\cdots\cdots\cdots\cdots\cdots$$
$$1989^{2001}+1990^{2001}+1991^{2001}+\cdots+2001^{2001} \equiv 0 \pmod{13} \quad \cdots\cdots\cdots\cdots ⑭$$
したがって，①～⑭までの式を辺々加えて
$$0^{2001}+1^{2001}+2^{2001}+3^{2001}+\cdots+2000^{2001}+2001^{2001} \equiv 0 \pmod{13}$$
よって，余りは 0 である．

> **演習 E23** 関数 $f(x)$ は任意の整数 x に対し定義され，整数の値をとる関数で，次の(1)～(4)を満たすものとする．
> (1) $0 \leqq f(x) \leqq 1996$　（x は任意整数）
> (2) $f(x+1997) = f(x)$　（x は任意整数）
> (3) $f(xy) \equiv f(x)f(y) \mod 1997$　（x, y は任意整数）
> (4) $f(2) = 999$
>
> このような関数 $f(x)$ はただひとつだけ存在することがわかっているが，このことを利用して，$f(x) = 1000$ を満たす最小の正の整数 x を求めよ．
>
> ただし $a \equiv b \mod n$ とは，a, b を n で割った余りが等しいことを表す．
>
> ('97年 予選)

Comment　(1)～(3)の条件を見ると，$f(x)$ は x を1997で割った余りかな，と思うのですが，しかし，まさかそんなに簡単なはずない，と考え直し，(4)を見て，やっぱりそうだ，と納得するはずです．E15が参考になるかもしれません．1997は素数であり，$p = 1997$ とすると，f は

$$\text{体：} \mathbb{Z}_p = \mathbb{Z}/(p) \ (= \mathbb{Z}/p\mathbb{Z})$$

で定義された準同型写像ということになります．理論編の定義7.2の《参考》を参照してください．問題文の"このような関数 $f(x)$ はただひとつだけ存在することがわかっている"というコメントに注意してください．

解答例

$$2 \times 999 = 1998, \quad 1998 \equiv 1 \pmod{1997}$$
$$\therefore \ 2 \times 999 \equiv 1 \pmod{1997} \qquad \cdots\cdots\cdots\cdots ①$$

したがって(4)より $f(2)$ は $\mathbb{Z}/(1997) - \{0\}$ において定義されている乗法に関して2の逆元，すなわち999を定める関数と予想される．すなわち，一般に

$$xx' \equiv 1 \pmod{1997}$$

のとき $f(x) = x'$ と予想されるが，このとき明らかに(1)～(3)は満足されるので，この予想は正しいことが分かる．したがって

$$f(x) = 1000$$

演習偏 E 補遺と発展問題

$$\iff x \cdot 1000 \equiv 1 \pmod{1997}$$
$$\iff 1000x - 1 = 1997y \ (y \in \mathbb{Z})$$
$$\therefore \ 1000x - 1997y = 1 \quad \cdots\cdots ②$$

②を満たす最小の正の整数 x を求めればよい.

$$② \iff 1000(x-y) - 997y = 1$$
$$\iff 1000z - 997y = 1 \ (z = x-y)$$
$$\iff 3z - 997(y-z) = 1$$
$$\iff 3z - 997u = 1 \ (u = y-z)$$
$$\iff 3(z - 332u) - u = 1$$
$$\iff 3v - u = 1 \ (v = z - 332u)$$

$\therefore \ u = 3k+2, \ v = k+1 \ (k \in \mathbb{Z})$

$\therefore \ z = v + 332u = (k+1) + 332(3k+2) = 997k + 665$

$\therefore \ y = u + z = (3k+2) + (997k+665) = 1000k + 667$

$\therefore \ x = z + y = (997k+665) + (1000k+667) = 1997k + 1332$

よって, 最小の正の整数 x は $k = 0$ のとき得られて

$$x = \mathbf{1332} \qquad \blacksquare$$

《参考》

$$\begin{cases} 1000 \times 2 \equiv 3 \pmod{1997} & \cdots\cdots ③ \\ 3 \times 666 \equiv 1 \pmod{1997} & \cdots\cdots ④ \end{cases}$$

③の両辺に 666 をかけると

$$1000 \times 2 \times 666 \equiv 3 \times 666 \pmod{1997}$$

④を代入して, $1000 \times 1332 \equiv 1 \pmod{1997}$

$$\therefore \ f(1000) = 1332$$

このようにして求めることもできる.

演習 E24 $2n^2+1$, $3n^2+1$, $6n^2+1$ がどれも平方数であるような正整数 n は存在しないことを示せ．

('04年 本選)

Comment ヒントつきならば，大学入試にも出そうな問題です．連続する平方数の間には平方数が存在しない．すなわち，

$$M^2 < N^2 < (M+1)^2 \quad (M, N \in \mathbb{N})$$

を満たす平方数 N^2 は存在しない．という当たり前のことが証明のポイントになります．

[解答例]

$2n^2+1$, $3n^2+1$, $6n^2+1$ がすべて平方数とすると，これらの 3 数をかけあわせたものも平方数で，いまそれを N^2 とすると

$$\begin{aligned}
N^2 &= (2n^2+1)(3n^2+1)(6n^2+1) \\
&= (6n^4+5n^2+1)(6n^2+1) \\
&= 36n^6+36n^4+11n^2+1 \\
&= (6n^3+3n)^2+2n^2+1 \\
&> (6n^3+3n)^2 \quad\quad\quad\quad\quad\quad\quad\quad\quad\quad\quad\quad \cdots\cdots\cdots①
\end{aligned}$$

また，

$$\begin{aligned}
(6n^3&+3n+1)^2 \\
&= (6n^3+3n)^2+2(6n^3+3n)+1 \\
&= (6n^3+3n)^2+12n^2+6n+1 \\
&> (6n^3+3n)^2+2n^2+1 = N^2 \quad\quad\quad\quad\quad \cdots\cdots\cdots②
\end{aligned}$$

すなわち，$M=6n^3+3n$ とおくと，①，②より

$$M^2 < N^2 < (M+1)^2$$

となり，これは明らかに不合理である．よって，3 つの数がどれも平方数であるような正整数 n は存在しない． ∎

演習偏 E　補遺と発展問題

演習 E25　左から順に $a_1, a_2, \cdots, a_{3n}$ と書かれた $3n$ 枚のカードが並んでいるとき，以下のような（ⅰ），（ⅱ）の操作をすることを，シャッフルと呼ぶことにする．

（ⅰ）次の(B)のように，(A)を3つの行に分ける．

$$a_1, a_2, a_3, \quad a_4, a_5, a_6, \quad a_7, a_8, a_9, \cdots, a_{3n-2}, a_{3n-1}, a_{3n} \quad \text{(A)}$$

$$a_1, a_4, a_7, \cdots, a_{3n-2}$$
$$a_2, a_5, a_8, \cdots, a_{3n-1} \quad \text{(B)}$$
$$a_3, a_6, a_9, \cdots, a_{3n}$$

（ⅱ）次の(C)のように，上の(B)の3つの行をつなげる．

$$a_3, a_6, a_9, \cdots, a_{3n}, a_2, a_5, a_8, \cdots, a_{3n-1}, a_1, a_4, a_7, \cdots, a_{3n-2} \quad \text{(C)}$$

例えば，左から $1, 2, 3, 4, 5, 6$ と並んだ6枚のカードを1回，2回，…とシャッフルしていくと

$$1, 2, 3, 4, 5, 6$$
$$3, 6, 2, 5, 1, 4$$
$$2, 4, 6, 1, 3, 5$$
$$\cdots\cdots$$

となっていく．このとき以下の問に答えよ．

問　左から $1, 2, 3, 4, \cdots, 190, 191, 192$ と並んだ192枚のカードを何回かシャッフルすると，これが $192, 191, 190, \cdots, 4, 3, 2, 1$ の順番になることはあるか．　　　　　　　　　　　　　　　（'00年　本選）

Comment　C25 の類題です．合同式を利用するのは C25 と同じです．

解答例

$$a_1 \; \boxed{\textit{a}_2} \; \boxed{a_3} \;\Big|\; a_4 \; \boxed{\textit{a}_5} \; \boxed{a_6} \;\Big|\; \cdots\cdots \;\Big|\; a_{3n-2} \; \boxed{\textit{a}_{3n-1}} \; \boxed{a_{3n}}$$

$$\Downarrow \text{操作（ⅰ）,（ⅱ）＝シャッフル}$$

$$\boxed{a_3} \; \boxed{a_6} \; \cdots \; \boxed{a_{3n}} \;\Big|\; \textit{a}_2 \; \textit{a}_5 \; \cdots \; \textit{a}_{3n-1} \;\Big|\; a_1 \; a_4 \; \cdots\cdots \; a_{3n-2}$$

n 枚の□のカード　　n 枚の○のカード　　n 枚の無印カード

左から i 番目 $(1 \leqq i \leqq 3n)$ のカードが1回のシャッフルによって左から $\varphi(i)$ 番目 $(1 \leqq \varphi(i) \leqq 3n)$ の位置にうつるとすると

320

$$\varphi(i) = \begin{cases} \dfrac{i}{3} & (i \equiv 0 \pmod{3}) \\ n + \dfrac{i+1}{3} & (i \equiv 2 \pmod{3}) \\ 2n + \dfrac{i+2}{3} & (i \equiv 1 \pmod{3}) \end{cases}$$

$$\therefore \ 3\varphi(i) = \begin{cases} i & (i \equiv 0 \pmod{3}) \\ i + (3n+1) & (i \equiv 2 \pmod{3}) \\ i + 2(3n+1) & (i \equiv 1 \pmod{3}) \end{cases}$$

$\therefore \ 3\varphi(i) \equiv i \pmod{3n+1}$ ……………①

したがって，シャッフルを 2 回繰返すと，左から i 番目にあったカードは左から $\varphi^2(i)$ 番目の位置にあり，①において i を $\varphi(i)$ とすると

$3\varphi(\varphi(i)) \equiv \varphi(i) \pmod{3n+1}$

$\therefore \ 3^2 \varphi^2(i) \equiv 3\varphi(i) \equiv i \pmod{3n+1}$

$\therefore \ 3^2 \varphi^2(i) \equiv i \pmod{3n+1}$

同様に考えると，シャッフルを k 回行ったとき，初めに左から i 番目にあったカードは，左から $\varphi^k(i)$ 番目にうつり，

$3^k \varphi^k(i) \equiv i \pmod{3n+1}$ ……………②

が成り立つ．

さて，$192 = 3 \times 64$ であるから，k 回シャッフルを行った後に，1, 2, 3, 4, …, 190, 191, 192 が 192, 191, 190, …, 4, 3, 2, 1 と逆に並ぶとき

$\varphi^k(i) = 193 - i$ (for all i) ……………③

$\therefore \ \varphi^k(i) \equiv -i \pmod{193}$ (for all i)

$\therefore \ 3^k \varphi^k(i) \equiv -3^k i \pmod{193}$ (for all i)

$\therefore \ i \equiv -3^k i \pmod{193}$ (for all i) ($\because$ ②)

$\therefore \ (1 + 3^k) i \equiv 0 \pmod{193}$ (for all i)

$\therefore \ 3^k \equiv -1 \pmod{193}$ ……………④

ここで，193 を法として，

$3^4 \equiv 81, \ 3^5 \equiv 50, \ 3^6 \equiv 150, \ 3^7 \equiv 64, \ 3^8 \equiv -1$

であるから④を満たす k は $k = 8$ である．$\varphi^k(i)$ のとる組は 1 から 192 までであったから，このとき③は成り立つ．よって，8 回のシャッフルで題意の順番になる．■

注 $3^{16} \equiv 1 \pmod{193}$ であるから，シャッフルを 16 回行うと，この数列はもとにもどる．

演習篇 E　補遺と発展問題

> **演習 E26**　$(a-1)(b-1)(c-1)$ が $abc-1$ の約数となるような整数 a, b, c, $1 < a < b < c$ をすべて求めよ. 　　　　　　　　（'92 年モスクワ大会）

Comment　大学入試程度の問題というのは言い過ぎでしょうか．不等式を活用します．

解答例

$1 < a < b < c$ より
$$a \geq 2, \quad b \geq 3, \quad c \geq 4 \quad \cdots\cdots① $$

$(a-1)(b-1)(c-1)$ が $abc-1$ の約数であるから
$$abc - 1 = k(a-1)(b-1)(c-1) \quad (k \in \mathbb{N}) \quad \cdots\cdots②$$

とおける．$abc > abc - 1$ と②および①より
$$abc > k(a-1)(b-1)(c-1) \quad \cdots\cdots③$$

$$\therefore \quad \frac{1}{k} > \left(1 - \frac{1}{a}\right)\left(1 - \frac{1}{b}\right)\left(1 - \frac{1}{c}\right)$$
$$\geq \left(1 - \frac{1}{2}\right)\left(1 - \frac{1}{3}\right)\left(1 - \frac{1}{4}\right) = \frac{1}{4}$$

$$\therefore \quad \frac{1}{k} > \frac{1}{4} \qquad \therefore \quad k < 4 \quad \cdots\cdots④$$

また，②より
$$abc - 1 = k(a-1)(b-1)(c-1)$$
$$< k(a-1)bc$$
$$= k(abc - bc)$$

$$\therefore \quad k > \frac{abc-1}{abc-bc} > \frac{abc-bc}{abc-bc} = 1 \quad \cdots\cdots⑤$$

よって，④，⑤より　$1 < k < 4$　　$\therefore \quad k = 2, 3$

さらに，$a \geq 4$ のとき $b \geq 5$, $c \geq 6$ だから③より
$$\frac{1}{k} > \left(1 - \frac{1}{4}\right)\left(1 - \frac{1}{5}\right)\left(1 - \frac{1}{6}\right) = \frac{1}{2}$$
$$\therefore \quad k < 2$$

したがって $a \leq 3$, すなわち $a = 2, 3$ でなければならない．

（ⅰ）$(k, a) = (2, 2)$ のとき

②より，$2bc - 1 = 2(b-1)(c-1)$

$\therefore\ 2bc-1 = 2(bc-b-c+1)$

$\therefore\ 2(b+c) = 3$

これを満たす (b, c) は存在しない.

(ii) $(k, a) = (2, 3)$ のとき

②より, $3bc-1 = 4(b-1)(c-1)$

$\therefore\ 3bc-1 = 4(bc-b-c+1)$

$\therefore\ bc-1 = 4(bc-b-c+1)$

$\therefore\ (b-4)(c-4) = 11$

$0 \leq b-4 < c-4$ より $(b-4,\ c-4) = (1,\ 11)$

$\therefore\ (b, c) = (5, 11)$

(iii) $(k, a) = (3, 2)$ のとき

②より, $2bc-1 = 3(b-1)(c-1)$

$\therefore\ 2bc-1 = 3(bc-b-c+1)$

$\therefore\ bc-3b-3c+4 = 0$

$\therefore\ (b-3)(c-3) = 5$

$0 \leq b-3 < c-3$ より $(b-3,\ c-3) = (1,\ 5)$

$\therefore\ (b, c) = (4, 8)$

(iv) $(k, a) = (3, 3)$ のとき

②より, $3bc-1 = 6(b-1)(c-1)$

$\therefore\ 3bc-1 = 6(bc-b-c+1)$

$\therefore\ 3(-bc+2b+2c) = 7$

これを満たす (b, c) は存在しない.

以上(ⅰ)～(ⅳ)から

$(a,\ b,\ c) = (3,\ 5,\ 11),\ (2,\ 4,\ 8)$ ■

演習編 E　補遺と発展問題

演習 E27　Z_0 で非負整数の全体からなる場合を表す．このとき，Z_0 から Z_0 への写像 f で
$$f(f(n)) = n + 1987 \quad (n \in Z_0)$$
をみたすものは存在しないことを示せ．　　　　　　　　　　　　　　('87 年ハバナ大会)

Comment　この種の問題を解く考え方は，"数学科"では必須アイテムになります．

2つの集合 A, B があって，A から B への写像；
$$f : A \longrightarrow B$$
が与えられているとします．写像とは A の要素 a が1つ定まればそれに応じて B の要素 b が1つ定まるという対応の規則で，$b = f(a)$ などとかきます．

ここで"単射"と"全射"という言葉を定義しておきます．
$$f : 単射 (\text{injection}) \iff [a_1 \neq a_2 \implies f(a_1) \neq f(a_2)]$$
$$f : 全射 (\text{surjection}) \iff f(A) = B$$
ただし，$f(A) = \{f(a) \mid a \in A\}$ です．

これらの言葉が本問を解決するポイントになりますが，さらに，1987 が奇数であることが，最後の鍵を握っています．

解答例

次の(i)～(iii)を証明しておけば題意は示されたことになる．

(i)　$f : Z_0 \longrightarrow Z_0$ は単射である．

(ii)　$f : Z_0 \longrightarrow Z_0$ は全射ではない．

(iii)　$E_1 = Z_0 - D_1$ ($D_1 = f(Z_0)$) とおくと，$|E_1|$ (集合 E_1 の要素の個数) は整数にはならない．

(i)の証明：
$$f(f(n)) = n + 1987 \quad (n \in Z_0) \qquad \cdots\cdots(*)$$
$f : Z_0 \longrightarrow Z_0$ が単射でないとする．すると
$$n_1 \neq n_2 \text{ かつ } f(n_1) = f(n_2)$$
となる n_1, n_2 が Z_0 に存在する．このとき(*)より
$$f(f(n_1)) = f(f(n_2))$$
$$\therefore \quad n_1 + 1987 = n_2 + 1987$$
$$\therefore \quad n_1 = n_2$$
となって，これは仮定に反する．よって，f は単射である．

324

(ⅱ)の証明：

$f : Z_0 \longrightarrow Z_0$ が全射であるとする．このとき $D_1 = f(Z_0)$ とおくと，$D_1 = Z_0$ であるから

$$f(f(Z_0)) = f(D_1) = f(Z_0) = D_1 = Z_0$$

すなわち，$f(f(Z_0)) = \{0, 1, 2, \cdots\}$

一方，(＊)より

$$f(f(Z_0)) = \{1987, 1988, 1989, \cdots\cdots\}$$

これは明らかに不合理である．よって，$D_1 \subsetneq Z_0$．したがって，$E_1 = Z_0 - D_1$ (Z_0 から D_1 を除いた集合) とおくと，$E_1 \neq \phi$ である．

(ⅲ)の証明；

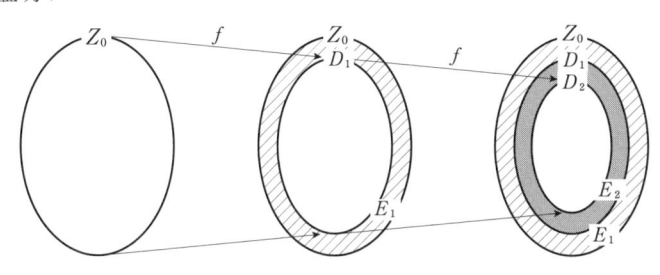

$$D_2 = f(D_1) \cdots\cdots ① \qquad E_2 = f(E_1) \cdots\cdots ②$$

とおく．$Z_0 = D_1 \cup E_1$，$D_1 \cap E_2 = \phi$ であり，f は単射であるから

$$f(Z_0) = f(D_1 \cup E_1) = f(D_1) \cup f(E_1)$$

$\therefore \quad D_1 = D_2 \cup E_2 \ (\because \ ①, \ ②)$

$\therefore \quad E_2 = D_1 - D_2 \ (\because \ D_2 \cap E_2 = \phi)$

f が単射であるから

$$|E_2| = |f(E_1)| = |E_1| \qquad \therefore \ |E_2| = |E_1| \qquad\qquad \cdots\cdots ③$$

また，

$$E_1 \cup E_2 = Z_0 - D_2 = \{0, 1, 2, \cdots, 1986\}$$

$\therefore \ |E_1 \cup E_2| = 1987$

$E_1 \cap E_2 = \phi$ であるから，$|E_1| = |E_2| = e (\in \mathbb{N})$ とおくと

$|E_1| + |E_2| = 1987$

$\therefore \ 2e = 1987 \quad (\because \ ③)$

ところが，これを満たす自然数 e は存在しない．

よって，題意は示された．

演習篇 E　補遺と発展問題

> 演習 E28　正五角形の各頂点に 1 つずつ整数を割り当て，それら 5 つの整数の和が正になるようにする．連続する 3 この頂点に割り当てられた整数を，それぞれ x, y, z とする．このとき，$y<0$ ならば次の操作を行う：
>
> 　　3 つの数 x, y, z をそれぞれ $x+y, -y, z+y$ で置き換える．
>
> 　　5 つの整数のうち少なくとも 1 つが負である限り，上述の操作を繰り返し実行する．有限回の操作の後，この手続きが完了するか否かを決定せよ．
>
> （'86 年ワルシャワ大会）

Comment　これは，実は，E10 で考えた問題とまったく同じ主旨の問題です．ノーヒントでやれ，と言われればやはり難しい問題でしょう．以下，簡単に解答を述べておきますが，行間が読めない人は，E10 の"詳解"を参照してください．

解答例

　右図のような正五角形 $A_1 A_2 A_3 A_4 A_5$ の各頂点に割り当てられた整数を a_i ($i=1, 2, \cdots, 5$) とし，このうち少なくとも 1 つが負であるとしておこう．それをいま，a_j としておく．

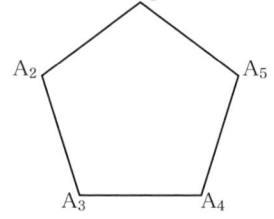

　整数列 $\boldsymbol{a}_0 = (a_1, a_2, a_3, a_4, a_5)$ に対して
$$x = a_{j-1}, \quad y = a_j, \quad z = a_{j+1} \quad (\text{ただし，} a_0 = a_5, \ a_6 = a_1 \text{ とする})$$
とし，題意の操作を施して得られる整数列を
$$\boldsymbol{a}_1 = (a'_1, a'_2, a'_3, a'_4, a'_5)$$
とし，
$$F(\boldsymbol{a}_0) = \sum_{i=1}^{5} (a_{i+1} - a_{i-1})^2 \ (\geqq 0), \quad F(\boldsymbol{a}_1) = \sum_{i=1}^{5} (a'_{i+1} - a'_{i-1})^2 \ (\geqq 0)$$
と定めておく．また，
$$S = \sum_{i=1}^{5} a_i = \sum_{i=1}^{5} a'_i \ (>0)$$
とする．このとき
$$F(\boldsymbol{a}_1) - F(\boldsymbol{a}_0) = 2 a_j S < 0$$
となるから
$$F(\boldsymbol{a}_1) < F(\boldsymbol{a}_0)$$
以下同様の操作を繰り返すと
$$F(\boldsymbol{a}_0) > F(\boldsymbol{a}_1) > F(\boldsymbol{a}_2) > \cdots\cdots$$
のような狭義の単調減少数列が得られるので，いつかは手続きが完了する．■

> 演習 E29　ab^2+b+7 が a^2b+a+b の約数になるような正の整数の組 (a, b) をすべて求めよ．
>
> ('98 年台湾大会)

Comment　A4, A6, A15 で学んだ手法が後に立ちます．決して難しい問題ではありません．

解答例

$$\begin{cases} A = a^2b+a+b = a(ab+1)+b & \cdots\cdots\cdots① \\ B = ab^2+b+7 = b(ab+1)+7 & \cdots\cdots\cdots② \end{cases}$$

とおく．①，②より $ab+1$ を消去すると

$$bA - aB = b^2 - 7a$$

$B|A$ かつ $B|B$ であるから　$B|b^2-7a$

∴　$ab^2+b+7 | b^2-7a$　　　　　　　　　　　　　　$\cdots\cdots\cdots③$

（ⅰ）$b^2-7a>0$ のとき

　③より $ab^2+b+7 < b^2-7a$　　　　　　　　　　　$\cdots\cdots\cdots④$

ところが，$ab^2+b+7 \geqq b^2+b+7 > b^2-7a$　（∵ a, b は正の整数）

であるから④は成立しない．

（ⅱ）$b^2-7a=0$ のとき

　このとき③は成り立ち，$b^2=7a$

　　　∴　$7|b^2$　　　∴　$7|b$

そこで，$b=7k$ ($k \in \mathbb{N}$) とおくと，$a=7k^2$ となり，

このとき，①，②より

$$A = 7k^2(49k^3+1)+7k = 7k(49k^4+k+1)$$
$$B = 7k(49k^3+1)+7 = 7(49k^4+k+1)$$

となり，B は A の約数である．

（ⅲ）$b^2-7a<0$ のとき

　③より　$ab^2+b+7 | 7a-b^2$　$(7a-b^2>0)$

　このとき　$ab^2+b+7 \leqq 7a-b^2 < 7a$

　　　∴　$ab^2+b+7 < 7a \iff (7-b^2)a > b+7 \ (>0)$

すなわち，$(7-b^2)a>0$ であるから

327

演習偏 E　補遺と発展問題

$b = 1, 2$

(イ) $b = 1$ のとき

①, ②より, $A = a^2 + a + 1$, $B = a + 8$

$\therefore \dfrac{A}{B} = \dfrac{a^2 + a + 1}{a + 8} = a - 7 + \dfrac{57}{a + 8}$

$\therefore B \mid A \iff a + 8 \mid 57 \quad (57 = 3 \times 19)$

$\iff a + 8 = 19, 57 \qquad (\because a + 8 \geqq 9)$

$\iff a = 11, 49$

(ロ) $b = 2$ のとき

①, ②より $A = 2a^2 + a + 2$, $B = 4a + 9$

$B \mid A$ ならば $B \mid 8A$ であり

$\dfrac{8A}{B} = \dfrac{16a^2 + 8a + 16}{4a + 9}$

$\phantom{\dfrac{8A}{B}} = 4a - 7 + \dfrac{79}{4a + 9}$

したがって, $4a + 9 \mid 79$ が成り立たなければならないが, 79 は素数であるから, これを満たす正整数 a は存在しない.

以上 (i)〜(iii) より

$(a, b) = (7k^2,\ 7k) \ \ (k \in \mathbb{N}),$

$(11, 1), (49, 1)$ ■

328

> 演習 E30　p を任意の素数, m を任意の自然数とする.このとき自然数 n をうまく選べば, p^n を10進法で表したときその数字列に 0 が連続して m 個以上並ぶ部分があるようにできることを示せ. ('01年 本選)

Comment　最後は,「理論編」定理 5.9 の「オイラーの定理」で決めてみましょう.すなわち

$$(a, t) = 1 \text{ ならば } a^{\varphi(t)} \equiv 1 \pmod{t} \quad \cdots\cdots\cdots (E)$$

(ただし, $\varphi(t)$ はオイラー関数)

という定理です.やはり,「日本数学オリンピック本選」というレベルになりますと,「オイラーの定理」程度は常識になっていなければならないのかもしれません.

解答例

　$(p, 10) \neq 1$ なる素数 p は $p = 2$ または 5 であることに注意する.

（ⅰ）$p \neq 2, 5$ のとき

　(E) において, $a = p$, $t = 10^{m+1}$ とおくと, $(a, t) = 1$ であるから

$$p^{\varphi(10^{m+1})} \equiv 1 \pmod{10^{m+1}}$$

が成り立つ.したがって $p^{\varphi(10^{m+1})}$ を10進法で表したとき下図のように, 10^m の位から 10^1 の位まで m 個の 0 が連続して並ぶ.

$$p^{\varphi(10^{n+1})} = \underbrace{* \cdots\cdots *}_{} \overbrace{0 \ \cdots\cdots \ 0 \ 0}^{m 個} 1$$

$\qquad\qquad\qquad\qquad 10^m$の位　　10^2 10^1 10^0
$\qquad\qquad\qquad\qquad\qquad\qquad\quad$の　の　の
$\qquad\qquad\qquad\qquad\qquad\qquad\quad$位　位　位

よって,このときは $n = \varphi(10^{m+1})$ とすればよい.

（ⅱ）$p = 2$ のとき

　(E) において, $a = 2$, $t = 5^l \ (l \in \mathbb{N})$ とおくと, $(a, t) = 1$ であるから

$$2^{\varphi(5^l)} \equiv 1 \pmod{5^l}$$

両辺を 2^l 倍すると

$$2^{\varphi(5^l)+l} \equiv 2^l \pmod{10^l}$$

329

演習偏 E　補遺と発展問題

ここで，$10^{i-1} < 2^l \leq 10^i$ (i は l の関数) とし，l を

$l - m > i \iff 10^{l-m} > 10^i \; (\geq 2^l)$

$\therefore \; 10^{l-m} > 2^l \iff 5^l > 10^m$

$\therefore \; l > \dfrac{m}{\log_{10} 5}$

を満たすようにとる．

$$2^{\varphi(5^l)+1} = *\cdots\cdots* \underbrace{\overbrace{0\cdots\cdots 0}^{m \text{個}} *\overbrace{\cdots\cdots}^{i \text{個}} *}_{(\ell >) m+i \text{個}}$$

すると，上図のように $2^{\varphi(5^l)+l}$ には 10^{m+i-1} の位から 10^i の位まで m 個の 0 が連続して並ぶ．よってこのとき，$n = \varphi(5^l) + l \; \left(l > \dfrac{m}{\log_{10} 5} \right)$ とすればよい．

(iii) $p = 5$ のとき

(E)において，$a = 5$, $t = 2^l \; (l \in \mathbb{N})$ とおくと，$(a, t) = 1$ であるから両辺を 5^l 倍すると

$5^{\varphi(2^l)+l} \equiv 5^l \pmod{10^l}$

以下 (ii) の場合と同様で，

$n = \varphi(2^l) + l \; \left(l > \dfrac{m}{\log_{10} 2} \right)$

とすれば題意を満たす．

以上，(i)〜(iii)より示された．　　■

フェルマーの最終定理　39
フェルマーの小定理
　　　　　38, 223, 224, 226, 275
フェルマーの大定理　39
フェルマー予想　39
不足数　17
平方剰余　81, 82
平方剰余の相互法則　96
平方非剰余　82
ベルヌーイ　112
ベルの方程式　254
豊数　17
ポール・エルデシュ　271

■ま行
マチアセビッチ　304
無限連分数　24, 25
メービウスの関数　45
メルセンヌ型の素数　127

■や行
約数　4
ヤコビの記号　100, 101
ユークリッドの互除法
　　　　　　　　9, 162, 186
ユークリッドの互除法の原理
　　　　　　　　8, 123
有限連分数　22
床関数　239
輸数　17

■ら行
ライプニッツ　112
ラグランジュ　228
ラグランジュの定理　62
ラグランジュの補間公式
　　　　　　　　151

ラマヌジャン　113
リトルウッド　113
ルジャンドルの記号　86
連分数　22
ロス　33

■わ行
ワイルス　39
和田秀男　304, 305

335

著者紹介：

河田直樹（かわた・なおき）

1953年山口県生まれ．福島県立医科大学中退．東京理科大学理学部数学科卒業，同大学理学専攻科修了．予備校講師．
主な著書：
『世界を解く数学』（河出書房新社）
『数学的思考の本質』（ＰＨＰ研究所）
『高校数学体系定理・公式の例解事典』，『算数・数学まるごと入門』（聖文新社）
『優雅な $e^{i\pi}=-1$ への旅』，『古代ギリシアの数理哲学への旅』，『大数学者の数学・ライプニッツ／普遍数学への旅』（現代数学社）など．

高校・大学生のための
整数の理論と演習

2008年 6月10日		初版1刷発行
2012年 8月24日	〃	3刷発行

検印省略

著　者　河田直樹
発行者　富田　淳
発行所　株式会社　現代数学社
〒606-8425 京都市左京区鹿ヶ谷西寺ノ前町1
TEL&FAX 075 (751) 0727　振替 01010-8-11144
http://www.gensu.co.jp/

印刷・製本　モリモト印刷株式会社

ISBN 978-4-7687-0384-7

落丁・乱丁はお取替え致します．

索引

あ行

アイテムズの放牛問題 258
1次不定方程式 18
イデアル 72
位数を割る 39
図解 4
ダイヤグラムの放牛問題 236
ウェリソンの放牛問題 61,310
ウェブリンクの問題 113
ウ次状況分析 30
n 項類似式 81
エラトステネスの篩 13
オイラー 128
オイラーの構造式 164
オイラーの関数数（オイラー関
数）40,246,247
オイラーの公理 87
オイラーの放牛問題 50,329
オイラーの判定条件 87

か行

回文数 198
ガウス 128
ガウスの記号
ガウスの整数数 114,291
ガウスの補題 89
鳩籠観 17
奇数乗法 35
奇素数 16
最高公約 16

た行

体 72,317
既約剰余類群 40
既約剰余乗積 40
既約剰余類 71,307,308,310
既約数 12
奇数的 35
共役剰余数 33,113
代数的数 113
第2種光宗則 90
互いに素 5
恵永の原始根 96
谷山豊 39
南野 324
東野 292
チェビシェフ 271
チェリンクの反転公式 47
チェリンクの関数 5
虎鹿 67
ジーの剰余定理 57
置換群 5
鋸凸信号数 5
単元群 324
チャンプル 220,320
2次体理論 26

な行

2次剰余記号 26

は行

バーチ 113

ま行

倍数 4
ハッセルの三角形 266
鳩の巣原理 272,274
反証法 35
引続法 35
正則乗分数 26
ビルの方程式 40
モーラ閉数 110
絶対値い素因子 34
名数 324
相互法則 91
素数 12
素粒子の基本群 57
素因分解 110
フェルマー 270,274
フェルマー 254,258
フェルマーの筆一発目 128

ま行

マクミー 35
ルマーテ 194
元丸淡麗 194
ビッグの定理 252
 205,262
ビクベラスの乗圏法
 減法 277
反数値 35

大学名と問題番号の一覧表

愛媛大	C24
愛知大	A16, C21
岩手大	A26
茨城大	B10
岩手医大	A22
お茶の水女大	A18, A20, B21
学芸大	A27
学習院大	A28
関西学院大	C11
亀有大	A25, D12
九大	A12, C23
京大	A14, B22, C29, D11, D15, E3
京都産大	A30, B12
釧路公大	C10
慶大	A9, D6, E7, E11
国和大	A 5
甲南大	B13
駒沢大	B 4
国士医大	C2
埼玉大	D13
産業工大	A13
滋賀医大	D18
自治医	C6
芝浦工大	A3, C30, E6
順天大	A17
上智大	B15
信州大	B18
摂南大	C4
専大	A7, B20, C16, D8, E4, E5

千葉工大	A1, B1
千葉大	B26, D9, D10
中央大	A 8
津田塾大	A21, B23, C7, C20, D16
東京大	B6, C5
東京薬大	B7, C26, C27
東京理科大	E9
東工大	A23, A24, B7, B16, B17
同志社大	D21
東大	B24, C25, D3, D22, D23, D25, D26
東北学院大	A 4
東北大	C13
新大	B14, B25, E8
奈良女大	D5
日大	E10
日本女大	B3
尿大	C18, C22, D24
阪教大	E1
一橋大	A15, C14, C17, D20
広島大	E2
福岡大	A2, B2
防衛医大	A6
北大	D7
明治大	B19, C9, C15
名大	A29, D27
横浜市大	C19, D14
立教大	C8

333

河田直樹

『数学オリンピック問題講座 1984〜1989』(秋山仁・ピーター・フランクル共著・日本評論社) によると、証明は、常に平手が続でないものが存在し、そのような a, b のうち、$\max\{a, b\}$ (a, b のうち小さくない数を表す) が最小であるもののある考え、そこから矛盾を導く、というものです。このアイデアを用いると、ほとんど同じに解けますが、いわゆる「コロンブスの卵」で、選びが高いアイデアであり、思いつくとは思えません。キチンと答えることができないのが、ちょっと面白くない、という問題には、しかし、この証明が理解すれば、たとえば $N = 8^2$ となる (a, b) は存在するが、…

ちなみに、上述の本によると、この問題は「オーストラリアの数学の考察4人が挑戦して、誰も解けなかった難問」ですが、IMO 大会では「11人の選手(銀メダル者) が正答した」ということです。オーストラリアといえば、'96 年にフィールズ (奨学者)を受賞したスチュアート・ブレイ・アーデと先生がこのテニスの問題を解決するでしょう。彼は当時まだ 13 歳の少年だったわけで、ひょっとすればこの問題を解いていたかもしれません。やはり、新しい難問には、すばらしい少年の発想が有効です。

「数論」には1人を魅了する不思議な魅力があります。「時間つぶしに、ちょっと」なとど言うのは要注意もしれません。数論問題にハマッたそのあるとき、ほとうという間に思いも理解するでしょう。私自身も、下手の横好きといえうのが遊ぶいも味があってきたら、すらが数論問題のからなわたっている時間がいちばん楽しく感じられます。

ともあれ、これからもいろいろな機会に、いろいろな意味で「数論問題」を楽しんでゆきたいと思っています。

● 演習編のおしまいに

基本的な問題から、かなりの難問まで150題の問題を並べてみました。演習編には日本数学オリンピックの予選や本選の問題、また国際大会の問題などをかなり紹介したつもりです。

級数オリンピックの国際大会の問題といえば、昨年難問ばかりですが、その中でも特に印象に残っている問題があります。1988年のドミトール大会で出題された、6番と呼ばれているものです。

a, b は a^2+b^2 が $ab+1$ で割り切れるような正整数とする。

このとき、$N = \dfrac{a^2+b^2}{ab+1}$ が完全平方数（整数の2乗である数）であることを示せ。

というものです。何だか面白そうな問題だと思ってこれも演習問題に考えましたが、ほかのです手があまりに多く掲載できなかった。

そこで、当時私が持っていたNECの8ビットパソコンPC8001(i)で、a, b に値を色々な値を与えて調べてみると、$N = \dfrac{a^2+b^2}{ab+1}$ が整数になるのは

$(a, b) = (1, 1)$, $\quad N = 1 = 1^2$
$(a, b) = (2, 8)$, $\quad N = 4 = 2^2$
$(a, b) = (3, 27)$, $\quad N = 9 = 3^2$
$(a, b) = (4, 64)$, $\quad N = 16 = 4^2$
$(a, b) = (5, 125)$, $\quad N = 25 = 5^2$
$(a, b) = (6, 216)$, $\quad N = 36 = 6^2$
$(a, b) = (7, 343)$, $\quad N = 49 = 7^2$
$(a, b) = (27, 240)$, $\quad N = 9 = 3^2$
$(a, b) = (30, 112)$, $\quad N = 4 = 2^2$

で、あとは12万5千組の (a, b) のうちから9組だけが完全平方数になるという ちらかのた。それにしても、このような問題をよく作ったものだ、と世間の人は感嘆です。